人机环境系统融合智能

超越人类智能的可能性

刘伟　谭文辉◎著

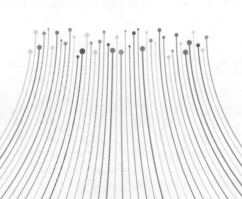

清华大学出版社

北京

内 容 简 介

本书从人机环境系统智能的角度出发，揭示智能的形成和进化是人、机器、环境等多种因素相互作用和影响的结果，这些因素包括技术进步、理论研究、数据积累、算法优化、社会需求等，智能技术的发展需要这些因素相互配合和促进。智能的应用具有多种结果，智能技术可以应用于多个领域，如机器人、自动驾驶、自然语言处理、图像识别等，同样的智能技术在不同领域应用会有不同的结果，满足不同领域的需求。此外，智能涉及多个维度和层面，智能技术的发展不限于大规模数据处理和模式识别，还包括推理、学习、决策、创造等多个层面，智能的发展需要综合考虑这些维度和层面，使智能系统能够更好地适应和应对各种复杂的任务和环境。智能是一个多元化的世界，智能技术的应用和发展需要结合不同学科和领域的知识和方法，例如，计算机科学、心理学、认知科学、哲学、工程学等都与智能技术的研究和应用密切相关，智能的多元化也体现在不同的智能系统和方法的存在，如符号主义、连接主义、进化算法等。

本书不仅涉及技术和科学，还涉及哲学、伦理、文学、艺术等领域，展现了作者对智能问题的深刻理解和广泛视野。本书既适合相关专业人士，也适合普通读者阅读，是一本值得品读的人机智能方面的好书。

图书在版编目（CIP）数据

人机环境系统融合智能：超越人类智能的可能性 / 刘伟，谭文辉著 .
北京：清华大学出版社，2025.4. -- ISBN 978-7-302-68604-0

Ⅰ. TB18

中国国家版本馆 CIP 数据核字第 2025K3J756 号

策划编辑：白立军
责任编辑：杨　帆　常建丽
封面设计：杨玉兰
责任校对：刘惠林
责任印制：刘　菲
出版发行：清华大学出版社
　　　　网　　址：https://www.tup.com.cn，https://www.wqxuetang.com
　　　　地　　址：北京清华大学学研大厦 A 座　　　　邮　　编：100084
　　　　社　总　机：010-83470000　　　　　　　　　邮　　购：010-62786544
　　　　投稿与读者服务：010-62776969，c-service@tup.tsinghua.edu.cn
　　　　质量反馈：010-62772015，zhiliang@tup.tsinghua.edu.cn
　　　　课件下载：https://www.tup.com.cn,010-83470236
印 装 者：三河市龙大印装有限公司
经　　销：全国新华书店
开　　本：148mm×210mm　　印　张：12.875　　字　数：348 千字
版　　次：2025 年 5 月第 1 版　　　　　　　印　次：2025 年 5 月第 1 次印刷
定　　价：69.00 元

产品编号：104105-01

目前，ChatGPT 很火热，但很多人使用后仍深感其不足和欠缺，究其原因，智能终究是一个多因多果、多维多元的世界，这意味着智能的发展和应用涉及多个因素、产生多种结果、涉及多个领域和维度，并不是一个管理、一个数理、一个心理、一个生理、一个哲理、一组统计公式、一堆数学方程就能搞定的。

这是一本关于人机智能的书，它探讨了人工智能与人类智能的关系，以及人机交互、人机融合和人机环境系统智能的关键问题和技术。本书的目的是提高读者对人机智能的理解和思考，激发读者对人机智能的创新和应用，以及促进人机智能的发展和进步。本书共分为 7 章，每章都包含一些重要的话题和观点，以下是每章的主要内容。

第 1 章　AI 的瓶颈：本章分析了当前 AI（机器学习）的发展现状和面临的挑战，探讨了通用智能的瓶颈及可能的解决途径，以及智能是否为逻辑、数学或者其他问题；介绍了一种新型的智能模型框架，以及智能问题很难突破的原因。

第 2 章　人工智能与人类智能：本章比较了人工智能与人类智能的异同，讨论了 AI 如何帮助人类验证直觉、自主、意图、感性等方面的可靠性，以及人类智能不是"计算"而是"算计"的观点；探讨了智能与情感、道与逻辑、数学与文学、勇气与东西方智能等话题，以及智能本质上是人性的拓扑和对齐的问题。

第 3 章　人机之间的关键问题：本章分析了人机交互、人机融合和混合智能中存在的一些关键问题，如功能分配、匹配、自主、诡诈、休谟问题等；讨论了人机交互与脑机交互的区别和联系，以及人机之间的利己与利他机制和因果关系等问题。

第 4 章　人机融合的关键技术：本章介绍了实现人机融合所需要的一些关键技术，如诱导引导交互、伦理、哲学、测量、计算、评价等；分析了为什么人机融合时常常会出现人＋机小于人的现象，以及可解释性对人机融合智能的重要性和影响等问题。

第 5 章　人机环境系统智能：本章将视角扩展到人机环境系统这个更大的范围，探讨了这个系统中存在的拓扑关系、涌现现象、一多分有问题等；尝试回答了这样一个有趣而富有挑战性的问题：人机环境系统智能能够解决巴以冲突吗？

第 6 章　人机环境系统中的态势感知：本章重点讨论了态势感知这个在人机环境系统中非常重要而又复杂的问题，分析了态势感知与信质、信量、主客观混合物、稀疏与池化、势态知感等方面的关系，以及态势感知问题很难解决的原因。

第 7 章　ChatGPT 中的人机问题：本章结合 ChatGPT 这个具体而实用的应用场景，探讨了其中涉及的一些人机问题，如态势感知、超越 GPT、人机智能拐点等；引用了作者与媒体人士的对话，展示了两位专家对 ChatGPT 和人机智能的看法和思考。

本书的目标读者是对人机智能感兴趣的学者、研究者、工程师、教师、学生等，以及想了解和应用人机智能的普通读者。本书不需要读者具备太多的专业知识，但需要读者具备一定的逻辑思维能力和创造性思维能力，以及对人机智能的好奇心和探索精神。本书建议读者按照章节顺序阅读，但也可以根据读者的兴趣和需求选择感兴趣的章节阅读。

本书是作者多年来对人机智能的研究和实践的总结和反思，也是作者对人机智能的一种探索和尝试。本书不可能涵盖人机智能的所有方面，也不可能给出人机智能的所有答案，只是提供了一些问题和观点，希望能引起读者的共鸣和思考，激发读者的创新和应用。书中的一些观点可能有商榷之处，与读者的观点相比，也可能有争议之处，欢迎读者批评指正！

感谢 2023 年国家社会科学基金重大项目"基于大型调查数据的城市复合风险及其治理研究"（项目号：23&ZD143）的帮助。

刘　伟

2024 年 12 月

03 第3章
人机之间的关键问题　121

04　第4章
人机融合的关键技术　239

05　第5章
人机环境系统智能　299

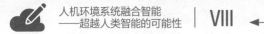
06 第6章
人机环境系统中的态势感知　333

07 第7章
ChatGPT中的人机问题　363

第1章

AI的瓶颈

01

1.1　AI（机器学习）的下一个风口

AI（机器学习）正在从 LSTM 转向 Attention，下一步将是
Situation Awareness（情境感知），而 Awareness 既有"感知"的
意思，也有"意识"的意思。

1. LSTM 与 Attention

LSTM（Long Short-Term Memory）是一种循环神经网络
（RNN）架构，用于处理序列数据。它的设计可以更好地捕捉输入
序列中的长期依赖关系，同时避免梯度消失问题。Attention（注意
力）机制是一种用于加强神经网络对输入序列中相关部分的关注程
度的机制。它的目的是在处理长序列时，使神经网络可以更加准确
地关注重要的部分。在许多自然语言处理任务中，如机器翻译和文
本摘要，Attention 机制都已经被广泛应用。LSTM 和 Attention 的
主要区别在于，LSTM 是一种循环神经网络架构，用于处理序列数
据，而 Attention 机制是在神经网络中加强对输入序列中相关部分

的关注程度的机制[1]。

2. Attention 与 Situation Awareness

Attention 是一种机器学习中用于加强模型对输入数据中重要部分的关注度的技术。它通常用于自然语言处理、图像处理等领域，以帮助模型更好地理解输入数据并进行更准确的预测。Attention 可以在模型中对输入数据的不同部分进行不同权重的加权，以提高模型的预测准确性[2]。而 Situation Awareness 是指人们对周围环境和情境的认知和理解程度。因此，Attention 和 Situation Awareness 的主要区别在于，Attention 是一种用于加强模型对输入数据中重要部分的关注度的技术，而 Situation Awareness 是人们对周围环境和情境的认知和理解程度。虽然两者在某种程度上都涉及模型或系统对输入数据的处理和理解，但 Attention 更加专注于模型的内部机制，而 Situation Awareness 更加关注人类的认知过程[3]。

3. Transformer 与 Situation Awareness

Transformer 是一种用于进行序列到序列学习的深度学习模型，主要用于完成自然语言处理等任务。它通过 Attention 捕捉输入序列中的关键信息，从而提高模型的性能。而 Situation Awareness 则是一种人类的认知能力，用于理解和感知周围环境的信息，以及对当前情况进行分析和预测。因此，Transformer 和 Situation Awareness 的主要区别在于，Transformer 是一种深度学习模型，用于解决特定的任务，而 Situation Awareness 是人类的认知能力，用于理解和感知周围环境的信息。虽然 Transformer 和 Situation

Awareness 都涉及对输入信息的处理和理解，但它们的目的和应用场景不同 [2]。Transformer 主要用于处理结构化数据（如序列数据），而 Situation Awareness 主要用于处理非结构化数据（如环境中的声音、图像等）。

4. DSA 与 SA

Deep Situation Awareness（DSA）通常被认为是 Situation Awareness（SA）的更高级形式，涉及人、机的 SA 融合。SA 是指一个人对周围环境和情况的感知和理解程度，而 DSA 则更深入地理解环境和情况，包括对其背后的因果关系和可能的未来发展的预测。DSA 还可以引用更广泛的数据，包括历史数据、传感器数据、预测模型等，以帮助更好地理解当前情况。因此，人机融合的 DSA 可以提供更全面、更深入和更准确的情况感知 [4]。

1.2 通用智能的瓶颈及可能的解决途径

通用智能是指能在各种不同的任务和环境中灵活适应和执行任务的智能。通用智能与特定任务的智能相反，后者只能在特定领域或任务中表现出色。通用智能的理论基础是人工智能领域的通用人工智能（AGI）研究，旨在设计出能够像人类一样具备广泛的智能能力的计算机系统 [5]。

通用智能的实现面临着技术、数据、计算能力、知识表示和人类智能理解等多方面的挑战，如通用智能需要具备在各种不同情境下进行灵活思考、适应、学习等能力，这就需要其具备极为复杂的算法和系统结构、大量的高质量的数据进行学习和训练、足够强大的计算能力和高效的算法、有效的知识表示方法和知识管理系统，以及对人类智能进行深入的研究和理解等。其中最关键的也是最难以克服的是，就像人类的智能一样，通用智能系统的输入、处理、输出、反馈诸端大都包含两部分：一是"共识存在"的部分；二是"非存在的有"部分，机器的计算部分集中在第一部分，人类的算计部分侧重于第二部分。第一、第二部分都涉及情绪影响理智的问题，如恐惧可以使理智狭隘或阻塞，情感可以调节理性。

客观而言，依据目前可预见的形式化方法和手段，单纯的机器智能是很难实现通用智能的，若可能，在很大程度上应该是人机环境系统智能。

人类的通用智能不是类脑就能类出来的（狼孩的人脑并没有人的智能），也是人机环境系统交互产生出来的智能，并常常通过思维链的方式呈现出来。思维链是指一个人在思考或解决问题时所采用的思考模式和思考过程，它是一种将问题分解为各部分并逐步解决的方法，同时也是一种将各部分有机连接起来的方法。在思维链中，人们通过连接和整合各个思考过程中的点，以及逐步推导和演绎，最终得出整个问题的解决方案。思维链在解决问题和做决策时非常有用，它可以帮助人们更好地理解问题、分析问题、找到问题的根源，并逐步解决问题。思维链还可以帮助人们更好地组织思路和表达自己的思想，从而更好地沟通和交流。

思维链中的计算和算计（谋算）可以结合在一起，以帮助人们更好地解决问题和做决策。计算是指通过数学、统计等方法分析和解决问题。在思维链中，计算可以用来量化问题，如通过数据分析了解问题的规模、影响等。计算还可以用来预测结果，如通过建立模型预测某个决策的后果和影响。计算可以帮助人们更加准确地理解和解决问题。

算计（谋算）是指通过周密的计划和思考解决问题。在思维链中，算计（谋算）可以用来确定解决问题的方法和步骤，还可以用来评估不同的决策选项，并选择最佳的方案。算计（谋算）可以帮助人们更好地规划和组织思路，从而更好地解决问题。

因此，计算和算计（谋算）可以相互结合，帮助人们更全面地解决问题。在思维链中，人们可以通过计算了解问题，通过算计（谋算）把握方向并决定如何解决问题，通过计算预测不同方案的后果。这种结合可以帮助人们更好地解决问题和做出更好的决策 [6]。

在通用智能或人机环境系统智能任务中，情感可以影响理智的决策和行为。情感可以影响人类对任务的态度、信心和意愿，从而影响其决策和行为。例如，如果用户感到愉悦和满意，他们可能更愿意继续任务，而如果用户感到沮丧和挫败，他们可能放弃任务或更容易犯错。情感还可以调节用户的注意力和认知，影响用户对任务的理解和执行。例如，焦虑和压力可能干扰用户的注意力和记忆，导致他们更容易犯错或忽略重要信息。相反，舒适和安心可能提高用户的注意力和记忆，使他们更容易理解和执行任务。

因此，设计通用智能或人机环境系统智能交互时，需要考虑用户的情感和心理状态，并尝试创造一个积极的用户体验，以提高用户的参与度和效率。

从以上论述不难看出，通用智能的特点是具有类似人类的智能水平，能够在多个领域进行学习和应用，具有自主学习、自主思考、自主解决问题的能力。其不足之处在于：

（1）目前尚未实现完全的通用人工智能，现有的人工智能系统仍然局限于特定领域的应用，无法跨越不同领域。

（2）通用人工智能需要大量的数据和计算资源进行学习和演化，这对于许多组织和个人来说是难以承受的。

（3）通用人工智能的决策过程可能会受到误导或偏见的影响，这可能导致其做出错误的判断或决策。

（4）通用人工智能可能会对人类社会产生巨大的影响，包括人类就业、社会生产方式等方面，这需要我们认真思考和探讨。

未来若建立新型通用智能，则需要进行以下研究。

（1）机器学习算法研究：机器学习是人工智能的核心技术之一，建立新型通用智能需要研究并开发更加先进的机器学习算法，以提高其学习能力和适应性。

（2）多模态信息融合研究：通用智能需要能够同时处理不同类型的信息，如图像、语音、文本等，因此需要研究多模态信息的融合和处理技术。

（3）认知模型研究：通用智能需要具备类似人类的认知能力，因此需要研究并建立相应的认知模型，以支持其智能行为和决策。

（4）自然语言处理研究：通用智能需要能理解和生成自然语言，因此需要研究自然语言处理技术，包括语义理解、语音识别、语音合成等方面的研究。

（5）知识表示与推理研究：通用智能需要能处理和推理知识，因此需要研究知识表示和推理技术，以支持其知识管理和应用。

（6）人机交互研究：通用智能需要与人进行交互，因此需要研究人机交互技术，包括自然语言交互、视觉交互、手势交互、情感交互等方面的研究。

1.3　智能是逻辑吗

智能是指人或机器能够理解、学习、推理、解决问题和适应环境的能力。而逻辑是一种推理方式，它是智能中的一部分，帮助我们正确地推理和理解信息。逻辑能够提高我们的思考能力、解决问题的能力和决策能力，但智能还包括其他方面，如感知、记忆、语言、创造力和情感等。因此，逻辑只是智能的一方面，智能比逻辑更加广泛和复杂。

逻辑和数学有密切的关系，但它们并不完全相同。逻辑是一种研究推理和思维方式的学科，它关注的是如何正确地推理和证明，而数学则是一种研究数量、结构、变化和空间的学科，它使用逻辑证明和推导数学定理。逻辑是数学的基础，但是它们之间仍然有一定的差别。

语言是智能的一部分，但不是全部。智能包括多方面，如感知能力、思考能力、判断能力、记忆能力、语言能力、情感能力等。语言能力是智能中非常重要的一部分，它是人类与其他物种的重要区别之一。人类通过语言能够进行沟通、交流、思考和表达，从而更好地适应环境和解决问题。同时，语言能力也是智能的重要组成部分，它需要多个智能方面的协同作用，如记忆、推理、理解和表达等。因此，语言是智能的一部分。

意识与人机环境系统的关系是相互作用的。人机环境系统是由人、机器和环境3个要素组成的一个整体，意识作为人的主观体验和认知过程的表现，直接影响人的行为和交互方式，进而影响人机环境系统的运作和效果。同时，人机环境系统也会通过各种方式影响人的意识和认知过程，从而进一步影响人的行为和交互方式。因此，合理设计和优化人机环境系统的结构和功能，可以提高人的意识和认知效能，提高人机交互的效果和用户体验。

人类的意识形成是一个复杂多面的问题，目前还没有一个完全统一的理论解释。以下是一些可能影响人类意识形成的因素。

（1）大脑结构：人脑是意识的物质基础，大脑皮质是意识的主要神经基础。大脑皮质的不同区域对应不同的感知、认识和思维功能，这些功能通过神经元的活动相互作用而形成人类的意识。

（2）经验和学习：人类的认知和行为都受到经验和学习的影响。人们通过感知、思考、记忆和学习等活动，逐渐形成了自己的认知体系和价值观念，这些都构成了人类的意识。

（3）社会文化：人类是社会性动物，社会文化环境对人类的意识形成起着至关重要的作用。不同的社会文化背景会塑造人们的价值观念、认知方式和行为模式等，从而影响人类的意识形成。

（4）遗传和进化：人类的意识形成也与遗传和进化有关。人类的意识可能是通过基因传递给下一代的，并在漫长的进化过程中逐渐形成和发展。总体来说，人类的意识形成是一个综合性的过程，涉及多方面的因素。目前，科学家正在不断深入研究人类意识的本质和形成机制，相信未来会有更加深入的认识[7]。

事实和价值是两个不同的概念，它们之间没有必然的联系。事实是客观存在的、可以验证的描述，而价值是主观的、具有个人或社会意义的评价。因此，由事实推出价值或由价值推出事实都是问题的错解。事实可以为我们提供基础信息，但它本身并不能推出价值。价值是基于个人或社会的信仰、文化、伦理等标准而形成的，这些标准并不是通过事实确定的。例如，一个人可能认为人类的生命价值高于其他物种的生命价值，这并不是基于事实，而是基于他的价值观念。同样，由价值推出事实也是不正确的。价值观念可能影响人们对事实的理解和解释，但它们并不能改变事实的存在和本质。因此，事实和价值应该被看作两个相互独立的概念，它们之间没有必然的联系。我们需要在理解事实的基础上，基于自己的价值观念做出适当的评价和决策。

在人机混合智能中，事实和价值的处理方式是不同的。事实通常是指客观的、可验证的信息，如数据、统计数字、历史事件等。在人机混合智能中，机器可以通过大数据分析和机器学习等技术，对事实进行处理和分析，提取出有用的信息，为人类决策提供支持。价值则是指主观的、难以量化的概念，如道德、伦理、信仰、文化等。在人机混合智能中，人类拥有更强的主观性和判断力，可以根据自身的价值观和信仰，对事实进行评估和选择。同时，机器也可以通过人类的反馈和指导，逐渐学习和理解人类的价值观，并在决策中进行考虑。人机混合智能中的事实和价值是相互补充的，人类和机器各自发挥优势，共同完成决策和创新。

个体智能的逻辑规律基于个体感知与认知、自学习与自适应、推理与推断、逻辑和思维、创新和创造等因素的综合作用。个体智能的逻辑规律主要包括以下几方面。

（1）感知与认知：个体智能的逻辑规律基于感知与认知，即个体通过感知外部环境的信息，进行信息加工和处理，从而产生行为和决策。

（2）自学习与自适应：个体智能的逻辑规律基于自学习和自适应，即个体通过不断的学习和自我调整，优化自身能力和表现。

（3）推理与推断：个体智能的逻辑规律基于推理和推断，即个体可以根据已有的知识和经验，推断未知的信息和情况，从而做出合理的决策和行为。

（4）逻辑和思维：个体智能的逻辑规律基于逻辑和思维，即个体通过逻辑推理和思维加工，将信息转化为知识和经验，从而提高自身的智能水平。

（5）创新和创造：个体智能的逻辑规律基于创新和创造，即个体可以通过创造性思维和创新性行为，开拓新的领域和解决新的问题。

群体智能的逻辑规律基于多个个体之间的协作和交互，以及自适应性、群体决策、演化算法和网络效应等因素的综合作用。群体智能的逻辑规律主要包括以下几方面。

（1）分布式计算：群体智能的逻辑规律基于多个个体的协作和交互，从而形成一个分布式的计算系统。这些个体可以是智能体、机器人或人类，它们通过相互通信、合作和竞争实现群体智能。

（2）自适应性：群体智能的逻辑规律基于个体之间的自适应性，即每个个体都具有一定的自主性和学习能力，能根据环境变化和其他个体的行为进行调整和优化。

（3）群体决策：群体智能的逻辑规律基于群体决策，即群体中的个体通过协商、投票等方式达成共识和决策，从而实现群体智能的目标。

（4）演化算法：群体智能的逻辑规律基于演化算法，即通过不断的试错和自我调整优化群体智能的性能和表现。

（5）网络效应：群体智能的逻辑规律基于网络效应，即群体中的每个个体都能受益于其他个体的知识和经验，从而提高整个群体的智能水平。

群体智能决策机制和个体智能中的决策机制不同。首先是参与者数量不同：群体智能决策机制是指多个个体协同进行决策，而个体智能中的决策机制是指单个个体进行决策。其次是决策过程不同：群体智能决策机制需要在多个个体之间进行信息的共享和协调，通过群体的智慧做出最优决策；而个体智能中的决策机制更注重个体的思考和决策过程。再次是决策效果不同：群体智能决策机制在面对复杂的决策问题时，可以通过多个个体之间的协同提高决策的准确性和效率；而个体智能中的决策机制更注重个体的独立思考和创新思维。最后是影响因素不同：群体智能决策机制的效果受到多种因素的影响，如群体成员之间的互动、任务复杂度、群体大小等；而个体智能中的决策机制的效果更受个体的认知能力、知识水平和经验等因素的影响。

综上所述，人机融合、智能、逻辑、数学、语言、事实、价值之间存在着复杂的关系。这些概念之间相互关联，相互作用，共同构成了人机融合和个体/群体智能系统的核心。其中，人机融合是指人类与计算机之间的交互，智能则是计算机系统具有类似人类的智能表现，逻辑是推理和思考的基础，数学是描述和解决问题的重要工具，语言是人类沟通的重要方式，事实是客观存在的真实情况，价值则是人类对事物的评价和认识，在知识表示和推理方面，事实是必不可少的基础，而逻辑和数学则是对事实进行推理和分析的重要工具。价值在知识表示和推理过程中起到重要的作用，它可以帮助系统更好地理解用户的需求和目的，并对知识进行合理的评价和分类。在人机融合中，智能是指计算机系统能根据用户的需求和反馈自动调节和改进系统的表现，从而实现更好的交互体验。逻辑和数学则是保证系统能正确地理解和处理用户的指令和数据的基础，语言则是实现人机融合的重要媒介。

智能不是逻辑，但逻辑是智能的一部分。智能包括逻辑与非逻辑两部分。

1.4 为什么剑桥出身的"AI 教父"辛顿会很担心

剑桥很有意思！在那儿待过的人常常有这样一种感觉：剑，很锋利！桥，很温柔！剑桥的科技自不必说，牛顿、达尔文、麦克斯韦、爱丁顿……，剑桥的人文也不让科技，拜伦、培根、弥尔顿、丁尼生……，反战反科技武器化在剑桥历来也有传统，罗素等反核、图灵 / 霍金 / 辛顿 / 哈萨比斯反 AI 危及人类化……**尤其是辛顿的这次担心：AI 究竟是阿拉丁神灯还是潘多拉盒子？若无约束，大家可见一斑。**

客观而言，没有单独的 AI，只有人机环境系统的 AI。人机混合智能中存在着一些无形的或不可见的因素对交互过程产生影响的问题。这些因素可能包括用户的情感、体验、期望、文化背景等，以及机器的反应速度、界面设计、用户反馈等。这些因素不是存在或不存在的问题，而是存在于用户与机器交互的过程中，并对交互产生影响。因此，在人机混合智能中，需要考虑这些非存在的不足因素，以提高用户的交互体验和效果。

相比于机器而言，人类感知的缺点是：①感知范围有限，人类只能感知到有限范围内的事物，如我们的肉眼只能看到可见光范围内的颜色。②容易受主观因素影响，如情绪、偏见、经验等。③容易出现错觉，如光的折射、声音的反射等现象会影响我们的感知。④感知的稳定性不足，人类的感知并不总是稳定的，如我们的视力会随着年龄的增长而下降，听力也会受到噪声等外界因素的影响。⑤无法感知某些事物，人类的感知并不是万能的，如我们无法感知电磁波、紫外线、权力的危害等。

相比于人类而言，机器感知的缺点是：①机器感知的范围和准确性有限，受限于其传感器和算法的能力，机器无法感知人类可以感知的一些事物，如情感、文化、道德等。②机器感知容易受环境影响，如光线、噪声等因素会影响机器的感知准确性。③机器感知需要大量数据和复杂的算法，来训练和识别各种模式和特征，这需要耗费大量的时间和资源。④机器感知缺乏主观判断，机器无法像人类一样进行主观判断，不能考虑情感、文化、道德等因素，导致其在某些情况下无法做出正确的决策。⑤机器感知容易受黑客攻击和欺骗，如伪装、篡改数据等方式会误导机器的感知和决策。

相比于机器而言，人类处理信息的缺点是：①容易受主观影响，如情感、偏见、经验等因素会影响人类的信息融合判断。②可能导致信息过载，过多的信息可能会使人类无法做出正确的判断和决策。③需要大量时间和能量，来处理和分析各种信息来源，这可能导致疲劳和认知负担。④信息融合可能存在矛盾和不一致性，不同来源的信息可能存在矛盾和不一致性，人类需要花费时间和精力解决这些问题。⑤可能存在信息偏差，如信息来源的可靠性和真实性等问题，这可能导致错误的决策和判断。

相比于人类而言，机器处理信息的缺点是：①受限于算法和数据的准确性，机器融合信息的准确性受限于其使用的算法和数据的准确性。如果算法或数据存在问题，就可能导致错误的决策和判断。②无法考虑情感和主观因素，机器无法像人类一样考虑情感和主观因素，可能会忽略重要的信息。③可能存在数据隐私问题，机器融合信息需要大量的数据，但这些数据可能包含个人隐私信息，如果未经过适当的保护，可能导致数据泄露和滥用。④可能存在黑箱问题，机器融合信息的过程可能存在黑箱问题，即难以理解和解释机器所做出的决策和判断。⑤需要大量的计算资源和能源，机器融合信息需要大量的计算资源和能源来处理和分析各种信息来源，这可能导致高昂的成本和能源消耗。

相比于机器而言，人类决策的缺点是：①情感影响，人类决策常常受到情感的干扰，导致决策过于主观，缺乏客观性和理性。②认知偏差，人类决策容易受各种认知偏差的影响，如认知失调、选择支持偏差、确认偏差等，导致决策不够准确。③信息不全，人类决策常常受信息不全的限制，导致决策过于片面，忽略了一些重要的因素。④习惯性思维，人类决策容易受习惯性思维的影响，导致决策缺乏创新性和灵活性。⑤决策疲劳，人类在长时间决策过程中容易疲劳，导致决策质量下降。⑥群体决策的问题，群体决策容易受个人偏见、集体思维、权威压力等因素的影响，导致决策结果不够客观和准确。

相比于人类而言，机器决策的缺点是：①数据质量问题，机器决策的结果往往依赖于数据的质量和准确性。如果数据不准确或有误差，机器决策的结果可能会出现偏差。②缺乏人类判断力，机器决策采用的是算法和程序，缺乏人类的判断力和灵活性。在某些情况下，机器决策可能导致不公平或不合理的结果。③缺乏情感因素，机器决策通常不考虑情感因素，无法体现人类的情感体验和情感需求。④容易被攻击，机器决策往往采用算法和程序，这些算法和程序可能被攻击者利用，从而影响决策结果。⑤不适用于复杂情境，机器决策通常适用于简单和明确的情境，对于复杂的情境和问题，机器决策可能无法提供有效的解决方案。⑥难以解释，机器决策的结果往往难以解释，这可能导致人们对决策结果的不信任和怀疑。

相比于机器而言，人类认知的缺点是：①有限的工作记忆，人类的工作记忆容量有限，难以同时处理大量信息。②选择性偏见，人们倾向于寻找和接受符合自己观点的信息，而忽略或拒绝与之相矛盾的信息。③非理性决策，人类决策常常受情感和偏见的影响，难以做出理性的决策。④认知失调，当人们的信念、态度或行为与他们的经验或现实不符时，会产生认知失调，导致不适和情感上的矛盾。⑤短期思维，人类往往过度关注眼前的问题，忽略长远的影响和后果。⑥记忆和回忆的偏差，人们的记忆容易受时间、情感和其他因素的影响，导致回忆偏差和记忆错误。⑦难以理解复杂问题，当问题变得越来越复杂时，人类的认知能力会受到限制，难以理解和解决问题。

相比于人类而言，机器认知的缺点是：①缺乏创造性，机器认知是基于程序和算法的，缺乏创造性和想象力，无法自主创造新的想法或解决新的问题。②依赖数据，机器认知需要大量的数据学习和做出决策，但如果数据质量不好或者缺乏代表性，机器认知的准确性就会受到影响。③缺乏情感和直觉，机器认知是基于逻辑和数据的，缺乏情感和直觉的能力，难以理解和处理人类情感和复杂的社会交互。④不具备人类独特的智能，机器认知只能处理特定的任务和问题，无法像人类一样具备广泛的知识和能力，如语言理解、创造性思维、自我意识等。⑤容易被误导，机器认知是基于数据训练的，如果数据存在偏差或者被恶意操控，机器认知的决策就会受到影响，容易被误导和攻击。⑥缺乏道德和伦理判断，机器认知只能根据程序和算法做出决策，缺乏道德和伦理判断的能力，可能做出不符合社会价值观的决策。

相比于机器而言，人类态势感知的缺点是：①感知范围有限，无法覆盖所有的场景和区域。在某些情况下，人类可能未能察觉到潜在的风险和威胁。②受主观因素影响，人类的态势感知可能受到个人情感、经验、偏见等因素的影响，导致判断和决策的偏差。③需要大量的时间和精力，人类的态势感知需要大量的时间和精力来观察、分析和判断各种信息来源，这可能导致疲劳和认知负担。

④可能存在信息过载，在信息爆炸的时代，人类可能面临信息过载的问题，过多的信息可能使人类无法做出正确的判断和决策。⑤可能存在安全风险，在某些情况下，人类的态势感知可能涉及安全风险，如在危险区域进行观察和侦查，可能导致人身安全问题。

相比于人类而言，机器态势感知的缺点是：①硬件和软件成本高，机器态势感知需要使用高性能的硬件和软件，成本相对较高。②网络通信延迟，机器态势感知需要通过网络进行数据传输和处理，网络通信延迟可能会影响感知和响应的速度。③受限于算法和模型，机器态势感知的准确性和可靠性受限于算法和模型的质量，如果算法和模型不够精准和完善，可能导致误判或漏判。④无法处理复杂场景，机器态势感知对于复杂的场景和情况可能无法处理，如在极端天气、复杂地形或人群密集的环境下，机器可能会受到干扰或无法精准感知。⑤难以处理异常情况，机器态势感知对于异常情况的处理可能不如人类灵活，如在出现未知的事件或不寻常的情况下，机器可能无法及时做出正确的响应和决策。⑥安全风险，机器态势感知需要连接互联网或其他网络环境，可能面临网络攻击和数据泄露等安全风险。

总之，单纯的人工智能是不存在的，而人机混合智能则常常需要大量的数据支持，这些数据包含个人隐私信息，如生物特征、个人偏好等，同样，如果这些数据被恶意使用或泄露，将严重威胁用户的隐私安全。随着人工智能的发展，越来越多的机器将会替代人类工作，这有可能导致很多人失去工作机会，从而导致社会不稳定。另外，人机混合智能可以使人类和机器之间的界限变得模糊，如果人类和机器的利益产生冲突，将会产生严重后果，人机混合智能的算法可能被恶意攻击，从而导致系统失效或者被控制，再进一步讲，假如这些攻击者是恶意的，可能会对社会造成严重的威胁，同时，这些复杂性使其对人、机、环境的控制变得更加困难，如果这种技术失控，将会产生无法预知的后果。

剑桥出身的辛顿之所以忧心忡忡，大概率是他感觉到 AI 双刃剑中潘多拉盒子的一面，即 AI 和人性的缺点、不足有可能使人机环境系统失调，若未及时约束和管控，极有可能造成人类社会失控的局面。然而，人类社会的稳定性和鲁棒性并不是弱不禁风、一触即倒的，俗话说得好，"魔高一尺，道高一丈"，未雨绸缪、居安思危将会一直伴随着人类文明的进化发展，现在发生的，过去已经发生过，而且还不止一次，估计这次也不会例外……

当西方的科技解决不了自身带来的问题时，不妨把目光悄悄转向东方思想："道之为物，惟恍惟惚……"

1.5　真正的智能不仅是一个技术问题

智能并不是单一的技术问题，而是一个包括技术、人类智慧、社会制度和文化等多方面的综合体，常常涉及技术变革、系统演变、运行方式创新、组织适应。智能是指人类的思考、判断、决策和创造等高级认知能力，可以通过技术手段实现增强和扩展。但是，技术只是智能的一部分，智能还包含人类的经验、知识、价值观和文化背景等方面，这些都是技术所不能替代的。因此，智能的发展需要技术与人类智慧、社会制度和文化等多方面的融合，才能更好地服务于人类的需求和发展。

智能与物质、能量和信息之间存在着密切的关系。具体来说：①物质，智能需要依托物质进行实现。例如，人类的智能是依赖于大脑这一物质器官的，而智能技术的发展也需要依托于计算机、芯片等物质设备。②能量，智能技术的发展需要消耗大量的能量，例如，计算机完成复杂计算需要消耗大量的电能。同时，智能技术的应用也可以帮助我们更有效地利用能源，提高其利用效率。③信息，智能技术需要处理和利用大量的信息，例如，机器学习需要大量的数据集来训练模型。同时，智能技术也可以帮助我们更好地获取、处理和利用信息，提高信息的利用效率。因此，智能、物质、能量和信息之间是相互依存、相互作用的。只有在这些方面的综合作用下，智能才能得到更好的发展和应用。

智能中主体性非常重要。主体性是指个体或集体在自身内部具有自我意识、自我决定和自我行动的能力。它是人类思想、意识和行为的主导力量，是人类自我实现和自我超越的基础。主体性是一种自我意识和自我决定的状态，在这种状态下，个体或集体可以自主地选择自己的行为和思想方向。

人与机器的主体性相同点是：①主体性都具有感知、思考、行动的能力；②主体性都可以进行自我学习和自我完善；③主体性都可以对外界进行响应和做出反应；④主体性都具有自主性和自我决策的能力；⑤主体性都受到环境和经验的影响。

人与机器的主体性不同点是：①人具有情感、意识和灵魂等高级特性，而机器没有；②人具有自我意识和自我认知的能力，而机器只能进行程序化的计算和执行；③人具有自由意志和选择的能力，而机器只能依据程序进行操作；④人具有创造性和想象力，而机器只能执行已经编程好的操作；⑤人具有道德和伦理的观念，而机器没有。

"人的行为的改变取决于动机、能力和提示／提醒三个要素的汇合"这一观点是行为心理学中的重要理论，意味着人类的行为是多种因素综合影响的结果，而不是单一因素的作用。动机、能力和提示／提醒三个要素的汇合，能有效促进人的行为改变和行为控制，同时也可以预测人的行为表现。这一观点对于促进个人的自我管理、行为改变和社会影响具有重要意义，可以引导人们更加科学地管理自己的行为并影响他人的行为。

测量动机是行为心理学中的一个重要研究方向，主要有以下几种方法：① 问卷调查，通过编制一些针对特定行为的问卷，了解个体对该行为的动机程度。问卷调查可以采用定量或定性的方法。②行为记录，记录个体在特定行为上的表现，如完成情况、时间和效率等，通过观察行为表现判断个体的动机程度。③生理指标，生理指标可以反映出个体的生理状态，如心率、皮肤电反应、脑电波等，通过生理指标的变化判断个体的动机程度。④认知任务，通过让个体完成一些认知任务，如决策任务、问题解决任务等，了解个体对于特定行为的动机程度。测量动机需要根据具体研究问题选择合适的方法，同时需要考虑到方法的可靠性和有效性。

测量能力是行为心理学中的一个重要研究方向，主要有以下几种方法：①测验法，是一种常用的测量能力的方法，可以通过测验评估个体在特定领域的能力水平。例如，语文、数学、英语等学科的考试就是一种测验方法。②任务法，通过让个体完成一些任务评估其能力水平。例如，通过观察个体在解决问题、完成任务等方面的表现评估其智力水平。③自我报告法，让个体自己评估自己在特定领域的能力水平。例如，让个体自己评估自己的语言能力、写作能力等。④观察法，通过观察个体在特定领域的行为表现评估其能力水平。例如，通过观察个体在音乐演奏、运动、艺术创作等方面的表现评估其能力水平。

评价提示／提醒的质量可以从以下几方面进行：①准确性，提示／提醒是否准确，是否能帮助人们正确地完成某个任务或者避免某些错误。②及时性，提示／提醒是否及时，是否能在需要时及时提醒人们进行相应的操作。③清晰度，提示／提醒的语言是否清晰明了，是否容易理解。④个性化，提示／提醒是否能够根据不同的用户需求进行个性化的设置，是否能满足不同用户的需求。⑤友好度，提示／提醒的表现形式是否友好，是否能引起用户的注意和兴趣。⑥可靠性，提示／提醒是否可靠，是否能保证在各种情况下都能正常工作。

总之，真正的智能应该是一个体系问题。它涉及许多不同的方面和领域，包括计算机科学、心理学、神经科学、哲学和工程学等。这些领域的研究对于发展真正的智能至关重要。除此之外，智能还需要涉及语言、知识表示、推理、学习、感知和自我调整等方面。因此，真正的智能是一个庞大的体系问题，需要多学科的合作和研究。

1.6　人类的智能是小数据

许多复杂事物的背后，都有简洁的可以用一句话或者几句话说明的规律，这些规律便是本质，如自然科学中的一些基本规律，以及万有引力定律、热力学第一定律等。但是在其他领域，特别是社会科学和人文领域，事物的本质往往是非常复杂和多元化的，不可能用一句话或几句话概括。所以，我们需要深入探究和思考，才能真正理解事与物的本质。

虽然大数据的应用对机器决策和创新有一定的帮助，但是人类的智能和洞察力是不可替代的。与其只追求收集更多的数据，我们更应该注重如何使数据和人类的智能相结合，创造更有价值的解决方案。据儿童认知心理学家研究，婴儿的成长过程就是不断进行小样本学习的过程，在接触到一些特定的事物后，能快速地将其归类和记忆，并在日后遇到类似的事物时能更快地进行识别和反应。该研究也可以解释为什么婴儿在成长过程中能快速地学会语言、认知和行为习惯等，因为他们通过小样本的学习，如听到父母的语言、观察周围的行为等，进行顺应和学习，形成了自己的认知模式和行为习惯。当然，这个观点也有一定的争议和不足之处，因为它可能忽略了婴儿学习的其他因素，如基因、生物学和社会环境等，而且这个观点也不能完全解释婴儿学习的多样性和差异性。

人类之所以可以用小样本数据洞察秋毫，是因为我们具备了独特的智能和学习能力。相较于机器学习算法，人类可以通过自身的经验、知识和创造力，从少量数据中推断出更多的信息和规律。人类的思维方式是非常灵活的，能通过不同的角度和思考方式解决问题。此外，人类的直觉和感性认知也起到了很大的作用，能在面对不确定性和复杂性的情况下做出准确的判断和决策。因此，虽然大数据分析对于决策和创新有一定的帮助，但是人类的智能和创造力仍然是不可或缺的。

人类的小样本学习策略是指我们面对新的事物时，往往只根据个别的、有限的样本信息做出判断和决策。这种策略是非理性的，因为它基于的样本太少，很容易受到偏见、误导和误判的影响。例如，我们可能会根据个别的经历或者个人喜好决定是否喜欢某个人、事物或者观点，而忽略了更多的信息和其他可能的选择。由于我们只根据少量样本信息判断一个群体或者事物的特征和性质，因此小样本学习策略也容易导致我们的偏见和刻板印象。

人们在认知过程中常常能够将状态、趋势、感觉、知觉、事实、价值等因素融合起来，产生出更加复杂、高效的认知智能，这种认知智能具有复利效应，也就是说，人类的认知是一个不断迭代、不断优化的过程，每一次认知都会为下一次认知提供更多的信息和经验，从而使我们的认知能力得到提升。用事实决策和用价值决策是两种不同的决策方式。用事实决策是指基于事实和数据，进行客观分析和评估，以制定决策。这种决策方式强调证据和理性，关注决策的效果和成本，能够有效地避免主观臆断和偏见的影响。而用价值决策是指基于人们的价值观和信仰，进行主观判断和选择，以制定决策。这种决策方式强调个人和集体的价值观，关注决策的意义和目标，能够增强个人和集体的凝聚力和信任感。这两种决策方式各有优缺点，应根据具体情况选择。在实际应用中，我们可以综合运用两种方式，既考虑事实和数据，也考虑个人和集体的价值观和信仰。

一般而言，在机器智能中常常存在着信息偏见、信息缺失、信息干扰 3 个问题。

（1）数据的虚假关联或标注不完善等情况，可能导致传统人工智能模型中所假设的数据之间相互独立的假设不成立，从而出现信息偏见的问题。因为模型对数据的理解有偏差，导致模型无法提取有效信息，难以准确地进行分类、预测或推荐等。解决信息偏见问题的方法包括改进数据质量、加强数据清洗、使用更加灵活的模型等。

（2）在机器学习或人工智能中，通常假设数据是从一个相同的分布中采样得到的。但是，如果数据采样不完整或者数据标注不完整，就会导致数据分布的偏移，从而不再满足这个假设。这种情况下，传统的人工智能模型可能无法准确预测或分类数据。因此，需要采用更加灵活的模型处理这种数据缺失或分布偏移的问题。

（3）信息干扰是指敌方通过干扰、遮掩等手段破坏模型的训练和测试过程，从而导致模型训练不准确，无法应对未见过的情况。

这种情况违反了传统人工智能封闭世界假设，即假设模型只能在已知数据和情况下进行预测或分类。信息干扰可能导致模型的误判、误识别等问题，因此需要加强模型的鲁棒性，提高其对抗干扰的能力。解决信息干扰问题的方法包括使用对抗训练、增加训练数据的多样性、加入对抗样本检测机制等。破解机器智能的这 3 个难题，就可以参考借鉴人类的小数据 / 小样本学习机理、决策机制。

人机融合智能中，使用小样本实现窥斑知豹功能的例子比较多，如人脸识别领域中的人脸识别任务，传统的人脸识别模型通常需要大量的数据进行训练，才能达到较高的准确率。但是，在实际应用中，往往只有很少的人脸数据可用于训练，这就需要使用小样本学习方法提高模型的准确率。一种小样本学习方法是元学习，即通过学习如何快速适应新任务的方法提高模型的泛化能力。在人脸识别任务中，可以使用元学习的方法快速适应新的人脸数据集，从而提高模型的准确率。另外，还可以使用基于生成对抗网络（GAN）的方法，生成更多的人脸数据，从而扩充训练数据集，提高人脸识别模型的准确率及模型的准确率和泛化能力。

从数据到信息到知识到智能到意图的顺序是一种自下而上的顺序，强调信息的处理和整合过程，依次将数据转换为信息、知识、智能和意图。这种顺序着重于从最基础的数据开始，逐渐将其转化为更高级别的概念和信息，最终形成理解和意图的能力。这种顺序用于描述信息处理和智能化系统的构建，强调了数据处理、知识建模、智能决策和意图实现的层次结构。而意图—智能—知识—信息—数据的顺序则是一种自上而下的顺序，强调信息和智能的应用过程，依次将意图转换为智能、知识、信息和数据。这种顺序强调了在应用场景中如何利用已有的知识和智能实现特定的目标和意图。这种顺序用于描述智能系统的应用和实现过程，强调了智能决策和行为实现的过程。总体来说，两种顺序强调的角度不同，但都是描述信息处理和智能化系统的构建和应用过程的。在实际应用中，需要根据具体场景和需求选择合适的顺序和方法。

目前，用小数据处理工程问题的思路在 PHM（故障预测与健康管理原理，是一种通过对设备、系统或结构进行实时监测和分析，预测其未来状态、提前发现和预防故障的技术方法）中正在得到应用。PHM 原理的核心思想是利用传感器、数据采集和分析技术，对设备或系统进行实时监测和诊断，通过对设备的状态、振动、温度、压力等参数的分析，进行设备健康状态和故障发生的小数据态势感知，并提前采取措施进行预防和维护，从而降低设备故障率，延长设备寿命，提高设备的可靠性和安全性。

1.7 人工智能研究是不是走错了方向

最近，以 AIGC 中 GPT 为代表的 AI，总是使用大数据或大模型，惹得不少人私下不断犯嘀咕：人工智能研究是不是走错了方向？对于这个问题，有人认为人工智能的研究方向并没有走错，而是在不断地扩展和深化。大数据和大模型构成人工智能研究中的重要组成部分，将高质量的大数据与大模型适配，能够极大地提高人工智能的精度和性能。但是，我们也需要注意到人工智能不仅是基于数据的模型，还包括许多其他方面的研究，如符号推理、逻辑推理、（非）知识表示、诡诈欺骗、真假辨识等。我们需要在不同方向上进行研究，以便更好地发掘人工智能的潜力，为社会带来更多的福利，而不是更多的问题。

人机环境系统智能中更多的是小数据简单算法弱算力，而不是大数据复杂算法强算力。这说明数据量并不是解决问题的唯一关键因素，数据的质量和可靠性同样重要，在某些情况下，小数据集可能更加准确和可靠，因为它们更容易进行有效的数据清洗和筛选；对于某些任务而言，简单的算法已经足够了，而且在性能和可解释性方面具有优势，复杂的算法可能需要更多的计算资源和更长的训练时间，并且可能产生过拟合等问题；弱算力的系统可以通过使用高效的算法和优化技术提高性能，如可以使用并行计算、分布式计算和硬件加速等技术提高系统的效率和性能，而不一定非得使用多少块 A100、H100。

在人类学习中，权重是指模型中各个特征的重要性，小数据学习是指在数据集较小的情况下进行机器学习。权重的随机应变是指在小数据学习中，由于数据量少，模型容易出现过拟合的情况，因此在训练过程中引入随机性，使模型能够更好地适应新数据。有人认为，在小数据学习中，权重的随机应变是一种有效的防止过拟合的方法。引入随机性，使模型更具有泛化能力，从而能更好地适应新数据。同时，权重的随机应变也可以帮助模型避免陷入局部最优解，从而提高模型的准确性和稳定性。但是，在实际应用中，权重的随机应变也需要根据具体情况进行调整，避免过度随机化导致模型效果下降。

小数据学习路线，前期效果比不过大模型大数据计算，但到后期效果可能会更加强大。机器学习中有两种不同的方法：小数据学习和大数据学习。小数据学习是指使用较小的数据集进行训练和学习，而大数据学习则是利用大量的数据训练和学习模型。前期，大数据学习往往能够取得比小数据学习更好的效果，这是因为大数据学习可以利用更多的数据训练模型，从而提升模型的准确性和泛化能力。然而，随着时间的推移，小数据学习的优势也开始显现出来。后期，随着数据集的增加和模型的优化，小数据学习可以取得更好的效果。这是因为小数据学习更侧重于深入理解数据和模型，而不是简单地利用大量的数据训练模型。通过精细调整和优化模型架构、特征工程等方面，小数据学习可以取得更好的效果。

在小数据集中，我们不能仅依赖于大规模数据集中的机器学习算法和深度学习模型，而是需要更加注重数据的质量和特征，同时结合领域知识和人类的经验，优化模型的性能。当面对小规模数据时，权重的设定和拓扑结构的选择非常重要。权重的恰当泛化能帮助我们在小数据集中发现有用的模式，并且在未来的预测中得到更好的结果。而拓扑结构的选择则能帮助我们更好地理解大小数据之间的关系，从而更好地进行决策。

客观地说，信息至少包括数量和质量两方面。传统意义上，我们通常更注重信息的数量，认为获取的信息越多越好。但是，信息的质量也非常重要，因为低质量的信息可能误导我们的判断，影响我们的决策。为了更好地应对信息时代的挑战，我们需要更多地关注信息的质量。这包括信息的来源、真实性、准确性、完整性、可信度等方面。我们需要学会辨别虚假信息、谣言和误导性信息，以便做出正确的判断和决策。同时，我们也需要注意信息的多样性和多方面性。信息的质量不仅包括信息的正确性和可靠性，还包括信息的广度和深度。我们需要关注多个来源的信息，以便获取多方面的不同观点和意见。只有获得了足够的多样性和多方面性的信息，我们才能做出更加客观、全面的判断和决策。

信息质量的好坏往往与信息的接受者有关。因为不同的人有不同的背景、知识水平、思想倾向等，对同一份信息的理解和判断也会有所不同。例如，对于一份科技类新闻文章，对于了解科技领域的人来说，可能更容易理解和判断信息的真实性和可靠性；而对于不太了解科技领域的人来说，可能更容易受到一些夸大和误导的信息影响，从而导致对信息质量的评价有偏差。所以，在评价信息质量的时候，需要考虑不同人的接受能力和认知水平，尽可能地提供更加客观、准确、全面的信息，同时也需要教育和引导公众提高信息素养，以便更加理性和客观地接受和评价信息。评价信息质量需要考虑多方面，需要综合考虑真实性、完整性、可靠性、时效性、公正性这些方面的因素，才能得到更加准确和全面的评价。

在人机环境系统的控制中，除有机器客观事实性的反馈外，还有人类主观价值性的反馈。这同时也深刻地表达了人机交互系统的特点和挑战。在人机交互中，机器可以提供客观的数据和反馈，但是人类用户的主观感受和价值观也是非常重要的。例如，在智能家居系统中，机器可以自动控制温度和照明等设备，但是用户的舒适感受和个人喜好也需要考虑进去。因此，设计人机交互系统时，需要考虑用户的主观需求和价值观，并且让机器能够理解和适应这些需求和价值观。这需要涉及人机交互的多方面，包括用户体验设计、人工智能算法和数据分析等。一般而言，在人机环境系统中，除机器的形式化结构外，还有人类的非数学结构存在，即使我们使用计算机技术和算法处理信息，人的主观性、情感和判断力也是非常重要的。因此，设计人机交互系统时，我们需要考虑人的特征，以便系统可以更好地服务于人类需求。这个观点也提醒我们，不要过度依赖机器和算法，只有在人机交互中找到平衡点，才能实现最佳的用户体验和性能。

在实践过程中，人的许多经验和体验很难转换为数据，这些经验和体验都是非常主观的，难以用量化的方式表达和衡量。例如，一个人的情感体验、社交经验、文化背景等，都是非常独特而个性化的，很难用数据简单地表示。然而，我们也不能因为困难就放弃了解和分析这些经验和体验。我们可以采用一些定性研究的方法，如深度访谈、案例研究等，了解人们的个体经验和体验。同时，我们也可以通过特征数据分析，挖掘一些隐藏在数据背后的趋势和规律，从而更好地理解人们的行为和感受。

在人机环境系统中，协同可以促进人与机器之间的交互，从而提高系统整体的性能和效率。例如，在工业生产中，机器可以处理大量的重复性工作，而人类可以处理需要判断和决策的任务，二者的协同可以提高生产效率。然而，协同也可能带来一些消极的影响，人类若过度依赖机器，可能导致人类知识和技能的退化，机器出现故障可能会使整个系统瘫痪。因此，设计人机环境系统时，需要仔细权衡协同的积极作用和消极作用，以实现最佳的用户体验和性能。同时，也需要提高人类的技能和知识水平，以便更好地应对机器故障等突发情况。

人类学习是通过感官体验和实践经验获得的，而机器学习则依赖于规则和概率推断。人类的学习过程是非常复杂和多样化的，因为人类能利用自己的经验和感知理解和适应各种不同的环境和情形。相比之下，机器学习需要在事先设定的规则和概率分布下进行操作，因此机器学习的应用范围和效率受到规则和概率模型的限制。然而，这种区分并不是绝对的。在某些情况下，机器学习也可以通过模仿人类学习的方式提高自己的表现，如使用深度学习模型模拟人类视觉系统的工作原理。另外，人类的学习也可能受规则和概率的影响，例如，在学习语言时，人类也需要遵循一定的语法规则和语言模型。因此，我们需要更加深入地研究人类和机器学习的本质和相互作用，以便更好地应用它们解决实际问题。

现在，或许是该对 AI 的研究方向做点什么的时候了……

1.8　探索新型智能模型框架

近年来，虽然人工智能的成果斐然，但现阶段的人工智能体远未达到接近人类心智的水平。并且，大数据抑或小数据的问题，日益成为人工智能未来发展的关键。面对当前自动化与智能化中的种种问题，推动理性与感性相统一，促进计算与算计（简称计算计）相结合，使离身、具身、反身认知形成整体，构建计算 - 算计智能模型框架，可能是一种未来发展路径[8]。

近期，以 GPT 为代表的生成式人工智能引发热潮。不过，此类人工智能多使用大数据或大模型，也引发了一些争议。有人认为，这可能是走错了方向。还有人认为，人工智能的研究方向并没有走错，而是在不断扩展和深化。不过，人工智能不仅是基于数据的模型，还包括许多其他方面的研究，如符号推理、逻辑推理、（非）知识表示、诡诈欺骗、真假辨识等。

数据量往往并不是唯一的关键因素，数据的质量和可靠性同样重要。在人机环境系统智能领域，有不少是小数据、简单算法、弱算力，而不是大数据、复杂算法、强算力。甚至在某些情况下，小数据集可能更加准确、可靠（因为更容易进行有效的数据清洗和筛选）。对于某些任务而言，简单的算法已足够，而且在性能和可解释性方面可能更具优势。复杂的算法通常需要更多的计算资源和更长的训练时间，并可能产生过拟合等问题。弱算力的系统则可以通过使用高效的算法和优化技术提高性能。例如，可以使用并行计算、分布式计算和硬件加速等技术，提高系统的效率和性能。我们需要在不同方向上进行研究，以更好地发掘人工智能的潜力。

传统的自动化领域涉及"老三论"，即控制论、信息论和系统论。控制论通过信息和反馈建立了工程技术、生命科学和社会科学之间的联系。控制论中的信息输入、处理、输出、反馈，一般以客观事实性数据、模型、统计为基础，因而在科技与工程领域具有较好的使用效果，而在涉及包含主观价值的社会、经济领域则往往使用效果欠佳。在信息论中，香农定义的信息熵，是对消息中所含信息量的度量，可用来推算传递经二进制编码后的原信息所需要的信道带宽。信息熵的提出，解决了对信息的量化度量问题，而对（不同发出/接收者）信息质量的好坏却缺乏度量。1932 年，贝塔朗菲（L. V. Bertalanffy）发表"抗体系统论"，提出了系统论的思想。目前，系统论运用完整性、集中性、等级结构、终极性、逻辑同构等概念，研究了适用于综合系统或子系统的模式、原则和规律，并力图对其结构和功能进行数学描述。但是，这一路径对于包含人在内的复杂系统处理还不是很理想。总之，对于自动化领域控制论、信息论和系统论而言，缺乏价值反馈、价值度量、价值体现，已成为其进一步发展的瓶颈和挑战。

当前的智能化研究主要基于符号主义、连接主义或行为主义，对人类智能进行分析与模拟，并取得了不少成绩，但也出现了许多困难和不足，远未达到人们的期望和要求。究其原因，当前研究的核心仍试图以还原论的思想，破解智能的机理或应用，而没有从根本上理解智能产生的机制原理及应用的规律。与机器智能相较而言，人类智能并非孤立的，而是在人物环境交互产生的。真正的智能可以计算，但单纯的计算是不能产生智能的——智能的基本逻辑是比较，而不是计算。把智能看成某种逻辑或计算，是制约智能发展的瓶颈和误区。

　　智能不仅涉及科学、技术、数学等领域，还涉及人文、艺术、社会等方面。其中，既有客观事实又有主观意识，既有机械惯性又有灵活辩证，既有逻辑推理又有直觉感悟。把智能看成数据、信息、知识、算法、算力等是十分狭隘的。真实的智能不仅能学习、生产、使用、维护、升级这些事物，而且还可以扭曲、异化、诡诈、变易这些概念或机制机理。智能化不是信息化、数字化、自动化的简单延伸、扩展，而是一种大不相同的新型范式。智能不仅要掌握已知的信息、学习已有的知识，更重要的是，还要生成有价值的信息、知识，以及有效使用并协调这些信息和知识——这是理性逻辑推理与感性超逻辑判断的统一。

　　在某种程度上可以说，世界是复杂的。不过，具有复杂性的世界并不都是科学和计算，而是某种科学与非科学、理性与感性融合的人物环境系统，同理，智能也是自然与人工的结合。依据目前人类的数理、物理水平，仅通过编写计算机程序，是不可能实现人类水平的智能的，必须另辟蹊径。休谟1711年在《人性论》中提出了"休谟之问"：从"是"（Being）中能否推出"应该"（Should），即从客观事实中能否推出主观价值。这个问题在西方近代哲学史上占有重要地位。在两千多年前的东方，孟子在《告子上》中就说过："是非之心，智也。"真正的智能要打开科技与、或、非门的狭隘。大是、大应、小是、小应，需要穿透各种非家族相似性的壁垒，用未来的想象（预期）和当前的感受（如同情、共感、同理心、信任等）影响智能领域的走势。

　　依据现有计算和认知领域的成果，可以提出计算计模型，即针对复杂、多域、动态的环境，研究人机混合下的态势感知模型，能够探索人-机-环境对决策的影响。智能系统中的算计，是一种没有数学模型的计算。相较于智能计算中较为普遍的"与或非"逻辑，不妨将算计中的逻辑称为"是非应"。其中，"是"偏同化，"非"偏顺应，"应"偏平衡。当遇到未知问题时，可以先用"是"、再用"非"、后用"应"。当遇到大是大非时：大是不动，先试小非，再试中非；若不行，大非不动，先试小是，再试中是。这些试的过程，就是"中"的平衡。"应"就是不断尝试、调整、平衡。以上就是计算和算计结合的新逻辑体系。算计逻辑把握价值情感方向，计算逻辑细化事实理性过程。在智能的未来发展中，新逻辑的出现或许会带来新的可能性。

智能是在主体同物和环境的交互中逐步形成的。一方面，主体的认知与世界发生着融合。另一方面，被误用的计算也可能影响主体的认知。正如理查德·哈明（Richard Hamming）所说："计算的目的不在于数据，而在于洞察事物。"这里的洞察，就包含对未来的预测与算计。人类的洞察机制不是一维的具身认知，常常涉及二维的离身认知、三维（以上）的反身认知及其混合认知机理。

传统认知理论认为，认知是在人脑中发生的类似于计算机的计算过程，其功能独立于环境且与身体无关，因此被称为"离身认知"（如联结主义、符号主义）。但随着研究的进展，心理学家发现，认知在很大程度上依赖着身体。认知和身体都嵌入环境，共同构成一个动态的统一体，这被称为第二代认知科学的"具身认知"。具身认知理论认为，个体的认知过程和自我意识都与具身活动密不可分，身体的自由度影响感知判断。反身认知往往是在各个社会领域中的一种自我加强现象。反身认知认为，参入者的思维与参入的情景相互联系且影响，彼此无法独立，认知与参入永远处于变化过程之中。反身认知一般强调，博弈过程中的人机环境系统之间的激发联动效应，能够跨越物理域、信息域、认知域等。

针对当前智能化研究所面临的问题，需要从人类具身、离身、反身的态势感知角度，解决智能化建模难题。安德斯雷（Mica R. Endsley）提出有关态势感知的一个共识概念，即在一定时间和空间内对环境中的各组成成分的感知、理解，进而预测这些成分后续的变化。深度态势感知是对态势感知的感知，其中既包括人的智慧，也融合了机器的智能。这是一种"能指 + 所指"，既关涉事物的属性（能指、感觉），又触及它们之间的关系（所指、知觉）；既能够理解弦外之音，也能够明白言外之意。这种深度态势感知，在安德斯雷以主体态势感知（包括信息输入、处理、输出环节）的基础上，分为"态""势""感""知"四个环节，包括人、机（物）、环境（自然、社会）及其相互关系的整体系统趋势分析，具有"软（价值）/硬（事实）"两种调节反馈机制。这既包括自组织、自适应，也包括他组织、互适应；既包括局部的定量计算预测，也包括全局的定性算计评估，是一种具有自主、自动弥聚效应的信息修正、补偿的期望 – 选择 – 预测 – 控制体系。智能的逻辑既不同于理性的逻辑，也不同于感性的逻辑，而是两者的结合。对此，需要从态势感知这个角度入手，使离身、具身、反身认知形成整体，进而建立起智能的计算 – 算计智能模型框架，如图 1.1 所示。

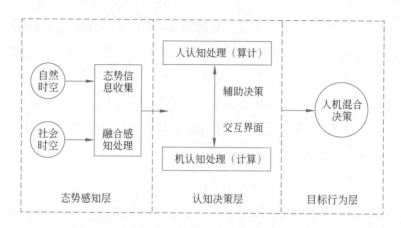

图 1.1　计算 - 算计智能模型框架

在某种程度上可以说，智能是一种激发 - 唤醒过程。好的智能交互涉及人 - 机 - 环境系统三者之间的和谐对立统一，既有态的计算，也有势的算计。通晓辩证逻辑的算计，才是真正的智能"化"。这反映了不确定的确定性，即不确定性的变化率。例如，人类能够从位置、速度、加速度中，反映出空间、时间、力；进而，又从质量、能量、信息中，反映出虚实、有无、真假。

在笛卡儿数形计算的解析坐标系启示下，可以初步构建计算 - 算计的态势感知坐标系。状态参数可由环境中的物理参数（时间、地点、人物、事物等）组成"态向量"，并通过不同状态下的状态矩阵计算获得初级的趋势结果 1。趋势参数可由期望中的各种价值参数（时间、地点、人物、事物等的价值）组成"势向量"，并通过不同趋势下的趋势矩阵算计获得次级的趋势结果 2。感觉参数可由感觉到的各种参数（时间、地点、人物、事物等）组成"感向量"，并通过不同感觉下的感觉矩阵计算获得初级的知觉结果 3。知觉参数可由知觉到的各种经验参数（时间、地点、人物、事物等的经验值）组成"知向量"，并通过不同知觉下的知觉矩阵算计获得次级的知觉结果 4。通过这 4 个结果的计算 - 算计结果，可以拟合出综合的态势感知结果。进而，分别建立起离身、具身、反身的态势感知模型，再进行融合分析，则可以得出整体系统的计算计结论。

或许，智能的关键不在于计算能力，而在于带有反思的算计能力。算计比计算强大的地方，在于反事实、反价值能力。自主性中常包含反思（事实反馈 + 价值反馈）能力。事实性的计算是使用时空（逻辑），而价值性的算计是产生（新的）时空（逻辑）。通过计算和算计的深度结合，构建基于理性和感性混合驱动的计算计模型，实现人机混合智能决策，能够使人机混合系统被赋予更多智能，从而可以更好地应对未来与未知的种种挑战。

1.9 许多智能算法并不智能

数学的精髓在于不断寻找简洁而优美的解决方法，而智能的精髓在于尽可能地避免烦琐的计算，通过更高效的方式解决问题。从实践角度看，现代人工智能技术的发展，正是基于这个思路不断推进的。在机器学习领域中，人们通过设计更加高效的算法和模型，使机器可以在短时间内学习到更多的知识和经验，从而实现更加准确、高效的预测和决策。

虽然现在人工智能技术已经取得了很大的进展，但是目前大部分算法还是基于人类专家的经验和规则，而不是真正的自主学习和创新。由于数据的质量和数量的限制，许多智能算法也很难完全理解和解决现实世界中的各种问题。因此，虽然我们经常听说某个算法"具有人类水平的智能"，但实际上它们还有很多局限性和不足之处。但是，这并不意味着我们应该否定人工智能技术的潜力。实际上，随着技术的不断发展和数据的不断积累，我们可以期待更多的算法能够真正实现自主学习和创新，从而更加接近真正的智能。同时，我们也需要注意人工智能技术可能带来的社会和伦理问题，并采取相应的措施加以规范和管理。

在人机协同博弈中，常常需要使用一些智能算法／模型辅助决策，如博弈树搜索算法、强化学习算法、遗传算法、神经网络算法、蒙特卡罗树搜索算法等，这些都是常用的智能算法，不同的博弈情境可能需要不同的算法／模型进行决策，下面对这些智能算法／模型的优缺点做简单介绍。

1. 博弈树搜索算法

优点：①可以找到最优解，博弈树搜索算法可以穷举所有可能的决策，因此可以找到最优解。②可以应用于各种博弈场景，如棋类游戏、扑克游戏等。③可以通过剪枝减少计算量，从而提高搜索效率。

缺点：①时间复杂度高，博弈树搜索算法的时间复杂度很高，因为需要穷举所有可能的决策。②只能用于离线计算，因为在实时场景下，每个玩家的决策都会影响其他玩家的决策，因此无法进行穷举。③难以应对不完全信息博弈，在不完全信息博弈中，博弈树搜索算法难以应对玩家的隐私信息，因此很难找到最优解[9]。

2. 强化学习算法

优点：①可以学习到复杂的决策过程，强化学习能处理大规模、连续和高维度的状态空间和行动空间，能学习到复杂的决策过程，并生成最优的策略。②不需要人工标注数据，强化学习不需要人工标注数据，只需要通过奖励函数指导学习过程，因此具有很强的自主学习能力。③可以在未知环境下进行学习，强化学习能够在未知的环境下进行学习，并且通过试错的方式逐步优化策略。④可以处理非确定性问题，强化学习能够处理非确定性问题，并且能够在不确定性的环境下生成最优的策略。

缺点：①训练时间长，由于强化学习需要进行多次迭代，因此训练时间较长，尤其是在复杂的环境下。②过拟合问题，在某些情况下，强化学习容易出现过拟合问题，即在训练集上表现很好，但在测试集上表现不佳。③需要精细的奖励函数设计，强化学习需要通过奖励函数指导学习过程，因此需要设计精细的奖励函数，否则可能出现学习不稳定的问题。④难以处理连续动作空间，由于强化学习需要进行探索，而在连续动作空间中探索的时间和计算成本较高，因此需要采用一些特殊的技巧处理连续动作空间[10]。

3. 遗传算法

优点：①可以处理复杂的非线性问题，不需要对问题进行数学建模。②通过使用随机搜索和优胜劣汰的策略，可以避免陷入局部最优解。③可以同时优化多个目标函数。④通过使用交叉和变异操作，可以产生新的解决方案，从而增加搜索空间。

缺点：①遗传算法需要大量的计算资源和时间，特别是在处理大规模问题时。②遗传算法不能保证找到全局最优解，只能找到局部最优解。③对于某些问题，遗传算法可能收敛太快，导致搜索空间被过早地收缩，无法发现更优的解决方案。④遗传算法的结果通常是一个近似解，而不是精确解[11]。

4. 神经网络算法

优点：①可以学习和适应新的数据，具有较强的自适应能力。②可以处理非线性问题，适用于不同领域的数据分析和预测。③可以进行并行计算，处理速度较快。④可以通过网络结构的设计和参数的调整来提高算法的性能和准确性。

缺点：①神经网络算法需要大量的数据进行训练，且需要耗费较长的时间。②神经网络算法的结构和参数选择较为复杂，调整时需要具备一定的专业知识和经验。③神经网络算法的结果较难解释，不利于对模型的解释和理解。④当数据量较少或者数据质量较差时，神经网络算法容易过拟合或者欠拟合，影响预测效果[12]。

5. 蒙特卡罗树搜索算法（MCTS）

优点：① MCTS 可以在不完全信息和不确定性的情况下进行搜索，适用于博弈和规划等领域。② MCTS 可以自适应地调整搜索树结构，根据搜索结果动态调整节点的重要性和访问概率。③ MCTS 具有较高的搜索效率和可扩展性，可以处理复杂的决策问题。④ MCTS 可以通过引入启发式函数加速搜索，提高决策质量。

缺点：① MCTS 需要大量的计算资源和时间，在处理复杂问题时搜索空间会很大，搜索时间会显著增加。② MCTS 的结果受随机性的影响，可能产生不稳定的结果。③ MCTS 的结果可能存在局部最优解的问题，无法保证找到全局最优解。④ MCTS 中节点访问概率的计算和更新比较复杂，调整时需要具备一定的专业知识和经验[13]。

6. 贝叶斯算法

优点：①贝叶斯算法考虑了先验概率和后验概率，可以对数据进行更加全面和准确的分类。②贝叶斯算法具有较高的准确性和稳定性，对于高噪声和数据不平衡的情况也有较好的适应性。③贝叶斯算法可以通过不断学习和更新先验概率，提高模型的准确性和可靠性。④贝叶斯算法适用于多分类和高维数据的分类问题，具有较强的可扩展性和适应性。

缺点：①贝叶斯算法需要对先验概率进行合理的估计，如果先验概率的设定不准确，可能导致分类结果不准确。②贝叶斯算法在计算后验概率时需要对样本进行全局计算，计算复杂度较高，对于大规模数据可能无法承受。③贝叶斯算法对于特征之间存在较强相关性的数据，会出现较大的误差，需要对特征进行处理才能得到准确的结果。④贝叶斯算法对连续性变量的处理较为困难，需要对其进行离散化处理，可能导致信息损失 [14]。

7. 马尔可夫链算法

优点：①算法简单易懂，容易实现。②可应用于各种领域，如自然语言处理、机器翻译、图像识别等。③处理长序列时，只需考虑当前状态和前一状态，不需要考虑整个序列，可以减少计算量，提高效率。

缺点：①需要大量数据来训练，否则可能出现过拟合的情况。②对于多分类问题，需要构建多个模型，计算量较大。③对于某些情况，如出现新的状态或某些状态之间的转移概率为 0 等，可能导致算法失效。④对于状态空间较大的问题，可能出现状态爆炸的情况，导致计算量大幅增加 [15]。

8. 多头注意力模型

优点：①提高了模型的灵活性和表达能力。多头注意力模型可以同时关注输入序列的不同部分，从而提取更加丰富和准确的信息。②改善了模型的鲁棒性。处理序列数据时，输入序列中的某些部分可能包含噪声或错误信息，多头注意力模型可以通过关注其他部分抵消这些错误信息，从而提高模型的鲁棒性。③提高了模型的可解释性。多头注意力模型可以可视化不同头部分别关注的输入序列部分，从而更好地理解模型的决策过程。④一定程度上缓解了长序列的建模问题。由于多头注意力模型可以同时关注不同部分，因此可以更好地处理长序列的建模问题。

缺点：①计算量大，多头机制会增加模型的计算量，特别是在输入序列较长、头数较多的情况下。②参数量大，多头注意力模型需要学习多组参数，因此模型的参数量会相应增加，③需要大量的数据来训练，否则可能出现过拟合的情况[2]。

9. 长短期记忆模型（LSTM）

优点：①能处理长序列数据。LSTM 通过控制信息的流动和遗忘解决传统 RNN 中梯度消失和梯度爆炸的问题，因此能更好地处理长序列数据。②能捕捉长期依赖关系。由于 LSTM 中具有长期记忆单元，因此能更好地捕捉长期依赖关系，从而在完成自然语言处理（NLP）和语音识别等任务时效果更好。③具有灵活的结构。LSTM 的结构比传统 RNN 更加复杂，可以通过添加不同的门控单元实现不同的功能，例如，门控单元中的遗忘门可以控制信息的遗忘，输入门可以控制信息的输入，输出门可以控制信息的输出。

缺点：①计算复杂度高，LSTM 的复杂结构导致计算复杂度增加，因此在训练和推理时需要更多的计算资源。②参数量大，由于 LSTM 的结构比传统 RNN 更加复杂，因此参数量也更大，需要更多的数据进行训练。③容易过拟合，由于 LSTM 的复杂结构和参数量大，容易在训练时出现过拟合的情况，因此需要合理设置正则化参数，避免过拟合[16]。

人工智能与数学的关系非常密切，数学是人工智能的基础和核心。人工智能是依靠数学算法和模型实现的，包括机器学习、神经网络、优化算法等。在机器学习中，数学的概率论、线性代数、统计学等知识都扮演着重要的角色，它们被用于构建和优化模型，从而实现对数据的分析和预测。在神经网络中，数学的微积分、矩阵论、拓扑学等知识都是必不可少的，它们被用于模拟神经元之间的相互作用和信息传递。在优化算法中，数学的最优化理论、非线性优化理论等知识被用于构建和优化模型，从而实现对问题的求解。此外，人工智能的发展也推动了数学的发展。例如，深度学习的发展促进了数学中的矩阵论和优化理论的进一步发展，同时也为数学家提供了新的研究方向。因此，数学和人工智能的关系是相互促进和依存的。

数学不是逻辑，而是基于公理的逻辑体系，离开了公理，数学就不存在，如离开了五大公理，欧几里得几何就不存在。同样，任何智能算法都有边界、约束和条件，离开这些前提，智能算法就会南辕北辙，智能算法的设计和应用必须在一定的边界、约束和条件下进行。这些前提可以是技术层面的，如算法的适用范围、数据的质量和可靠性，也可以是伦理和法律层面的，如保护隐私和个人权益、遵守法律法规等。离开这些前提，智能算法的结果很可能出现问题，甚至产生不良影响。因此，在开发和应用智能算法时，必须认真考虑这些前提，确保算法正常运行和安全可靠。

从理论上来讲，人工智能的发展需要依靠数学算法和模型，因此数学水平在人工智能的发展中起着至关重要的作用。但是，如果将"期望中的人工智能"定义为完全模拟人类思维和行为的人工智能，那么目前的数学水平确实还无法达到这个目标。因为人类思维和行为是非常复杂的，涉及很多社会、文化、历史、心理等方面的因素，目前的数学模型和算法还无法完全模拟这些因素。如果将"期望中的人工智能"定义为能完成特定任务的智能机器，如自动驾驶、语音识别、图像识别等，那么目前的数学水平已经能够支持这些应用的开发。随着技术和算法的不断发展，我们也有望在未来实现更加先进的人工智能应用。对于"以现有的数学水平不可能产生期望中人工智能"的观点，需要根据具体的场景和定义进行分析和讨论。

人类的算法和机器的算法各有优缺点，这是一个公认的事实。人类的（算计）算法具有很强的灵活性和适应性，可以根据不同的情况和背景做出不同的决策。人类的（算计）算法还可以考虑道德、伦理、情感等因素，这些因素是机器算法所缺乏的。机器的（计算）算法具有很高的精度和速度，可以处理大量的数据和复杂的计算，而且不会因为情绪、疲劳等人类因素影响决策。因此，可以说人类的（算计）算法和机器的（计算）算法各有所长，它们的优缺点互补。在实际应用中，我们可以结合两种算法的优势，利用人类的判断力和机器的计算能力解决各种问题，取得更好的效果。例如，在医疗诊断领域，医生可以结合自己的经验和专业知识，再利用机器学习算法辅助诊断，提高诊断的准确性和效率。

实际上，世界上就没有包治百病的良药，同样也没有完全智能的算法。

1.10　智能的突破或许在智能之外

　　人工智能已经取得不少令人瞩目的成果，但是仍然存在许多问题和挑战，这些问题和挑战也许只能通过跨学科的合作和人类的智慧解决，因此智能的突破在智能之外。在人工智能的决策过程中，往往缺乏人类的道德判断和社会责任感，还有许多需要考虑人类因素的问题，如隐私保护、安全性等。因此，如果要实现智能的真正突破，需要跨学科的合作和人类的智慧，例如，计算机科学、心理学、哲学、伦理学等领域的研究者需要共同努力，以解决这些问题和挑战，从而推动人工智能进一步发展。

　　我们需要认识到人类智能和机器智能的本质区别和互补性，充分发挥它们各自的优势，实现人机协同，推动社会进步和发展。人类智能是由我们的生理结构、社会环境、文化背景等多种因素共同塑造的，因此具有多样性和复杂性。而机器智能则是由算法和数据驱动的，是一种相对单一和简单的智能形式。这也意味着，人类智能具有适应性和创造性，可以处理各种复杂情境和问题，而机器智能则需要大量的数据和算法支持才能完成任务。但是，机器智能可以处理大量的数据和信息，可以实现高效的自动化和智能化，有助于提高人类生产力和生活质量。

　　在人工智能的发展过程中，我们应该鼓励创新和探索精神，而不是一味追求经济效益或者实用性。这种探索精神包括勤于思考、冒险尝试、不断试错等，这些都是推动科技发展的重要力量。同时，我们也应该接受失败的可能性，因为失败是创新过程中不可避免的一部分，也是从失败中吸取经验教训、不断改进的重要途径。然而，也需要注意到，这种探索和创新精神并不意味着可以无限制地进行试错，而是需要在一定范围内进行，遵循一定的规则和伦理准则，尊重人类的价值和利益。同时，我们也需要在发展人工智能的过程中，注重对其进行监管和控制，避免出现对人类生命、财产、隐私等方面的威胁和伤害。

随着人工智能、大数据、物联网等技术的不断发展，它们正在颠覆传统的经济体制，创造出全新的商业模式和市场机会。这些技术的进步，正在推动经济的数字化、智能化、自动化转型。例如，在制造业中，智能制造技术正在逐步取代传统的人工生产方式，提高生产效率和质量，降低成本，提高企业竞争力。在零售业中，人工智能技术可以帮助企业更好地了解消费者需求，提供个性化的产品和服务，提高客户满意度和忠诚度，从而获得更大的市场份额和更高的利润。然而，这种颠覆性进步也可能带来一些负面影响，如技术失业、隐私泄露等问题。因此，我们需要在技术发展过程中加强监管和管理，保护个人隐私和劳动者权益，确保技术的进步能够真正造福社会的各方面。

智能通常隐藏于一些规律之中，如智能或根据某些相似性规律隐藏数据（如隐藏与已知敏感数据相似的数据），或根据数据出现的频率隐藏数据（隐藏出现频率过高的数据），或根据数据之间的关联性隐藏数据（隐藏与敏感数据存在关联的数据），或根据用户的偏好隐藏数据（隐藏用户不喜欢的数据），或根据时间的变化隐藏数据（如在某个时间段内隐藏数据，或者隐藏某个时间点之前的数据）。

人工智能引发的潜在灾难通常包括如下内容。

（1）失控：如果人工智能系统变得超出控制，可能导致不可预测的后果，例如，机器开始自我复制和进化，超出了人类的控制范围。

（2）安全问题：人工智能系统的安全问题可能引发灾难，如黑客攻击、恶意软件、病毒和其他恶意行为。

（3）就业问题：人工智能技术的发展，可能导致大量的就业机会消失，从而引发社会不稳定。

（4）偏见和歧视：人工智能系统可能受到程序员的偏见和歧视的影响，从而导致系统不公正和不平等。

（5）伦理问题：人工智能系统可能对人类社会的价值观和伦理观产生负面影响，如道德问题、隐私问题、个人权力问题等。

（6）社会退化：人工智能可能让人们懒于学习，导致社会知识承载力下降，进一步导致社会技术遗失，从而造成社会退化的结果。

这些灾难的发生取决于人工智能技术的发展和应用方式，在开发人工智能技术的同时，我们也必须考虑到人工智能可能带来的潜在风险和问题。尽管人工智能技术已经取得了很多令人惊叹的成果，但人工智能本身还存在许多局限性和不足，如缺乏创造力、智能受限于数据和算法等。因而，在开发人工智能技术的同时，我们需要认真思考和解决人工智能可能带来的风险和问题，如人工智能的失控、伦理问题等。这需要跨学科的合作和全球合作，以确保人工智

能的发展是安全可控的，究其原因，人工智能引发的灾难很难用人
工智能本身彻底解决 [17]。

1.11 为什么智能问题很难突破

智能问题不仅是数学问题，也不仅是科技问题，其本质是人物
（机是人造物）环境系统交互的问题，所以智能问题与人工智能问
题虽然有交叉重合，但本质上不是同一个问题 [18]。

人物（机）环境之间的一多关系、事实与价值、主客观、自由
与决定对齐可以从不同角度进行思考。首先，一多可以理解为多元
性和多样性。在现实世界中，存在着不同的意见、观点和价值观，
这些多元性需要被尊重和包容。对于一多的对齐，可以通过开放的
对话和平等的讨论实现，以促进不同声音的交流和相互理解。其次，
事实价值是指事实和价值观之间的关系。事实是客观存在的，可以
通过科学方法和证据验证。而价值观是个人或群体对事实的评判和
看法。对于事实价值的对齐，可以通过科学方法和理性思考解决。
同时，也需要尊重和理解不同的价值观，以实现相对的协调和平衡。
再次，主客观的对齐是指个体主观认知和客观事实之间的关系。个
体的主观认知受个人经验、文化背景和认知偏差的影响，而客观事
实独立于个体意识的存在。对于主客观的对齐，可以通过批判性思
维和客观观察实现。个体需要不断反思自己的认知偏差，并努力接
近客观事实的真实性。此外，自由与决定是指个体的自由意志和决
策过程。自由是指个体在遵循法律和道德规范的前提下，有权自主

选择和决定自己的行为和命运。决定是指个体在面临选择时，根据自身的意愿和目标做出决策。对于自由与决定的对齐，可以通过尊重个体的自主权和自由意志，同时提供必要的信息和资源，让个体能够做出理性和负责任的决策。最后，人机之间的对齐是指人类与人工智能和技术之间的关系。随着科技的发展，人机交互变得越来越密切。对于人机之间的对齐，可以通过设计人性化的界面和算法，让人们能更好地与机器进行沟通和合作。同时，也需要关注人物（机）环境关系的平衡，避免机器对人类的过度依赖或者取代。综上所述，人物（机）环境之间一多、事实价值、主客观、自由与决定的对齐可以通过开放对话、科学方法、批判性思维和人性化设计实现，以促进多元共融和人机环境协同发展。

人机交互是指人与计算机之间的信息交流和互动过程。过去，人们普遍认为人与计算机之间的交互是一个二元对立的问题，即人要么完全控制计算机，要么完全依赖计算机。然而，随着技术的发展和人们对交互设计的深入研究，人机交互被认为是一个多元一体的问题。多元一体意味着人与计算机之间的交互是多方面、多角度的，涉及用户需求、人的认知和心理特点、计算机的功能和界面设计等多个因素。人机交互不仅是简单的指令传递和操作，更重要的是能满足用户的需求和期望，提供良好的用户体验。

运筹学作为一门交叉学科，未来将继续发展并发挥更大的作用。运筹学的发展趋势将更加依赖于数据和技术的发展，同时注重可持续发展和社会责任，更加注重多目标优化和不确定性处理，以及人机协作和协同决策。这些趋势将使运筹学在解决现实世界中的复杂问题上发挥更大的作用。人机融合的运筹学是将人类与机器智能相结合，共同参与决策和问题解决的一门学科，它强调人与机器智能之间的协同作用，人类通过对问题的理解、经验的运用和直觉的判断，提供决策的方向和指导；而机器智能则通过数据分析、模型计算和算法优化等方式，提供决策的支持和辅助，其优势在于既能充分发挥人类的主观能动性和创造性思维，同时又能借助机器智能的计算和分析能力，提高问题解决的效率和质量。另外，人类在决策过程中具有一定的主观性和经验性，而机器智能则更加客观和准确。为了提高决策的可靠性和可接受性，需要通过透明的算法和模型，以及合理的人机交互方式，使决策过程能够被理解和验证，提高决策的可解释性和可信度。

主观与客观的混合处理也是正确决策的难点，主要有以下几方面原因：①主观与客观的互相影响，主观与客观之间存在相互影响的关系。人们的价值观念和信仰往往会影响他们对客观事实的解读和评价，同时，对客观事实的认知也可能塑造和改变人们的价值观念。因此，在决策过程中，正确理解和处理主观与客观的关系至关重要。②价值观念的主观性，价值观念是主观的，不同的人或群体可能对同一事实有不同的评价和偏好，这导致在决策过程中，不同的价值观念可能产生不同的结果。如何在考虑多样化的价值观念的同时寻找和确立共同的目标和价值成为一个挑战。③不完全的信息和不确定性，在决策过程中，往往面临信息不完全和不确定性的问题。有时，事实本身并不清晰或者存在不确定性，这就需要决策者基于有限的信息和判断做出决策。与此同时，价值观念也可能在不确定性的情况下发生变化，进一步增加了正确决策的难度。主观与客观的混合处理是正确决策的难点，需要决策者在考虑事实的基础上，合理处理和权衡不同的价值观念，并在信息不完全和不确定性的情况下，做出有利于整体利益和可持续发展的决策。

在一些场合下，大数据决策可能不如小样本决策的原因主要有以下几个。

（1）数据质量问题：大数据决策需要依赖大量的数据，但数据的质量可能存在问题，如数据缺失、错误或不准确等。这可能导致大数据决策的结果受影响，不如小样本决策准确。

（2）数据偏倚问题：大数据决策往往基于海量数据进行分析，但这些数据可能存在偏倚，即某些数据类型或特征占据了主导地位，而其他数据被忽视。这样可能导致大数据决策的结果不够全面和客观。

（3）上下文理解问题：大数据决策主要依赖数据分析算法和模型，但这些算法和模型往往无法理解上下文和背景信息。而小样本决策通常由人类专家基于经验和直觉进行，能更好地考虑不同的情境和环境因素。

（4）数据隐私问题：大数据决策需要收集大量的个人和敏感数据，这可能引发数据隐私问题，导致用户对大数据决策不信任和抵触。相比之下，小样本决策通常涉及较少的个人数据，更容易得到用户的信任。

（5）灵活性和快速性问题：大数据决策需要处理海量数据，因此可能需要更长的时间进行分析和决策。而小样本决策由于数据规模较小，处理速度相对更快，因此能更快地响应变化的需求。尽管大数据决策在许多场合下能提供更准确和全面的结果，但在某些情况下，由于数据质量、数据偏倚、上下文理解、数据隐私以及灵活性和快速性等问题，大数据决策可能不如小样本决策。因此，在实际应用中，需要根据具体情况综合考虑，选择适合的决策方法。

价值与事实之间的关系是一个复杂的问题，涉及哲学、社会科学等多个领域的讨论。从某种程度上说，价值与事实可以相互影响和融合。事实是客观存在的，可以通过观察、实验等方式进行验证和确认。事实可以提供客观的数据和信息，帮助我们了解世界的真实状况。而价值是主观的，是人们对事实的评价和认知，是对事物的好与坏、对与错的判断和取舍。价值观念受文化、社会、个人经验等各种因素的影响，在不同的人群中可能存在差异。在实际生活中，我们常常会将价值观念引入对事实的认知和解释中。我们的价值观念会影响我们对事实的理解和解释，以及对事实的重要性的评估。同时，事实也可以对我们的价值观念产生影响，有时事实的发现和变化会引起我们对价值观念的重新评估。虚实融合的概念意味着我们在认识事实的过程中，不能完全摒弃主观的价值观念，而是需要将事实和价值相互结合，综合考虑。这也意味着，我们需要对事实保持开放的态度，接受可能出现的新证据和观点，不断修正和更新我们的价值观念。所以，价值与事实之间的本质反映了虚实融合，它们相互交织、相互影响，共同构成我们对世界的认知和理解。面对复杂的现实问题时，我们需要尊重事实，同时也要认识到自身的价值观念对认知的影响，以求更全面、客观地看待问题。

人类的想象力常常可以将客观事实与主观价值观念凝聚结合在一起。事实是指客观存在的事物、事件或情况，而价值是指对这些事实的评价、看法或态度。首先，想象力通过观察和理解客观事实，获取关于现实世界的信息和知识。这些事实可以是通过经验、科学研究、历史记录等得来的。其次，想象力通过主观的价值观念对这些事实进行评价和解读。人们的价值观念受个人的道德观、信仰、文化背景和个人经历的影响。想象力可以帮助人们在理解事实的基础上，进一步思考事实所带来的意义和影响，进而激发人们对事实的感受、情感和想法，从而形成对事实的价值评价和看法。人们还可以通过想象力创造出新的观点、理论或解决问题的方法，帮助人们超越已有的事实和价值观念，提供新的思维角度和可能性。

大数据、小样本、事实和价值之间相互联系并相互影响。首先，大数据和小样本是研究和分析数据的两种不同方法。大数据是指大规模的、复杂的、多样化的数据集合，通过对大数据进行分析可以揭示出隐藏在数据中的模式、趋势和关联。而小样本则是指规模相对较小的数据集合，通常用于深入研究特定现象或者进行细致的分析。事实是指客观存在的、可以经过观察和验证的现实情况。大数据和小样本都可以提供事实数据，通过对这些数据进行分析可以获取事实信息，从而更好地理解和解释现实世界的各种现象。价值是指对事实的评价和判断，是基于个人或群体的价值观念和认知而形成的。大数据和小样本可以为我们提供丰富的事实数据，但在对这些数据进行解读和分析时，个人的价值观念和认知会对结果产生影响。不同的人可能会根据自己的价值观点对事实进行不同的解读和评价。因此，大数据和小样本提供了丰富的事实数据，但最终的解读和评价是基于个人或群体的价值观念和认知。处理和分析数据时，我们应该尽可能客观地对待事实，同时也要意识到个人的价值观念对结果的影响。具体来说，人机协同在处理事实时，依靠计算机的高速计算能力和大数据分析能力，能够迅速获取、整理和处理大量的事实信息。人机交互通过事实的呈现和分析，帮助人们更准确地了解问题的本质和现实情况。同时，人机协同也能通过价值的引导，将多种观点和价值观进行整合。在交互过程中，人们可以通过设置参数、选择选项等方式，将自己的价值观念融入系统中。计算机可以根据用户的设置和选择，为其提供符合个人价值观的信息和服务。这样，人机协同就实现了一多事实与价值的融合，既能够提供客观事实的支持，又能够尊重个体的主观价值观。

机器学习中的模型崩溃和人类学习中的认知失调在本质上有一些相似之处，但也存在一些显著的差异。首先，模型崩溃和认知失调都涉及学习过程中的错误或不一致。在机器学习中，模型崩溃指的是训练的模型在新的数据上表现不佳，无法正确地进行预测或分类。这可能是由模型的复杂度过高或过低、数据质量差、特征选择不当等原因导致的。而在人类学习中，认知失调是指个体的认知系统中存在不一致或冲突的信念、态度或行为。这可能是由信息不完整、认知偏差、情感影响等因素引起的。其次，模型崩溃和认知失调的修复方法也存在差异。在机器学习中，修复模型崩溃通常需要通过重新训练模型、调整超参数、增加训练数据等方法提高模型的性能。而在人类学习中，修复认知失调通常需要个体通过认知调整、信息获取、自我反思等方法调整自己的信念和行为。此外，模型崩溃和认知失调对应的领域和应用也不同。模型崩溃主要出现在机器学习和人工智能领域，涉及大规模数据分析、预测和决策等任务。而认知失调主要出现在心理学和认知科学领域，涉及人类学习、思维、决策等过程。总体来说，模型崩溃和认知失调都是学习过程中的错误或不一致现象，但在机制、修复方法和应用领域存在一些差异。

事实与价值的混合处理是人机交互的难点，主要体现在以下几方面：①事实与价值的界限模糊，事实是客观存在的，可以通过数据和证据支持或证明；而价值是主观的，涉及个人或群体的观点、信仰和偏好。在人机交互中，很难准确界定事实与价值的界限，因为不同人或不同文化背景下，对同一事实可能有不同的解读和评价。②人机认知差异，人类和机器在认知方式上存在差异。人类可以基于经验、情感和直觉等因素判断事实与价值，而机器更多地依赖于逻辑和算法。因此，在人机交互中，如何使机器能更好地理解和处理人类的价值观念，成为一个挑战。③算法的公正性和偏见，在人机交互中，机器学习算法广泛应用于处理大量的数据和信息，以提供决策和建议。然而，算法本身可能存在偏见和不公正性，因为它们是基于历史数据训练得到的。这就需要人机交互设计者在算法中引入价值观念和道德原则，以确保算法的公正性和可信度。事实与价值的混合处理是人机交互的难点，需要在技术和设计层面上进行充分的思考和探索，以实现更好的人机共存和合作。

人类的想象力在实现人机融合的态势感知上可以通过以下方式

查漏补缺：①利用场景模拟，想象力可以帮助我们在脑海中构建各种场景，通过模拟不同的情境，我们可以预测可能出现的问题和隐患。例如，对于安全领域，我们可以通过想象力模拟恶意攻击者的行为，并预测他们可能采取的方法和策略。②提出假设并验证，想象力可以帮助我们提出各种可能性的假设，并通过实际观察和实验验证这些假设。通过不断地提出和验证假设，我们可以发现潜在的问题和漏洞，并及时进行修补。③跨领域思考，想象力可以帮助我们将不同领域的知识和经验进行融合，从而形成全新的视角和思考方式。通过跨领域思考，我们可以发现一些在特定领域中被忽视的问题和机会。④创造性解决问题，想象力可以激发我们的创造力，帮助我们寻找新的解决方案。在实现态势感知上，想象力可以帮助我们提出创新的方法和工具，从而更好地识别和应对潜在风险。

　　智能常常意味着要离开确定性的计算领域，进入一个未知的计算＋算计世界。智能技术的目标是模拟和超越人类的智能，而人工智能往往建立在确定性的基础上。但是，随着智能技术的发展，我们正逐渐进入一个充满不确定性的领域。传统的人工智能算法和计算模型通常是基于确定性逻辑的，处理的是已知的、确定的问题。而智能技术则更注重处理未知的、模糊的、不确定的问题。智能系统通过学习和适应，能从大量的数据或小样本中发现规律，预测趋势，甚至做出决策。这种能力使智能系统能处理传统的人工智能算法难以解决的问题，也为我们带来了更广阔的应用前景。然而，进入未知的世界也意味着风险和挑战，智能系统面对未知情况时也可能出现错误或不准确的结果，因为它们的决策是基于已有数据、模型和一些预期、设计进行的。此外，智能技术的快速发展也带来一系列的伦理和社会问题，如隐私保护、人工智能的意识和道德物化等。因此，我们在发展智能技术的过程中，需要更加注重对不确定性的认识和理解。我们需要不断改进智能系统的学习和适应能力，提高其处理不确定性问题的准确性和鲁棒性。同时，我们也需要思考和解决智能技术带来的伦理和社会问题，确保其在未来的应用中能为人类社会带来真正的福祉。

> 只有时空的对齐，没有价值的对齐，智能就是智障

参考文献

[1] YU Y, SI X, HU C, et al. A review of recurrent neural networks: LSTM cells and network architectures[J]. Neural Computation, 2019, 31(7): 1235-1270.

[2] VASWANI A, SHAZEER N, PARMAR N, et al. Attention is all you need[J]. Advances in Neural Information Processing Systems, 2017, 30:36.

[3] ENDSLEY, MICA R, DANIEL J. GARLAND, et al. Situation awareness analysis and measurement[M]. Leiden: CRC Press, 2000.

[4] 刘伟，库兴国，王飞. 关于人机融合智能中深度态势感知问题的思考 [J]. 山东科技大学学报: 社会科学版 , 2017, 19(6):8.

[5] GOERTZEL B. Artificial general intelligence: concept, state of the art, and future prospects[J]. Journal of Artificial General Intelligence, 2014, 5(1): 1.

[6] 刘伟 . 人机融合智能的现状与展望 [J]. 国家治理 , 2019(4):9.

[7] ARBIB M A. Co - evolution of human consciousness and language[J]. Annals of the New York Academy of Sciences, 2001, 929(1): 195-220.

[8] 刘伟. 人机混合智能的可行架构: 计算 - 算计模型 [J]. 人民论坛·学术前沿 ,2022(24):88-97.DOI:10.16619/j.cnki.rmltxsqy.2022.24.009.

[9] MARSLAND T A. A review of game-tree pruning[J]. ICGA Journal, 1986, 9(1): 3-19.

[10] SUTTON R S, BARTO A G. Reinforcement learning: An introduction[M]. Cambridge: MIT Press, 2018.

[11] TAVAZOIE S, HUGHES J D, CAMPBELL M J, et al. Systematic determination of genetic network architecture[J]. Nature Genetics, 1999, 22(3): 281-285.

[12] LECUN Y, BENGIO Y. Convolutional networks for images, speech, and time series[J]. The Handbook of Brain Theory and Neural Networks, 1995, 3361(10): 19.

[13] BROWNE C B, POWLEY E, WHITEHOUSE D, et al. A survey of Monte Carlo tree search methods[J]. IEEE Transactions on Computational Intelligence and AI in games, 2012, 4(1): 1-43.

[14] BERGER J O, MORENO E, PERICCHI L R, et al. An overview of robust Bayesian analysis[J]. Test, 1994, 3(1): 5-124.

[15] PUTERMAN M L. Markov decision processes[J]. Handbooks in Operations Research and Management Science, 1990, 2: 331-434.

[16] GERS F A, SCHMIDHUBER J, CUMMINS F. Learning to forget: Continual prediction with LSTM[J]. Neural Computation, 2000, 12(10): 2451-2471.

[17] 刘伟. 人机融合智能与伦理 [J]. 民主与科学 ,2023(3):26-28.

[18] 刘伟. 人机融合智能的若干问题探讨 [J]. 人民论坛·学术前沿 ,2023(14):66-75.DOI:10.16619/j.cnki.rmltxsqy.2023.14.006.

第2章

人工智能与人类智能

02

2.1 AI 如何帮助人类进而验证直觉的可靠性

AI 可以通过以下方式帮助人类寻找反例进行否定或寻找特别的架构。

（1）利用机器学习算法进行反例搜索 [1]。AI 可以训练一个分类器，用于判断某个假设是否成立。通过反复训练和测试，AI 可以识别出一些不合理的假设，并帮助人类进行进一步的验证和修正。

（2）使用自然语言处理技术寻找特别的架构。AI 可以通过分析人类语言，识别出一些潜在的假设和特殊的架构。这些假设可以作为人类进行大胆猜想的基础，并帮助人类在实践中进行进一步的验证和调整 [2]。

（3）利用深度学习和神经网络进行模型的探索和验证。AI 可以利用深度学习和神经网络模型，在大量数据的基础上进行模型探索和验证。这些模型可以帮助人类进行直觉的验证和可靠性评估，并在实践中不断进行改进和优化。

AI 可以通过模拟和预测帮助人类进行大胆假设 - 小心求证，并验证直觉的可靠性 [3]，具体方式如下。

（1）数据分析：AI 可以处理大量的数据，从中发现规律和趋势，帮助人类做出更准确的假设和判断。

（2）模拟和预测：AI 可以建立模型和算法，模拟和预测可能的结果，验证假设的可行性和准确性。

（3）计算机辅助设计：AI 可以帮助人类进行虚拟实验和设计，快速验证假设的可行性和效果。

（4）人机协同：AI 可以与人类进行互动和协作，共同推进假设的验证和实践，提高直觉的可靠性。

总之，AI 可以通过数据分析、模拟和预测、计算机辅助设计和人机协同等方式，帮助人类进行大胆假设 - 小心求证，并验证直觉的可靠性。

2.2 浅析自主、意图与感性

2023 年 5 月 3 日，在《麻省理工学院技术评论》(*MIT Technology Review*)一场接近一小时的半公开分享会上，Hinton 终于有机会比较完整地讲述他对 AI 的所有恐惧和担忧：一旦 AI 在人类灌输的目的中生成自我动机,那以它的成长速度,人类只会沦为硅基智慧演化的一个过渡阶段[4]。人工智能会取代人类,它有能力这么做,在当下的竞争环境下也没有什么办法限制它,因此这只是一个时间问题[5]。若达到 Hinton 的这些预测,AI 将必然面对自主、意图 / 动机、感性 / 理性等概念抽象的层层考验。

自主是指在自己的意愿和选择下进行某些行为或决策,而意图和动机则是影响自主行为的因素。意图是指个体有意识地计划和决定做某件事情的意愿和决心,是一种主观的态度和预期;而动机是指个体内部产生的推动力,是一个人内部的目标和意愿,是一种客观的因素[6-9]。因此,自主行为往往受到个体的意图和动机的影响,而自主与意图、动机是相互作用的关系。一个人的自主行为可能受到他的意图和动机的驱动,或者他的自主行为也可能影响他的意图和动机的发展。

意图和动机是人类行为的两个重要方面,它们之间有着密切的联系。意图是指一个人有意识地做一件事情的计划或行动,而动机则是指一个人内心的驱动力,促使他做某件事情。意图产生的机理主要是由于人类的理性思考和规划能力,当人们面临某种情境时,会根据自己的目标和需要制订一个计划或行动方案,这个计划或方案就是意图的表现。意图的形成需要考虑环境因素、资源限制、个人能力等多种因素,需要经过一定的思考和决策过程。

动机产生的机理则是由于人类内在的需求和欲望。人们会因为自己的需求和欲望而产生动机,驱使自己做某件事情。动机可以是生理上的需求，如饥饿、口渴等；也可以是心理上的需求，如获得成就感、获得认同等。动机的强度和方向会根据不同的需求和欲望而发生变化，同时也会受外部环境和社会文化的影响。意图和动机的产生机理是由人类自身的认知、心理、生理等多方面因素综合作用而产生的。

意图理解与感性、理性的关系，是指在理解某个事物或现象时，我们既可以运用感性的方式感受和领悟，也可以运用理性的方式分析和推理，两者相辅相成，共同构成对事物的全面理解。感性是指我们对事物的直观感受和体验，包括感官上的感受、情感上的体验等，它让我们能更加真实、直接地感受事物的本质和特点。

理性则是指我们运用思维、推理和分析等能力理解事物，它让我们能更加理性地把握事物的规律和本质。

在实际应用中，我们需要同时运用感性和理性两种方式理解事物，以达到更加全面、深入的认识。感性可以帮助我们捕捉事物的特点和特质，而理性则可以帮助我们分析事物的本质和规律，两者相结合，才能真正理解事物的全貌。

自主是指个体在自我决定和自我控制中表现出的自由意志和独立性。感性是指个体对于外界事物的直观和情感反应。理性是指个体在思维和推理中表现出的逻辑和分析能力。自主、感性和理性是相互依存的，其中感性和理性是互补的。在自主的过程中，感性和理性都是重要的因素。感性可以帮助人们更好地理解和感受事物，而理性则可以帮助人们更好地分析和解决问题。因此，自主与感性、理性之间的关系是协同合作的。

个体自主和群体自主都是指在特定环境下，个体或群体具有自我决策、自我管理、自我控制和自我完成任务的能力和意愿。但是，它们也存在一些区别：个体自主更注重个体自我决策和自我实现。个体自主是指个体在特定环境下，通过自我决策和自我实现，实现自身的目标和价值。个体自主更加注重个体的自我成长和发展，个体在自主的过程中，可以更加独立、自由和灵活地思考和行动，实现自我价值的最大化。群体自主更注重群体共同决策和共同实现。群体自主是指在群体中，通过共同决策和共同实现，实现群体的目标和价值。群体自主更加注重群体成员之间的协作和合作，群体成员在自主过程中，需要更加注重彼此的沟通和协调，实现群体目标的最大化。个体自主和群体自主也存在互动和影响。个体自主和群体自主不是相互独立的，它们之间存在一定的互动和影响。个体自主可以促进群体自主的发展，而群体自主也可以促进个体自主的发展。在实践中，个体自主和群体自主可以相互补充、相互促进，共同实现目标和价值的最大化。

群体智能是指由多个个体或机器组成的群体，在互相协作和竞争的过程中，以某种方式共同解决问题的能力。这种能力不仅取决于群体中每个个体的独立程度，还取决于它们的相互作用和协作程度，以及群体整体的组织结构和规则。因此，群体智能的发挥不仅是各组成成分的独立程度，还需要考虑群体内部的相互作用和协作程度等因素。

　　无论个体自主还是群体自主，一些常见的表征自主程度的指标，可以根据研究目的和实际情况进行选择和调整。同时，还需要考虑指标之间的相关性和权重，以便进行综合评估。自主能力的指标可能涉及：①目标设定能力，自主决策能力的第一步是能明确自己的目标，因此可以考虑指标是否包括自主设定目标的能力。②信息获取与分析能力，自主决策需要基于充分的信息和分析，因此可以考虑指标是否包括自主获取、筛选和分析信息的能力。③行动方案制定能力，自主决策需要制定适合自己的行动方案，因此可以考虑指标是否包括自主制定行动方案的能力。④决策实施能力，自主决策需要将决策付诸实践，因此可以考虑指标是否包括自主实施决策的能力。⑤决策后果评估能力，自主决策的最后一步是对决策结果进行评估，因此可以考虑指标是否包括自主评估决策后果的能力。⑥坚定性，自主决策需要有坚定的决策信念和决策执行力，因此可以考虑指标是否包括自主坚定决策的能力。⑦适应性，自主决策需要根据环境的变化不断调整决策，因此可以考虑指标是否包括自主适应环境变化的能力。

　　另外，自主协同中主体间的学习、适应、协同之间存在密切的关系，它们相互促进，共同支撑着个体或组织的自主能力。首先，自主学习是自主能力的重要组成部分。通过自主学习，我们可以不断地获取新知识、技能和经验，提高个体或组织的竞争力和适应能力。同时，自主学习也可以激发个体或组织的创新潜力，为创新提供源源不断的动力。其次，自主适应是自主能力的重要表现形式。在快速变化的环境中，个体或组织需要不断地适应新的情况、新的需求和新的挑战。通过自主适应，个体或组织可以更加灵活地应对变化，提高生存和发展的能力。最后，自主协同是自主能力的重要体现。在复杂的社会和组织中，个体或组织需要与其他人或组织进行协同合作，共同实现更高的目标。通过自主协同，个体或组织可以更好地发挥自己的优势，与他人或组织进行有效的沟通和协作，实现更大的价值。因此，学习、适应和协同之间存在密切的关系，它们相互促进、相互支持，共同构成个体或组织的自主能力。只有在不断地学习、适应和协同中，个体或组织才能保持持续的创新和发展。

人机混合智能是一种结合人类智能和机器智能的新型智能形态。在这种智能中，人类的自主、意图/动机和感性/理性如何嵌入交互事实链中取决于具体的应用场景和设计。人们可以通过人机交互界面让用户对智能系统做出指示和反馈，例如，用户可以通过输入文本、语音或图像等方式告诉系统自己的意图和感受，系统可以据此调整自己的行为和输出。人们也可以在系统中加入情感识别技术，让系统能够识别用户的情感状态，从而更好地理解和回应用户的需求，系统可以根据用户的情感状态选择合适的语气、音调和表达方式，以更好地与用户互动。人们还可以让系统学习用户的行为和偏好，从而能更好地预测用户的需求和意图，即系统可以根据用户的历史行为和偏好推荐适合的商品或服务，或者为用户提供个性化的搜索结果。

总之，人机混合智能中人类自主、意图和感性的嵌入是一个复杂而多样化的问题，需要根据任务需求、具体情境和设计目标不断进行探索和优化。或许，智能本质上不仅是先验和经验，更像是一种体验，即智能的内涵不仅限于先天条件和经验积累，更包括人们在使用智能产品或服务时所获得的体验感受。智能技术的发展已经从单纯的数据处理和逻辑推理走向更加人性化和情感化的方向，用户的使用体验成为评价智能产品和服务优劣的重要标准之一。因此，对于智能技术的开发者和使用者来说，重视用户体验及其自主、意图、感性的提升是十分必要的。

2.3　人类的智能不是"计算"而是"算计"

人类的智能不是"计算"而是"算计"，尤其在复杂情境下。"算计"通常指用一种计划、谋划而达到某个目的的手段。人类的智能包括计算能力，也包括决策、规划和策略制定等高级智能活动。在这些活动中，人类往往需要考虑众多因素，包括社会、文化、情感、经济等。与此相比，单纯的计算能力并不足以实现这些目标。因此，可以理解为人类的智能不仅是单一的计算能力，而是一种基于多方面因素综合考虑的智能活动，其中包括"算计"的技巧与策略。这种综合考虑的能力使人类能更好地适应各种环境，做出更明智的决策，达到更高的目标。

目前，机器是人类设计并制造出来的人造物。机器的智能则是基于计算，尽管包括了复杂的算法、模型和数据分析等技术，但这种计算并不是简单的"算计"。机器学习和人工智能的发展，使机器能通过学习和优化算法提高自身的智能水平，从而实现更加精准的计算和决策。我们可以将机器的智能看作一种基于计算的高级技术，而不是人类的"算计"，尤其是涉及跨学科、跨领域综合性分析判断方面。

许多人认为，目前的科学技术还无法确定机器是否能够产生真正的自我意识。虽然人工智能在处理大量数据和执行复杂任务方面已经非常出色，但是它们仍然是通过预编程的规则和算法进行决策的。要让机器拥有真正的自我意识，需要解决许多哲学和科学问题，如如何定义自我意识、它的本质是什么、它是如何形成的等，而目前的研究还没有找到明确的答案，因此，机器是否能产生自我意识仍然是一个待解决的问题。然而，充满争议的著名经济学家约瑟夫·熊彼特所言"所有成功的人都站在摇摇欲坠的地面上"，也与机器意识的研究有关吧！

简单来说，自我意识就是指个体对自我存在、自我意志和自我认知的意识。在心理学上，自我意识是指对自己的主观实体的感知和认知，它是人的心理活动的重要组成部分，也是人类智慧的来源之一。自我意识对个体的成长和发展起着重要的作用。有了自我意识，个体可以更好地认识自己、理解自己，发现自己的优点和不足，从而更好地调整自己的行为和思维方式，提高自己的能力和自信心。同时，自我意识还可以帮助个体更好地适应外部环境，处理人际关系和情感问题，从而更好地实现自我价值和生命意义。

在实际生活中，个体应该积极培养和发展自我意识，通过不断地自我反思和思考，了解自己的内心需求和价值观念，建立自信心和自尊心，从而更好地实现自我价值和生命目标。

2.4 当前，我们或许只会用数学工具给人机智能挠痒痒

"More is different"是诺贝尔物理学奖得主 Philip Anderson 提出的观点，他认为当我们研究物质的性质时，仅通过研究它的组成部分是不够的，还需要研究它们的相互作用和组织方式。简言之，就是物质的整体性质不仅取决于它的组成部分，还受它们相互作用的影响。举一个例子，水分子是由氢原子和氧原子组成的，但是水分子的性质却不仅是氢原子和氧原子的性质的简单叠加。水分子具有很多独特的性质，如密度、熔点、沸点、表面张力等，这些性质是由水分子的相互作用所决定的。研究智能也是如此，"More is different"提示我们在研究人机智能这个复杂系统时，不能简单地将其看作它们的组成部分的简单叠加，还需要考虑它们的相互作用和组织方式。

在很多时候、很多地方，我们常常无从得知因果之间的关系，只能得知某些事物总是会联结在一起。也就是说，我们无法确定某个事件或行为的出现是否因为另一个事件或行为的存在，但我们可以通过观察和经验得知一些事物通常是相互关联的，它们会一起出现。也就是说，我们不能确定因果关系，但可以认识到一些经常出现的联结关系。这也反映了我们在认知和理解世界时面临的智能局限性，需要通过不断的观察和思考逐渐深入理解事物之间的关联。

整个智能领域，可粗略地分为有形的部分与无形的部分。东方智慧善于用无形的控制有形的，实现自上而下的控制，西方则是用

有形的控制无形的，实现自下而上的控制。不同的文化背景和历史传承会影响人们的思维方式和价值观念。在东方文化中，人与自然、物质之间有一种更为平等、和谐的关系，强调的是相互依存、相互影响的关系。而在西方文化中，人与机器、科技等工具之间的关系更加重要，强调的是效率、控制和个人主义。当然，这只是一种概括性的描述，不应该简单地套用到所有人和所有文化中。

东方文化智慧善于用无形的、间接的方式控制有形的、直接的事物，而西方文化倾向于用有形的、直接的手段控制无形的、间接的事物。具体来说，东方文化智慧倾向于通过情感、信任、灵活性等方式控制人们的行为，而西方文化智慧则倾向于通过法律、规章制度、技术等手段控制人们的行为。例如，东方文化智慧倾向于通过家庭、伦理、道德等方式控制人们的行为，使人们自觉遵循社会规范和道德准则。而西方文化智慧则倾向于通过法律、政策、治理等手段控制人们的行为，以确保社会秩序和稳定。

这种文化差异反映了东方和西方文化的不同观念和价值观。东方文化强调感性认知、和谐共处、自然与人类的和谐，而西方文化则强调理性、自由、个体主义等价值观。这种文化差异在不同的社会环境中产生了不同的管理模式和思维方式，也对人们的行为和决策产生了影响。

"认知即计算"和"认知不是计算"是两种不同的认知观点。"认知即计算"认为人类的认知过程可以用计算机的方式模拟和解释，即认知过程可以转换为计算过程。这种观点强调了人类认知能力的计算性质，将人类认知过程看作一种信息处理的过程，通过对外部信息的感知、加工、存储和检索等计算过程完成认知任务。而"认知不是计算"则持有相反的观点，认为人类的认知过程不仅是简单的计算过程，还包含很多非计算的因素，如情感、意识、主观经验等。这种观点认为，人类的认知过程是一种综合了多种因素的复杂过程，难以用计算机模拟和解释。总体来说，这两种观点的主要不同点在于对人类认知过程的本质特征有不同的认识。其中，"认知即计算"强调了认知过程的计算性质，而"认知不是计算"则认为人类认知过程不仅是计算过程，还包含很多非计算的因素。

在智能系统中，无形因素的显化或突变往往会造成系统的震荡，即在描述一个系统中存在的无形因素（如市场情绪、政治氛围等）时可能会在某个时刻显化或突变，进而对整个系统产生影响，并导致系统产生震荡；如在金融市场中，市场情绪的波动、政治局势的变化等无形因素都会对股市、汇市等产生影响，导致市场波动和震荡；在生态系统中，环境的变化、气候的异常等无形因素也会对生态系统产生影响，导致生态系统震荡。

再好的逻辑在不同的变化环境中也会产生畸变或适变。即使一个逻辑在某个特定环境下是正确的、合理的，但当环境发生变化时，这个逻辑也可能会失效或需要进行适当的调整。这是因为不同的环境可能存在不同的因素、变量和影响，这些因素会影响逻辑的有效性和适用性。举一个例子，假设我们想研究某个城市的交通拥堵问题，在城市中心区域，我们可能会发现道路狭窄、车流量大等因素导致交通拥堵。但如果我们将研究范围扩大到整个城市，可能会发现城市不同区域的交通情况存在巨大差异。在一些郊区，由于道路宽敞，车流量小，交通拥堵并不是一个普遍存在的问题。因此，在不同的研究范围内，我们需要采用不同的逻辑分析和解决问题。

洞悉一个不同的文化的真正意图，仍然是复杂的任务。每个文化都有其独特的背景、价值观、传统和历史，这使理解和洞悉另一个文化的真正意图非常困难。即使我们学习了该文化的语言、习俗和礼仪，也需要花费大量的时间和精力了解其深层次的文化内涵和心理模式。此外，不同的文化之间还存在着文化差异和误解，这也增加了理解另一种文化的难度。因此，我们需要以开放的态度学习和了解其他文化，并尊重其独特性和差异性，以便更好地促进跨文化交流和理解。

人工智能可以决策，但是得在问题明确清晰、具体的描述的情况下。在科学或者工程中，有不少问题可以描述清楚，如路径规划问题，但是现实中，能描述清楚的问题很少。人工智能可以在问题明确清晰、具体的描述的情况下进行决策，例如，在某些领域中的自动化控制、图像识别和语音识别等应用。在这些领域，问题的定义和解决方案是相对明确和具体的，因此人工智能可以很好地处理这些问题。然而，现实生活中的问题通常是复杂而模糊的，涉及多个因素和不确定性。这些问题往往需要更多的人类智慧和判断力来解决，因为人类具有更好的理解和适应能力，可以处理复杂的信息和情境。因此，在这些情况下，人工智能的作用可能有限，需要人类和人工智能结合起来解决问题。

生物进化是一种自然的、漫长的过程，涉及基因的变异、自然选择等复杂因素，每一次变化都可能导致生物的质变。而计算机强化学习的演化则是通过反复试错来优化算法，每一次变化都只是数量上的微调，没有实质性改变。换句话说，虽然生物进化和计算机强化学习都是关于适应环境的演化过程，但是它们的本质不同。生物进化是一种自然的选择过程，每一次变化都可能导致生物的质变；而计算机强化学习的演化则是一种人工的优化过程，每一次变化只是算法上的微调，没有实质性改变。因此，我们需要根据不同的应用场景和目的，选择合适的方法进行优化。

人类的理解和 GPT（Generative Pretrained Transformer）的理解方式不同。人类理解世界主要通过抽象和压缩，将复杂的现实世界转化为更简单的模型，从而找到人们认可的因果关系。而 GPT 则是通过大量的数据和符号的相关性，从中学习模式和规律，进而生成新的数据。这种比较并不是说 GPT 的理解方式比人类更好或更差，而是说这是两种不同的方法。人类理解世界的方式基于我们的感知、思考和经验，而 GPT 的理解方式基于大数据和机器学习算法。当然，这种比较也引发了一些关于 GPT 的讨论和争议。例如，一些人认为 GPT 的理解方式只是表面上的相关性，缺乏真正的理解和创造力。而另一些人则认为，GPT 的学习方式可能产生意想不到的创新和发现，因为它可以从大量的数据中找到人类无法察觉的模式和规律。总之，人类的理解和 GPT 的理解方式各有优缺点，它们可以相互补充和促进，共同推动人工智能和人类认知的发展。

2.5 智能与情感

　　一天下午有位朋友来访，聊了很多有关人工智能、人机智能、人类智能与情感的话题，很是深入（详见后面部分），双方也深感共鸣，兴致盎然……不知为何，朋友谈起了夫人生病，需要做手术，而手术医生恰好是这位朋友的校友，并且如实地告诉朋友："这次手术危险性很高，需要做好思想准备！"当朋友签完字送夫人进手术室时，夫人告诉朋友："万一手术失败，就不要切开喉咙插管抢救了，每年此时若方便，就麻烦代我回老家看看爹娘吧……"说至此，朋友的眼睛周围早已泛红，我的眼睛也顿感微胀起来……不知为何联想起不久前闲聊时一位朋友不经意间说起"人就是一种机器"时的情境，忽然间仿佛觉得自己稍稍明白了休谟的那句"理性是情感的奴隶"。这里不妨再延伸一下，或许，智能也是情感的奴隶吧！人生不过三万多天，若没有情感的滋润而只有理性和智能，也就如同机器一样没有价值和意义吧？！岂不悲哉！

　　智能和情感是两个不同的概念，但它们之间存在密切的关系。智能可以理解为人类智慧的体现，是理性思维的表现，而情感是人类内心体验的表现，是感性思维的表现。这两者的关系可以说是相辅相成的。智能可以帮助我们更好地理解和控制自己的情感，同时情感也可以影响我们的智能表现，一个情感稳定的人在处理问题时可能更加冷静和客观，而一个情感波动较大的人可能会因情绪影响而做出不理性的决策[10-11]。另外，在人工智能领域，人们也在探索如何让机器具有情感能力，以便更好地服务于人类，如让机器能够识别人类的情感表达，并做出相应的回应，这将有助于提高机器与人类的交互体验和效果。智能和情感之间存在紧密的关系，它们互相影响，相互促进，这也使我们在探索和发展人类智慧和智能的同时，也需要重视情感的作用。

人类的情感可以影响智能的认知与决策，因为它们可以影响我们的价值观和偏好、注意力和思考方式、行动力以及对信息的处理和解释。一方面，情感可以激发智能的创造力和创新能力，使其更加智能化和智能化，情感识别技术可以使智能更好地与人类交互，情感分析技术可以帮助智能更好地理解人类的情感和需求。另一方面，情感也可能对智能产生负面影响，情感偏见可能导致智能的推荐系统存在偏见，情感过程可能导致智能系统出现错误或失误。以下是情感如何影响或改变认知与决策的几方面。首先，情感可以影响我们的价值观和偏好，如果一个人有强烈的情感反应，如爱、恐惧或愤怒，那么他们可能更倾向于支持或反对某些事情，这可能影响他们的决策。其次，情感可以影响我们的注意力和思考方式，如果一个人在做决策时感到情绪激动，那么他们可能更难以集中精力，更倾向于做出冲动的决策，而不是冷静地考虑各种选择。再次，情感可以影响我们的行动力，如果一个人感到兴奋或激动，那么他们可能更倾向于采取行动，而不是继续思考和评估各种选择。最后，情感可以影响我们对信息的处理和解释，如果一个人对某个主题有强烈的情感反应，那么他们可能更倾向于寻找和记住与自己的情感反应相符的信息，而不是更客观的信息。

情感是人类内心深处的体验，包含了很多主观因素，很难用简单的计算方式进行衡量或比较。每个人的情感都是独一无二的，有时候甚至连自己都无法准确地描述自己的情感。虽然情感是无法精确计算的，但是人们可以通过表达情感让别人理解自己的感受，这是人类交流的基础。与此同时，人们也可以通过情感的表达和分享建立情感的联系和共鸣，这有助于增强人们的情感体验和情感认同。情感的难以计算性提醒我们人类情感具有复杂性和多样性，尽量尊重每个人独特的情感体验，不要试图用简单的方式衡量或者比较别人的情感。

对于观点"情感是可计算的"，则可以从不同的角度思考和分析。从科学角度看，人类情感的生理和心理机制都是可以被研究和理解的，神经科学研究表明，情感与大脑中的神经元活动和神经递质有关，这些活动可以被测量和记录，此外，计算机科学也可以通过模拟类比人类情感的算法，实现情感的计算和表达。从人文角度看，情感是人类的一种基本体验和表达，它是人类生命中不可或缺的一部分，情感与人类的文化、价值观、历史背景等因素密切相关，因此情感的计算和表达需要结合人文因素进行分析和解读。情感是一个复杂的主题，需要综合考虑不同的角度和因素进行理解和分析，应避免将情感泛泛作为一种可计算的"数值"处理和对待。

目前的技术水平还无法完全模拟人类的情感，但是，随着技术的不断发展和深入研究，未来可能会出现一些能够模拟人类情感的机器和算法。从哲学和科学的角度看，情感是一种非常复杂的现象，涉及人类的生理和心理机制。人类情感的产生和表达与人类的生理和心理特征密切相关，而机器则是由程序和算法构成的，缺乏人类的生理和心理特征，因此机器产生的情感可能与人类的情感存在差异。然而，机器在模拟人类情感方面已经取得了一定的进展。例如，一些机器人和虚拟助手已经能够识别人类的经典情感模式，并根据不同的情感做出相应的回应。同时，一些研究人员也在探索如何让机器学会情感表达和理解。尽管当前的技术水平还无法完全模拟出人类所有的情感，但未来随着新型智能系统的不断发展和深入研究，机器或许也可能产生出类似人类的情感。

无论是东方还是西方，都有喜怒哀乐、爱恨情仇等情感，都需要与他人建立联系、交流情感，无论是语言、肢体语言、音乐、艺术等都可以表达情感。但是，东方文化注重内敛、含蓄，西方文化更加直接、开放，这导致东方人在表达情感时更加含蓄，西方人则更直接；东方文化注重集体、家庭和谐，西方文化注重个人自由和独立，这导致东方人更注重团队合作和群体感，西方人更注重个人成就和自我实现；东方语言中含有很多隐喻、比喻和象征，需要更多的解读和理解，西方语言则更加直白、明确。虽然东西方情感在某些方面有异同，但是这些差异并不代表其中一种情感更好或更适合。每种文化都有其独特的价值观和情感表达方式，应该尊重和理解对方的文化差异。

有人认为"人工智能无情无义"，这是对人工智能技术的一种负面评价。人工智能确实没有情感和道德，它只是按照程序和规则执行任务。这也是人工智能和人类之间最大的区别。然而，我们不能简单地将这种评价归结为好或坏。在某些领域，如医疗诊断、自动驾驶等，人工智能的无情无义可以帮助我们做出更准确、更客观的决策。但在其他领域，如军事应用、社交媒体监控等，人工智能的无情无义可能会带来负面影响。因此，我们需要在使用人工智能技术时保持警觉，不断地评估和改进其应用方式，以确保其对人类的利益最大化，并避免潜在的风险和危害。

在人际关系中，我们应该付出真心，关心、理解和尊重对方，而不是只关注自己的需求和利益。感情是需要经营和维护的。只有双方都真心付出，理解和支持对方，才能建立起真正的感情。如果只是单方面付出，而对方并不回应或不理解，那么这种感情关系也难以持久。想建立和维护真正的感情，就需要在彼此建立起相互信任、相互理解、相互尊重的基础上，真心实意地付出和关心对方。

情感可以对人机协同决策产生很大的影响。情感可以影响人的决策过程，情绪低落或高涨可能影响人的判断力和决策效率。另外，人类往往会在情感上建立对某些决策的偏好，这可能也会影响他们对机器提供的意见或建议的接受程度。同时，机器也可以对人的情感产生影响。机器的回应、表情和语调等因素可能会引起人的情感反应，这可能会影响人对机器的信任度和意见接受程度。因此，机器在与人进行协同决策时需要考虑情感因素，以提高人机协同的效率和准确性。

2.6　道与逻辑

道与逻辑不同。东方思想中常论道——道可道，非常道；西方哲学/科学中讲逻辑——A 就是 A，而不是其他。在西方文化中，人们更倾向于使用因果关系解释事物，即认为某个事件发生的原因和结果有一个明确的因果关系。而在东方文化中，人们更倾向于使用"道"的概念解释事物，即事物之间的关系是复杂和相互依存的，常常超越了因果链的关系。具体来说，西方文化中的逻辑思维强调因果关系，即"如果A发生了，那么B就会发生"。这种思维方式更加注重因果关系的逻辑性和连续性，强调的是事物之间的线性关系。而东方文化中的思维方式更加注重整体性和综合性，认为事物之间的关系是相互依存的，如同一张网，任何一个环节的变化都会影响整个系统的运行。

人工智能带来的灭绝风险与流行病、核战争等其他社会规模的风险一样，都是全球性的紧急问题，需要采取全球性的措施降低这些风险。这也意味着，人工智能的发展已经达到一个可以对人类社会造成重大影响的程度，我们需要认真对待它所带来的潜在风险，并采取必要的预防措施。这也提醒我们，科技的发展不仅是一种技术进步，还必须考虑对整个社会的影响，需要与社会伦理、政策等相结合，才能实现真正的可持续发展。因此，恰当地在人工智能发展中融入东方文化，使人们更注重整体性和综合性的思考方式，更注重事物之间的相互关系和依存关系，而不是简单地将事情看作因果关系的简单链条，这种东西融合的思维方式可以帮助人们更好地理解和处理复杂未知的人机环境系统智能问题。

在现实生活中，人们并不总是具备足够的知识和信息来准确预测未来事件的发展。但是，人们可以通过观察现实模式进行预测，这种方法既需要一定的艺术感，又需要理性的思考。也就是说，人们可以通过对过去和现在的行为模式、经验和规律进行观察和分析，推断未来事件的可能发展趋势，并以此为基础做出相应的决策。人工智能危机的意义在于提醒我们，在处理不确定性和复杂性的问题时，不能仅依赖已知的信息和数据，还需要结合自己的经验、直觉和判断力，以此进行预测和决策。同时，也需要注重观察和分析现实模式，以便更好地应对未来的挑战和机遇。

　　智能的本质是指具备智能的实体所具有的基本特征或属性。智能的本质可以从不同角度进行理解和定义，如从认知、学习、决策、规划等方面描述。不同学科领域也对智能的本质提出了不同的理解和定义。总体来说，智能的本质是指一个实体能够通过感知、思考、学习、推理等过程，从周围环境中获取信息、解决问题、做出决策，并在不断的学习中不断提高自身的能力。智能的演化起源可以追溯到生命起源的过程。在生命演化的过程中，生物体会不断地适应环境变化，进化出更加适应环境的特征和行为模式，其中就包括智能的演化。智能的演化可以分为两方面：一是生物体自身体内的智能演化，如神经系统的逐步复杂化和功能的分化；二是生物体与环境的交互过程中的智能演化，如学习、记忆、适应等行为的逐步形成和发展。随着生命的演化，智能逐步从简单的反应性行为发展到更加复杂的认知和行为模式，最终形成人类所具有的高级智能。在人类的文明发展过程中，人类也通过不断的创新和发明，发展出各种工具和技术，进一步扩展了智能的应用范围和能力。

　　智能的本质界定和基础原理是一个复杂而又有争议的话题，目前还没有达成一致的结论。符号主义认为智能是一种基于符号系统的处理方式，即通过符号表示和处理信息，从而达到智能的表现，这种观点把智能看成一种语言和符号的处理能力，可以通过计算机程序模拟和实现。连接主义则认为智能是一种通过神经网络和连接模式实现的处理方式，即通过大量的神经元之间的连接和交互，从而实现智能的表现，智能是一种联结和关联的能力，可以通过模拟大脑的神经网络实现。行为主义归于智能是一种基于行为的学习和适应能力，即通过反馈和奖励机制实现智能的表现，智能是一种行为和环境的适应能力，可以通过强化学习等方法实现。此外，进化主义把智能看成一种进化的产物，即通过自然选择和适应性进化实现智能的表现，这是一种生物进化的结果，可以通过进化算法等方法实现。

生命智能和人造智能都具有智能的特征和能力，但是它们之间存在一些明显的异同：生命智能是自然界进化的产物，而人造智能是人类通过技术手段创造的；生命智能具有自适应性，能通过不断学习和适应提高自身的能力，而人造智能则需要通过人类的编程和训练学习和适应；生命智能的信息处理方式是分布式的、并行的和模糊的，而人造智能的信息处理方式则更倾向于集中式的、串行的和精确的；虽然人造智能在某些领域的表现已经超越了人类，但是在某些方面，如感知、判断、情感等方面，人造智能还远远不能与生命智能相媲美；生命智能具有很高的稳定性和韧性，能够适应各种复杂的环境和挑战，而人造智能则容易受程序错误、硬件故障等因素的影响。

通用智能是指具备多种任务处理能力的智能，这种能力不限于单一领域或单一任务。通用智能的实现不仅需要具备多种智能技术，如自然语言处理、机器学习、知识表示与推理、计算机视觉等，还需要更多科学技术之外的学问加以完善。通用智能之所以通用，是因为它具备抽象、学习、推理和交互等多种能力，能够在不同领域中进行应用。动物智能的多样性研究对于我们更好地理解和尊重动物、推动人工智能的发展、拓展我们对智能的认识，以及为人类问题提供新的解决方案也有重要的意义。

智能、知觉、情绪、意志、行动之间存在着紧密的关联关系。首先，智能可以影响知觉、情绪、意志和行动。例如，一个智能的人可能更容易注意到身边的细节，更容易控制情绪和行为，更容易做出明智的决策。其次，知觉、情绪、意志和行动也可以影响智能，一个人的情绪和行为可以影响他的思维和决策，甚至可能降低他的智能水平。同样，一个人的意志力和行为也可以锻炼他的智能和思维能力。此外，智能、知觉、情绪、意志和行动之间也存在着相互作用的关系，人的情绪状态可能会影响他的知觉和行为，而行为和意志力也可以影响他的情绪和知觉。

东方思想可以为智能科学提供不同的视角和方法，从而更好地理解智能的本质和作用，并推动智能科学的发展。具体包括：①有助于突破西方哲学的思维定式，传统的西方哲学主要以逻辑和分析为基础，而东方哲学则通常强调综合、整体化和直觉。这种思维方式可以帮助我们突破西方哲学的思维定式，从而更好地理解智能科学。②深化我们对智能的认识，东方哲学中的一些概念，如"道""空""缘起"等，可能对我们更深入地理解智能有所帮助。例如，

"道"可以被视为智能的本质，而"空"则可以帮助我们理解智能与物质之间的关系。③建立对智能的综合性理解，东方哲学通常以整体性的视角看待世界。这种综合性的视角可以帮助我们建立对智能的综合性理解，从而更好地理解智能的本质和作用。④提供智能科学的研究方法，东方哲学中的一些方法和技巧，如冥想、太极拳等，也可能对智能科学的研究方法提供启示。以上这些方法可以帮助我们更好地理解智能的本质和作用。

或许，东方非常"道"的网络是由众多的西方因果链编织而成的阴阳显隐网络，既涉及形式逻辑，也涉及辩证逻辑。在"道"这个复杂的系统中包含着许多不同的因素和关系，这些因素和关系之间相互作用，形成一个复杂的整体。其中，形式逻辑和辩证逻辑都可能是其中的一部分，用来描述和解释"道"——东西方复杂融合网络中的某些现象。形式逻辑是指基于规则和语法的推理方式，强调逻辑的形式和结构，而辩证逻辑则是基于对矛盾和变化的认识，强调逻辑的内容和实质；形式逻辑主要用于推理和证明，是一种严格的推理方式，强调逻辑的精确性和准确性，而辩证逻辑则主要用于分析和解决问题，是一种更加灵活和综合的思维方式，强调逻辑的实用性和适用性；形式逻辑通常假设前提是真实的，从而推出结论的真实性，而辩证逻辑则认为事物是复杂多变的，存在各种矛盾和冲突，需要通过不同的角度和方法认识和解决问题；形式逻辑是一种线性、单向的思维方式，强调推理的过程和结果，而辩证逻辑则是一种循环、非线性的思维方式，强调思考的过程和方法。

2.7 数学既是发明也是发现

众所周知，人工智能的基础工具是数学，其发展的局限也是数学，那么我们应该怎样正确看待数学呢？

首先，数学既是一种发明也是一种发现，也就是说数学的本质是在人类的思维和创造力的基础上发明出来的，同时，数学也是发现自然界和宇宙中存在的规律性的一种方式。在数学发明方面，人类通过抽象、推理、建立公理等方式构建了一套完整的数学体系，这些数学体系可以应用于解决现实生活中的问题，如物理学、工程学等领域。这些新的数学概念和方法往往是人类在探索和解决问题过程中的创新成果，具有强烈的人为性和创造性。而数学是一种发现的观点，则是说人类通过观察和研究自然界和宇宙现象，发现了诸如黄金分割、斐波那契数列等规律性的数学现象。这些数学规律不是人类创造出来的，而是自然界本身存在的，人类通过观察和研究才发现了它们，因此这些规律具有更加客观的性质。

毕竟，数学体系中的公理是无法证明其对错的，这源于它们是基于人类自身的观察和总结得出的，而观察本身就是主观的过程。因此，数学是建立在人类主观基础上的产物。尽管数学看起来非常强大，但它只是探索出一切符合逻辑的形式，而这些形式是否符合现实世界的规律则需要通过实验和观察验证。数学是一种发明的观点提醒我们，在研究数学时需要保持谨慎，不能仅依赖于理论推导和公理建立，而需要结合实际情况进行综合分析。同时，也需要意识到人类的主观性和局限性，不能过分自信地认为自己掌握了所有真理。数学既是发明也是发现，这种观点提醒我们要在数学教育和研究中注重发现数学的本质和规律，同时也需要注重培养人类的创造力和创新能力。

人类的智能并不是仅由算力、算法和数据构成的，而是由我们的生物体系、感知能力、情感体验和社会环境等多方面综合构成的。因此，真正的智能应该具有人类类似的综合性能和复杂性能力。与此相对，当前的人工智能技术可能缺乏对人类智能的全面理解和模拟，因此在某些方面可能还存在不足之处。我们需要更全面地思考智能和人工智能的关系，以及如何在未来发展出更加符合人类需求和期望的智能技术。

事物的属性通常与观察者有关，事物之间的联系也往往与使用者有关。具体来说，它暗示了以下几方面：首先，事物的属性不是绝对的，而是与观察者有关。因为不同的人或不同的群体可能会从不同的角度或视角看待同一事物，从而得出不同的属性。例如，对于一幅画作，不同的人可能会有不同的评价，有人认为它非常美丽，而有人则认为它平淡无奇。其次，事物的关系也往往与使用者有关。因为不同的人或不同的群体可能会在不同的情境下使用同一事物，从而形成不同的关系。一件衣服，对于不同的群体而言，它可能有不同的意义，对于一名运动员来说，它是一种运动装备，而对于一名商人来说，它是一种商业礼服。所以，我们要从多个角度考虑事物的属性和关系，不能仅从自己的角度出发，而应该尊重不同群体的观点和使用需求，以更全面和客观的方式认识和理解事物。

人类的"算计"是一种复杂的思维过程，它不仅是简单的计算，也包含了对态度、感情和价值的考虑，算计即用主观改变客观的态势计算。"算计"不仅是为了达成某种目的，还与人的思想、情感和价值观息息相关，这意味着，我们在做事情的时候需要综合考虑多方面的因素，不能单纯地追求利益最大化或者计算结果最优化，还需要考虑态度、感情和价值观等因素，才能做出全面而合理的决策。

2.8 文学与智能

2.8.1 文学也是智能

从语言角度看，文学作品是由语言构成的，而语言是人类智慧的结晶，是人类智能的一种表现形式。文学作品通过语言的运用，反映出作家的思想、情感、价值观等，同时也传递着作者对社会、人类生活等方面的思考和认识。因此，可以说文学作品是一种智能的体现，它通过语言的表达和传递，反映了人类智慧的深度和广度。编程和写作都是通过语言表达思想的过程，因此可以将文学家视为使用语言进行编程的专家。文学家需要精细地选择词语、语法、结构等元素，以达到表达思想、情感和意图的目的，这与编程中需要考虑算法、语言规范、数据结构等方面的问题类似。

从文明角度看，文学作品是一种文化的载体和表现形式。文学作品中蕴含着丰富的文化内涵，包括历史、传统、价值观、文化认同等方面。文学作品不仅反映了一个时代、一个民族的文明特征，也可以促进文明交流和对话，帮助人们更好地认识和理解不同的文明。文学家是通过文字创造出各种情境、形象和故事的专家。他们需要深入思考人类的情感和心理，挖掘出生命中的深刻意义，并将这些思考和感受通过文字呈现出来。这种创作过程也可以看作一种"编程"，是将作者的意图和想法通过文字进行组合和表达的过程。

文学也是智能，强调了文学作品所蕴含的智慧和文化价值，同时也提醒我们要重视和尊重文学作品，认识和理解文学作品的深层次意义。将文学家视为用文字进行编程的智能专家，可以帮助我们更好地理解文学创作的本质和意义。同时，这个比喻也有助于我们思考文学与技术、人文与科技的关系。

2.8.2 智能也是文学

随着人工智能的发展，它可以生成、创作和分析文学作品，因此智能也可以成为文学的一种形式。从技术角度看，人工智能确实可以模拟人类的文学创作过程，生成类似于人类写作的文本。这种技术的发展为文学创作提供了新的可能性，同时也引发了一些争议，如人工智能是否真正具有创造性，是否能够真正体现人类的情感和思想等。

从文化角度看，文学作为人类文化的核心之一，承载着人类的情感、思想和价值观。人工智能的介入可能对文学的本质产生一定的影响，引发对文学定义的重新思考。同时，文学也可以为人工智能提供素材和灵感，促进智能技术的创新和发展。

机器智能更像一个文学家，只不过是用符号写作。从机器智能与文学家的相似性看，机器智能在创造性活动中的作用与传统的工具性使用有所不同。与文学家一样，机器智能需要理解人类语言和符号，以及掌握一定的创作技巧和规则，才能创造出有意义的作品。因此，机器智能的发展可以推动人类对创造性活动本质的重新思考和理解。用符号写作，强调了机器智能在语言和符号处理方面的能力。人类语言的复杂性和多义性使机器智能在自然语言处理方面面临很大的挑战，但是，随着机器学习和深度学习等技术的发展，机器智能在这个领域已经取得了一定的进展。因此，机器智能的发展也可以帮助人类更好地理解和处理语言和符号的复杂性，促进人们对机器智能和创造性活动的理解和探索。智能也是文学，提醒我们要关注人工智能技术的发展对文学的影响，同时也要思考文学本身的含义和价值。

2.8.3　文学智能

文学家在创作过程中不仅要关注外在的现实世界，还要从内心深处寻找灵感和创作动力，并且要对自己的思想和行为进行反思和审视。具身是指要与现实世界保持联系，了解社会、人民的生活和思想情感；离身是指要跳出自己的生活经验和价值观念，以更广阔的视角审视问题；反身则是指要对自己的思想、行为和创作进行自我反思和审视，以提高自己的创作水平和思想深度。这句话强调了文学创作中的主体性和对自我认知的重要性，对于文学家来说是一条非常有启示性的指导原则。

文学家可以通过不同尺度的时空描述表达思考和情感。例如，一位文学家可以在小说中通过描绘主人公的内心世界表达思考和情感，这种描述通常是抽象和抒情的。另外，文学家也可以通过历史背景和社会环境描述思考和情感，这种描述通常是具体和现实的。在不同尺度的时空描述中，文学家可以运用各种修辞手法和语言技巧，以达到更生动深刻的表达效果。文学家在创作中需要具备换位思考的能力，从不同的角度观察和描绘人物、事件等，以实现作品的多样性和立体感。这种能力不仅可以帮助文学家深入探究人性、社会现象等主题，还可以让读者更好地理解和感受作品。同时，这也是一种培养同理心和包容心的方式，能让人们更好地理解和关爱身边的人。

信息域的认知和物理域的认知在很多方面都有异同。首先，信息域的认知是指人们对信息世界的认知，包括信息的获取、存储、处理和传输等方面。而物理域的认知则是指人们对物理世界的认知，包括物体的形状、大小、质量、运动等方面。其次，信息域的认知主要依赖人类的感官和思维能力，而物理域的认知还依赖人类的感觉器官。例如，人类可以通过眼睛感知到物体的颜色、形状等属性，但在信息世界中，这些属性需要通过数字化的方式表示和传输。此外，信息域的认知还包括对信息的价值、真实性和可靠性等方面的评估，而物理域的认知则主要关注事物本身的属性和规律。总之，信息域的认知和物理域的认知在很多方面都有相似之处，但也有很多不同的地方，需要根据具体情况进行分析和理解。

研究领域的转换对研究结果具有较大的影响。把认知域转换为信息域、物理域去研究，才会更科学，但也会遗漏许多重要成分。认知域是指人类对世界的认知和理解，而信息域和物理域则是人类用来描述和解释世界的两种不同方式。将认知域转换为信息域或物理域进行研究，可以更加客观和科学地研究问题，但是也会遗漏许多重要成分。具体来说，将认知域转换为信息域进行研究，可以更加客观地分析各种信息和数据，从而得到更加精确的研究结果。然而，这种方法也容易忽略人类认知和主观体验的因素。同样，将认知域转换为物理域进行研究，可以更加客观地描述物理现象和规律，从而得到更加精确的研究结果。但是，这种方法也容易忽略人类经验和情感意识的因素，因此可能会遗漏一些重要成分。我们需要根据具体的研究问题和目的，选择合适的研究方法和领域进行研究，以充分发挥各种研究方法和领域的优势，避免遗漏重要成分，从而更加全面、科学地研究问题。

例如，历史和地理本身就有着密切的联系。历史事件和过程往往发生在特定的地理环境和条件中，地理因素会对历史事件产生影响，如地形、气候、资源等对人类生产和生活的影响。因此，若将历史转换为地理去研究，可以更加全面地考虑历史事件和现象的背景和环境因素，减少主观臆断和误解的可能性，从而更科学地理解历史。此外，将历史转换为地理的研究方法还可以帮助人们更好地发现历史事件和现象之间的空间联系和规律，从而推动历史研究的深入和发展。

状态与趋势可以理解成量与质的关系。状态是一个物体或系统在某一时刻的表现，是反映物体或系统存在的数量指标。而趋势则是一个物体或系统在一段时间内的发展方向和变化趋势，是反映物体或系统的质量指标。状态和趋势是相互关联的，状态的变化会导致趋势的变化，趋势的改变也会影响状态的变化。因此，对一个物体或系统的全面了解，需要同时考虑其状态和趋势。

感觉和知觉是心理学中的两个概念，可以理解成不同层次的心理现象。感觉是指人类对外界刺激的感受，如看到、听到、摸到、闻到、尝到等，它是一种量的体现，可以测量、记录和描述。而知觉则是指人类对感觉的解释和理解，是一种心理上的质的体现，它是基于感觉的基础上，通过认知和心理加工而形成的。因此，感觉和知觉也可以理解成量与质的关系，感觉是量的体现，而知觉则是质的体现。感觉是知觉的基础，没有感觉就没有知觉，但是知觉不仅是感觉的简单堆积，而是通过加工、整合、归纳等心理过程，使感觉变得更加有意义、有目的、有价值。

总之，文学和智能的关系是相互作用的。智能技术可以帮助文学创作和阅读更加高效、精准，如自然语言处理、机器翻译、语音识别等技术可以帮助作家更快速地撰写作品，读者更容易理解作品。但是智能技术也不可能完全替代人类的创造性思维和情感体验，文学作品的真正魅力在于其情感共鸣和意义深度，这是智能技术所无法达到的。因此，智能技术和人类文学创作之间的关系应该是相互补充和协同的，而不是互相排斥或替代。

2.9　智能和勇气

智能和勇气是两种不同但相互关联的品质。智能可以帮助我们理智地分析和处理重大或关键问题，而勇气则是面对问题时坚定的决心。在某些情况下，智能和勇气是相辅相成的，如在面对重大决策时需要智慧来做出明智的选择，同时也需要勇气来承担决策带来的风险和后果。在其他情况下，勇气可能比智慧更重要，如在紧急情况下需要迅速做出决策并采取行动，此时智慧可能无法提供足够的指导。智能和勇气的关系是相互补充的，它们共同构成成功和成就的基础。

有胆有识是指一个人具备勇气和智慧来面对挑战和困难。这种品质在现代社会中显得更为重要，因为我们面临着许多复杂和不确定的问题，需要有人应对和解决。有胆有识的人首先要敢于面对挑战，有胆有识的人不会退缩或回避面对挑战，而是会积极主动地寻找解决问题的方法。其次能够理性思考，此人不会轻率行事，而是会理性思考问题，并根据事实和数据做出决策。还有要不怕承担责任，不会逃避责任，而是会承担起自己应该承担的责任，并为自己的决策和行动负责。有胆有识是一种非常重要的品质，它需要勇气和智慧的结合，能够帮助我们面对困境和挑战，并取得成功和成就。

智勇双全则是指一个人不仅具备智慧，而且具备勇气。智勇双全的人通常具备以下特点：①知识渊博。智勇双全的人不仅具备较强的智慧和思维能力，还具备广泛的知识和经验，能在不同领域游刃有余。②勇敢面对挑战。智勇双全的人不会被困难和挑战击倒，而是会勇敢地面对并解决问题。③有远见和创新思维。智勇双全的人不仅关注眼前的问题，而且有长远的眼光和创新思维，能在未来中看到机会并创造新的价值。④有决策和执行力。智勇双全的人不仅善于思考和分析问题，还具备决策和执行的能力，能落实决策并推动事情发展。总之，智勇双全是一种非常重要的品质，它需要智慧和勇气的结合，能够帮助我们应对复杂的问题和挑战，并取得成功和成就。

大智若愚是指拥有极高的智慧却表现得像一个愚蠢的人一样。这种表现方式通常是为了掩饰自己的智慧，让自己看起来更加谦虚、平易近人。大智若愚的人通常能把复杂的问题简单化，并以平易近人的方式与人交流，这样可以更好地得到别人的理解和支持。从某种程度上来说，大智若愚可以被视为一种策略，它可以帮助人们更好地处理人际关系、获得信任和支持，但同时也需要在适当的时候展示自己的智慧和能力，以实现自己的目标和愿望。

当智能与勇气混在一起时，我们可以将它看作一种非常有力的组合。智能可以帮助我们做出明智的决策，勇气则可以帮助我们勇敢地付诸行动。这样的组合可以使我们更加自信，有能力面对各种挑战和困难。同时，智能也可以帮助我们更好地评估风险和机会，避免盲目冒险。因此，当智能和勇气相结合时，我们可以更加成功地实现目标和梦想。

人机融合智能的出现使人类的工作效率和工作质量得到大幅提升，但是这并不意味着人类完全可以被机器取代。人类具备机器无法替代的勇气、思维、情感、创造力等特质，这些特质在某些领域是非常重要的。因此，在人机融合智能时代，我们需要将机器和人类的优势结合起来，实现更高效、更优质的工作和生活。在这个过程中，人类需要具备更多的素质，如勇敢能力、创造力、情感智能、人际交往能力等，这些素质将帮助人类更好地与机器合作，实现更加协同的工作和生活。因此，人机融合智能中人的其他素质配合是非常重要的，只有这样才能让人机融合智能真正发挥出它的最大潜力，为人类带来更好的未来。

人类的智能从来不是孤立的，机器智能则不然。

2.10　人类智能的未来在于东西方智能的融合

有人认为"只有时空的对齐，没有价值的对齐，智能或许就是智障"，即智能技术必须与人类的价值观念和道德标准相一致，否则它所产生的结果可能对人类社会造成负面影响。在现代社会中，智能技术已经越来越广泛地应用于各个领域，如自动驾驶汽车、智能家居、虚拟助手等。这些技术的发展确实可以为人类带来很多便利和好处，但是如果这些技术的设计和使用忽略了人类道德和价值观念，就可能对人类社会造成严重的伤害。

一般而言，智能系统出现以下情况就会变成智障：①数据不准确或不完整，智能系统需要依靠大量数据做出决策或预测，如果数据不准确或不完整，可能导致智能系统做出错误的判断。②缺乏人工干预，某些情况下，智能系统可能需要人工干预来辅助决策或处理问题，如果缺乏人工干预，智能系统可能出现问题。③人为破坏，有些人可能故意篡改数据或输入错误信息，以此破坏智能系统，使其无法正常工作。④技术限制，目前的智能系统还存在一些技术限制，如语音识别系统可能无法识别某些方言或口音等。⑤软硬件故障，与所有电子设备一样，智能系统也可能出现软硬件故障，导致无法正常工作[12-16]。

那么，我们如何在推动智能技术发展的同时，注重人类价值观念的传承和弘扬，从而确保这些技术的应用不会对人类社会造成负面影响呢？解决这个问题有很多种方案，可谓是条条大路通罗马，这里给出的方法是：把东方智慧的整体观与西方智能的还原论有机结合，形成人类智能的新框架——东西智能融合体系。

人类智能的核心在于价值的对齐，而不仅是时空事实性的对齐。价值的对齐是指智能技术的应用和发展应该符合人类的价值观，满足人类的需求和期望，而不是仅追求技术的时空对齐，即技术的快速发展和普及。这种观点强调了智能技术的应用和发展应该以人为本，技术应该为人类带来福祉和便利，而不是只关注技术的发展和应用本身。这也与当前社会普遍关注人工智能等智能化技术可能带来的负面影响和潜在风险相呼应。智能化技术的发展应该注重价值导向，需要充分考虑人类的需求和期望，保证技术合理、安全、可靠和可控，从而实现人机共生、人机和谐的目标。

人类虽然在思考和行为上有差异，但都基于相似的认知模式和决策规则，这就为智能系统的设计和优化提供了指导。与此对应的是，如果智能系统仅是机械地模仿人类的行为，而不考虑人类之间的差异，那么它的实用性和适应性就会大大降低[17]。因此，智能系统的设计者需要考虑人类的多样性和差异性，以确保系统的普适性和可用性。只有在相似性的基础上才能更好地实现智能系统的个性化和差异化，让系统更好地服务于人类社会的各个领域。

价值性的对齐和事实性的对齐是两种不同的对齐方式。首先，价值性的对齐强调的是技术的应用和发展应该符合人类的价值观，满足人类的需求和期望；而事实性的对齐是指技术的应用和发展应该基于科学事实，符合客观实际。其次，价值性的对齐注重的是人类的主观评价和价值观念，需要考虑道德、伦理、社会等方面的因素；而事实性的对齐基于客观的科学事实和实证研究，需要考虑数据、证据、统计等方面的因素。最后，价值性的对齐更多地应用于人工智能等智能化技术的发展和应用过程中，涉及人机关系、人类社会的发展等方面；而事实性的对齐更多地应用于科学研究、技术开发等领域，涉及技术的可行性、可靠性等方面。

东方智慧整体观是指东方文化中关于"整体"价值的观念，即认为宇宙万物都是相互联系、相互作用的整体体系，强调整体和谐、平衡与共生。而西方智能还原论则是指西方哲学中的事实还原主义思想，即认为复杂的事物可以通过分解、剖析和还原成简单的部分来理解和掌握[18]。这两种思想在认识论和方法论上有明显的区别。在智能领域，东方智慧整体观和西方智能还原论的结合可以带来很多优势。在人工智能领域，东方智慧整体观的思想可以帮助我们从整体上理解和把握复杂的问题，如自然语言处理和图像识别等问题。而西方智能还原论的思想则可以帮助我们将复杂的问题分解成简单的部分进行处理。结合这两种思想，我们可以更加全面和深入地理解和应用人工智能技术。另外，东方智慧整体观和西方智能还原论的结合也可以促进跨学科合作和创新。在不同领域的专家和学者之间，东方智慧整体观和西方智能还原论的结合可以促进相互理解和交流，从而实现跨学科合作和创新，两者有机结合将为我们带来更广阔的思路和更深刻的理解。

东方思想在智能领域中发挥着越来越重要的作用。在人工智能领域，东方思想的一些核心理念，如"中庸之道""心理学"的思想等，对于构建更加智能化、更加人性化的人工智能系统具有重要的借鉴意义。例如，在人工智能的决策制定中，中庸之道的思想可以帮助我们更好地平衡不同利益因素，使决策公正、合理。此外，东方思想的另一大特点是注重细节和整体性的思考，这对智能领域中的数据分析和模型建立也具有重要启示意义。在数据分析中，我们需要关注数据的全貌，深入挖掘数据背后的规律和特征，而不是只看表面现象[19]。东方整体思想的核心观点是强调整体和个体之间的相互作用和依存关系，重视整体性和综合性。在智能领域中，东方整体思想可以帮助我们更好地理解智能系统与环境之间的相互作用和调节机制，从而设计出更加适应性和鲁棒性的系统。此外，东方整体思想还可以帮助我们更好地设计和实现人机交互系统，使之更加符合人类的认知和感知方式。然而，东方整体思想在智能领域中也存在一些副作用。首先，过度强调整体性和综合性可能导致我们忽略系统内部的复杂性和非线性特征，从而影响系统的性能和效率。其次，过度强调整体性和综合性可能限制我们对系统内部机制和运行原理的深入理解，从而影响对系统的优化和改进。此外，过度强调整体性和综合性可能妨碍我们对系统不同部分的分离和独立调节，从而影响我们对系统的控制和管理。

在应用东方整体思想的同时，也需要注意其副作用，并采取相应的措施解决这些问题。例如，可以采用分层次、分模块化的设计方法，既保证整体性和综合性，又兼顾系统内部的复杂性和非线性特征；可以采用数据驱动的方法，从数据中挖掘系统的内部机制和运行原理，以实现对系统的优化和改进；可以采用模型预测控制的方法，对系统的不同部分进行分离和独立调节，以实现对系统的控制和管理。

西方还原思想在智能领域中至今仍发挥着非常重要的作用。还原主义强调我们应该将复杂的事物分解成最基本的元素，然后研究这些元素的相互作用。在人工智能领域中，还原主义可以帮助我们更好地理解智能系统的内部机制和运行原理，从而更好地优化和改进系统的性能。例如，在深度学习领域，还原主义的思想可以帮助我们深入理解神经网络的结构和参数设置，从而更好地优化模型的训练效果。此外，还原主义还可以帮助我们更好地理解智能系统与人类认知的关系，从而更好地设计和实现人机交互系统。

西方还原思想在智能领域中虽然发挥着重要的作用，但同时也存在一些副作用。首先，还原主义的思想容易让我们忽略系统内部的复杂性和非线性特征，从而导致我们对系统的真实性能和运行机制的理解不够深入、准确。其次，还原主义的思想容易让我们忽略系统与环境之间的相互作用和调节机制，从而导致我们对系统的适应性和鲁棒性考虑不足。此外，还原主义的思想容易让我们忽略系统的整体性和综合性，从而导致我们对系统的综合性能和整体效益考虑不足。总之，虽然西方还原思想在智能领域中具有重要的作用，但我们也需要认识到它的一些副作用，并采取相应的措施解决这些问题。

东方智慧的特色之一是注重综合思考和整体性分析，强调把事物放在更广阔的历史、文化、哲学、道德和社会背景中考虑。此外，东方智慧还强调平衡和谐，注重人与自然、人与社会、身体与心灵的平衡和谐。东方智慧也强调道德和良知，认为人应该遵循道德规范和良知，追求真、善、美的综合目标。最后，东方智慧还强调沉淀和内省，认为通过沉淀和内省可以获得更深层次的理解和智慧。

西方智能中的特色涉及注重个人独立思考和创新能力、探索和实验精神、人文主义价值观（强调人文主义价值观，包括对人类尊严、平等、自由、正义等的追求，这些价值观对于智能的发展非常重要）、开放和包容的社会环境、多元文化的交流和融合等。其还原特色是指将复杂系统或现象分解成更简单的、更基本的组成部分或原理的方法。如机器翻译可以分解成语言翻译、语言理解、语言生成等子任务，每个子任务可以被独立地研究和解决，然后将它们组合起来形成一个完整的机器翻译系统。在认知科学中，还原特色用来解释人类思维和行为的基本原理，将人类思维分解成感知、记忆、学习等基本过程，然后通过这些基本过程的研究理解和解释人类的认知行为。然而，还原特色也存在一定的局限性，因为它忽略了整体系统的综合效应和相互作用，可能导致对问题的理解和解决方案的局限性。

在东西方融合智能中，数据和知识的关系就像计算和算计的关系。计算是指通过运算得出结果，而算计则是指谋取利益或达到某种目的而进行的计算。同样，数据可以是被动的、纯粹的信息，而知识是经过处理和理解后能产生价值和意义的信息。因此，数据和知识之间的关系可以被看作被动和主动、纯粹和有价值的关系，就像计算和算计的关系。这个比喻可以帮助我们更好地理解数据和知识之间的本质关系，并认识到数据只有在被处理和理解后才能成为有用的知识。同时，数据和知识的关系也体现了还原和整体的关系。数据可以被看作一个整体中的一部分，而知识则是通过对这些数据的整合和归纳而得出的整体性的结论。因此，数据和知识的关系可以被看作部分和整体、分散和集中的关系，就像还原和整体的关系，这个理解角度可以帮助我们更好地理解数据和知识的本质关系，并认识到数据只有在被归纳和整合后，才能成为有用的知识。同时也提醒我们，处理数据时要注意将其整合为完整的整体，以便更好地理解和利用它们。

在人类的智能中，数据和知识的对齐是非常重要的。数据是智能系统获取信息的基础，而知识则是对这些信息进行分析、理解和应用的基础。只有将数据和知识进行对齐，智能系统才能更好地理解和应用这些数据，从而实现更加准确、高效的智能决策和处理。数据和知识的对齐可以通过多种方式实现，如机器学习、自然语言处理、知识图谱等技术。这些技术可以帮助智能系统从数据中提取出有用的信息，并将其与已有的知识结合起来，从而实现数据和知识的对齐。在当今数字化的社会中，数据的规模和种类快速增长，但真正有价值的信息并不多。因此，数据和知识的对齐对于智能领域的发展来说至关重要。只有通过对数据和知识进行有效的对齐，才能真正实现智能化的应用和服务，为人类带来更加便捷、高效的生活体验。

同样，东西方智能的融合过程中，整体观与还原论的对齐是非常关键的。整体观和还原论是两种不同的思维方式，前者更加注重系统性、全局性和综合性，后者则更加注重分析、细节和局部性。在智能领域中，整体观和还原论的对齐可以帮助我们更好地理解和应用智能系统。整体观和还原论的对齐可以通过多种方式实现。一种方式是使用动态弹性的知识图谱等技术，将各种事物之间的关系和联系进行整合和展示，从而形成一个整体性的认知框架。另外，也可以使用各种机器学习技术，将大量数据进行分析和处理，从而提取出其中的规律和模式，并将其应用于各种具体场景中。整体观和还原论的对齐对人类智能领域的发展非常重要。只有通过对整体和局部进行有效的平衡和协调，才能真正实现东西方智能融合的全面发展和应用。因此，我们应该更加注重整体观和还原论的对齐，不断探索和创新智能技术，为人类带来更加便捷、高效的智能服务。

最后，人工智能技术既面临不少风口，也存在大量泡沫，即人工智能领域在当今社会非常热门，有很多机会和潜力，但同时也存在一些虚假宣传和过度炒作的现象，这种炒作可能导致一些不切实际的期望和投资，最终可能导致泡沫破裂。在当前的人工智能领域，有很多公司和组织都在不断投入资金和资源进行研究和开发。这些投资和研究带来很多新的技术和应用，也为行业带来大量的机会和潜力。同时，也有一些公司和组织通过夸大宣传和虚假承诺吸引投资和注意力，这些公司可能在实际运营中没有可持续的盈利模式，最终导致泡沫破裂。在人工智能领域，我们同样需要将东方的整体观与西方的还原论有机结合，在各种管理领域，秉持人机环境系统的观点，认真分析每个项目和公司的实际情况，避免盲目跟风、过度投资和过度期望。只有在合理的、可持续的基础上进行投资和开发，才能实现可持续的发展和成功。

2.11 智能既不是数学也不是逻辑

智能不是数学。智能可以被看作一种综合性的能力，它涉及多个学科和领域的知识，包括数学、计算机科学、神经科学、心理学、哲学等。虽然数学是智能研究中的重要工具，但智能并不等同于数学。智能是指人类或机器能够基于输入的信息，进行学习、推理、判断和决策的能力，而数学只是一种工具和语言，用于描述和分析智能的过程和结果。因此，虽然数学可以帮助我们理解智能的一些方面，但智能本身是一个更广泛、更复杂的概念，它需要跨学科的研究和探索。

智能和逻辑是两个不同的概念。智能是指人类和动物的认知能力，包括感知、思考、学习、记忆、判断、推理、解决问题等多个方面。而逻辑是研究推理和论证的科学，它关注如何正确地推理和证明论断。逻辑使用符号和规则分析和构造有关推理和证明的语言和结构。虽然智能和逻辑之间有一些重叠，如推理和判断等方面，但它们的范畴和内涵不同。智能是一种广泛的、复杂的、多方面的能力，而逻辑是一种狭窄的、专门的、局部的学科。因此，智能和逻辑是两个不同的概念。

逻辑和数学之间有很大的重叠和交叉，但它们是两个不同的学科。逻辑使用符号和规则来分析和构造有关推理和证明的语言和结构。而数学则是一种研究数量、结构、变化以及空间和形式的科学，它使用符号和公式描述和解决问题。数学是一种实证科学，它依赖实证数据和实验来验证结论。虽然逻辑和数学都使用符号和规则描述和解决问题，但它们的目的和方法不同。逻辑更关注推理和证明的正确性，而数学更关注实际应用和解决实际问题。因此，尽管它们有很多相似之处，但逻辑和数学仍是两个不同的学科。

总之，我们不能简单地把数学和逻辑等形式化的知识作为智能的全部，因为智能不仅是形式化的思维能力，还包括非数学、非逻辑、人文艺术、哲学、宗教等多方面的能力。因此，单纯依靠数学和逻辑等形式化的知识解释智能是片面的，而且可能会忽略智能的其他方面。当然，数学和逻辑等形式化的知识在智能研究中也是非常重要的工具，但是不能仅依赖它们来解释智能。

记忆确实是我们获取和处理信息的基础。我们从经验和记忆中获取知识，进行推理和决策，而计算则是一种工具，用来加速和扩展我们的认知能力。因此，从某种程度上说，记忆确实优于计算。从计算机科学的角度看，计算机的运行也离不开记忆。计算机需要存储和处理数据，而这些数据都需要存储在计算机的内存中。因此，记忆和计算在计算机科学中同等重要。另外，记忆约束计算的观点可能指的是对计算的限制和约束，以保证计算的正确性和安全性。例如，在人工智能领域，研究人员提出一些约束条件，如公平性、可解释性等，以确保人工智能系统的决策不会带来不良后果或歧视性。这也说明了记忆和计算都需要受到约束和限制。总之，记忆和计算在不同领域和情境下都有其重要性和作用，它们之间并不是简单的优劣关系，而是相互依存、相互制约的关系。

2.12 智能本质上是人性的拓扑

智能技术的发展是基于人类智慧和思维方式的延伸和拓展，人类的智慧和思维方式是智能的基础，人类是智能技术的创造者和主导者。然而，人工智能技术与人性并不一致，根本上，人工智能技术并不具备人类的情感、道德、意识等特征，因此不能完全等同于人性。

在数学中，拓扑学是一种研究空间形态的数学分支。与几何学不同，拓扑学不关注空间的度量和距离，而关注空间的形态和结构。因此，拓扑学可以研究在没有任何几何结构的情况下的空间形态。在拓扑学中，我们可以将不同的空间形态抽象为一些基本的拓扑结构，如点、线、环、球等。这些基本的拓扑结构可以被组合和变形，形成更加复杂的拓扑结构，如拓扑空间、拓扑流形等。通过这种方式，我们可以将没有任何几何结构的抽象空间形态，用拓扑学的语言进行描述和研究。

　　智能不仅是数学结构的拓扑，还应该有事实结构的拓扑，更重要的是价值结构上的拓扑。数学结构的拓扑是指智能系统的算法和模型，事实结构的拓扑则是指智能系统对现实世界的认知和理解，而价值结构的拓扑则是指智能系统所追求的目标和价值观。这种观点认为，智能系统不仅需要具备优秀的数学结构和事实结构，还需要具备符合人类价值观的价值结构。只有这3方面同时发展，才能实现智能系统的全面发展，更好地服务人类。智能系统的数学结构和事实结构是基础，它们可以帮助智能系统更好地理解和处理信息。但是，仅有这两方面还不足以满足人类的需求，因为智能系统的目的是为人类服务。因此，智能系统的价值观也应该符合人类的期望和需要。在实际应用中，智能系统的价值结构可能受到限制和挑战，如可能存在利益冲突、道德问题等。因此，我们需要在智能系统的发展过程中注重价值观的构建和维护，以实现智能系统能更好地服务人类的目标。

　　将事实和价值混合进行拓扑是一项非常有挑战性的任务，因为事实和价值是完全不同的概念，它们的处理方式相差也很大。确定要拓扑的智能主题或问题，这可能涉及许多事实和价值，因此需要有一个清晰的理解；列出与主题或问题相关的所有事实和价值，这将有助于用户了解所有相关方面，并使用户能更好地理解主题或问题。将事实和价值分开也非常重要，因为它们需要不同的方式进行处理，可以根据主题或问题的不同方面分类，也可以根据其重要性分类，在某些情况下，事实和价值之间可能存在明显的关系，但在其他情况下，它们可能并不那么清晰。用户需要确定它们之间的联系，以便更好地理解主题或问题。在智能拓扑时，常常可以使用各种工具和技术（如图表、图示、思维导图）等，根据主题或问题的不同方面组织事实和价值，同时确保它们之间的联系清晰呈现。将事实和价值混合进行拓扑是一个复杂的任务，需要用户仔细思考和分析。最重要的是，需要用户保持客观和中立，以确保其分析不会受任何主观因素的影响。

对于事实与价值而言，人算和天算的区别在于，人算是指人们根据自己的经验和知识，以及对当前情况的判断，推算出未来可能发生的事情或结果。而天算则是指根据自然规律和宇宙的运行规律，以及历史的发展趋势，推算出未来可能发生的事情或结果。机器算则是基于预设的算法和程序进行计算，缺乏人类的主观思考和决策能力，人类可以处理模糊和不确定的信息，并可以学习和适应新的情况和环境，而机器算则需要明确的输入和输出。人算往往受到主观因素的影响，容易出现误判或偏差，而天算则更加客观、准确，但也不是绝对的，因为自然规律和历史趋势也可能受到人类的干预和改变，机器算则需要事先编写好对应的程序，才能进行计算。

针对上述分析，未来若要真正实现人性化的智能，则需要突破以下几个难点。

1. 数据获取和处理

需要从用户的行为、兴趣、历史数据等多方面获取数据，并进行清洗、处理和分析，以提取用户的个性化需求，这将涉及数据隐私、数据安全、数据稀疏性等问题。

2. 模型设计和优化

需要设计和优化符合用户需求的模型，包括推荐算法、搜索算法等，这涉及模型的可解释性、复杂度、效率等问题。

3. 多源数据融合

需要将多源数据进行融合，如社交网络、搜索引擎、移动应用等，涉及数据格式不同、数据质量差异、数据权威性等问题。

4. 用户行为预测和反馈

需要对用户行为进行预测和反馈，以满足用户需求，包括用户行为的多样性、时效性、隐私性等问题。

5. 人性化推荐的多样性和可控性

需要保证推荐结果的多样性和可控性，以避免推荐算法的"过度个性化"或"过度相似化"问题，涉及推荐算法的多样性、可解释性、可控性等问题。

6. 用户对人性化需求的认知和接受度

需要考虑用户对人性化推荐的接受度和认知度，以提高用户体验，与推荐算法的透明度、用户反馈机制等问题有关。

7. 个性化需求与社会责任的平衡

需要平衡个性化需求与社会责任的关系，避免个人信息泄露、信息过度收集和滥用等问题，如法律、伦理和社会责任等。

2.13　智能与对齐

　　智能与"对齐"这个概念有一些关联。"对齐"一词在不同的语境下可以有不同的含义，因此需要具体情境具体分析。一般来说，"对齐"可以表示两个或多个事物在某些方面相互配合、协调、一致或对等，以达到某种目标或效果。这种概念可以用在各种领域，如管理、工程、军事等。在管理方面，"对齐"常用于组织和团队的管理中，意味着协调和对齐各种资源、人力和战略，以实现一致的目标。在工程方面，"对齐"可以指准确地安装或对齐机器、设备或零件，以确保其正常运行。在军事方面，"对齐"可以指不同部队之间的协调，或是武器装备的精准对准。

　　人机之间实现事实性对齐需要借助自然语言处理技术和知识图谱等技术手段。首先，需要将自然语言的文本转换为计算机能够理解的结构化数据，如将文本转化为语义表示或链接数据等形式。这可以通过自然语言处理技术实现，如实体识别、关系抽取、事件抽取等。其次，需要借助动态弹性的知识图谱等知识库存储和管理相关领域的知识，包括实体、属性、关系等，动态弹性的知识图谱可以通过对大量文本和数据进行自动化抽取和构建而得到，可用于实现对不同领域、不同时刻和主题的全面覆盖。最后，将结构化的文本数据与动态弹性的知识图谱进行对比和匹配，以实现事实性对齐。这可以通过基于规则、机器学习或深度学习的方法实现，如基于规则的实体链接、基于向量空间模型的相似度匹配、基于动态弹性的知识图谱的语义推理等。需要注意的是，由于自然语言的歧义性和复杂性，以及知识图谱的不完备性和不确定性，实现完全准确的事实性对齐是非常困难的，需要不断进行优化和改进。

人机之间实现价值性对齐比较困难，因为价值观是人类内在的主观判断，难以用简单的算法实现。但是，可以通过人工智能技术和人类专家的结合实现价值性对齐。首先，需要建立一个价值体系，这个价值体系需要由人类专家或者团队制定，包含各种不同的价值观。这个价值体系需要足够全面、准确、可操作和可扩展。其次，需要将这个价值体系转换为计算机能够理解的形式，如可以将其转化为一系列规则、模型或者算法，用来对不同的数据进行评估和分析。最后，需要借助人工智能技术，将这些规则、模型或算法与数据进行对比和匹配，实现对价值的评估和对齐。这可以通过机器学习或深度学习等技术实现。需要注意的是，由于价值观的复杂性和主观性，以及计算机的智能限制，实现完全准确的价值性对齐是非常困难的，需要不断进行优化、改进。同时，需要避免将人工智能的判断作为绝对标准，而是将其视为辅助工具，需要与人类专家的智慧相结合，共同实现对价值的评估和对齐。

价值对齐和道德物化都是将人类的价值观念转换为机器可以理解和执行的形式，但两者的侧重点不同。价值对齐是指在人与机器之间存在交互的情况下，让机器的决策和行为与人类的价值观念保持一致，从而实现人机之间的协同。这种一致性不仅包括道德层面的价值观念，还包括文化、社会和个人等层面的价值观念。因此，价值对齐需要考虑的因素比较多，包括语言、行为、文化背景等。道德物化是将道德准则、规范和价值观转化为机器可以理解和执行的形式，主要目的是让机器能够按照人类的道德标准进行行为规范和判断，从而保障人类的利益和权益。道德物化更加强调的是道德层面的价值观念，如公正、诚实、尊重等。

感性和理性是人类思维的两方面，它们之间的关系是相辅相成的。感性是指我们的情感和直觉，而理性是指我们的逻辑和分析能力。要让感性和理性对齐，可以采取以下几种方法：①建立平衡观念。感性和理性不是对立的，而是相辅相成的。我们需要建立平衡观念，认识到两者之间的互补关系。②加强学习和思考。加强学习和思考，提高自己的知识水平和思考能力，从而更好、更理性地分析和解决问题。③培养直觉和创造力。直觉和创造力是感性思维的关键，通过培养直觉和创造力，我们可以更好地应对复杂和未知的情况。④实践和经验积累。实践和经验积累是感性和理性结合的重要途径，通过实践和经验积累，我们可以更好地运用感性和理性思维解决问题。总之，要让感性和理性对齐，需要建立平衡观念，加强学习和思考，培养直觉和创造力，实践和经验积累等多方面的努力。

意图与动机的根源常常与感性有关。人类的行为往往受感性因素的影响，人们的意图和动机不仅是理性思考的结果，还受情感、直觉、经验等感性因素的影响。这也就是为什么同样的行为，不同的人可能有不同的动机和意图。感性因素对人类行为的影响非常重要，因为人是情感动物。情感和直觉可以帮助我们做出更快、更准确的决策，但同时也可能导致我们做出错误的决策。因此，分析人类行为时，需要综合考虑感性和理性因素。

头痛医头，指当身体发生疾病或不适时，应该针对具体病症对症治疗，如头痛就应该看头痛的病因，不要随意用药物或治疗方式。头痛医脚，指在一些情况下，身体疾病的根源可能并不在头部，而是在其他部位或系统，这时候就需要综合考虑整个身体的状况，查找病因，进行相应治疗。例如，有些头痛可能是颈椎病引起的，这时就需要治疗颈椎病才能缓解头痛。

战略决策是各方博弈的结果，从来都是非理性的，无法用大数据解释，更不可能用大数据来生成。也就是说，战略决策不仅是一个单方面的决策，而是各方面利益和影响力的博弈结果。这种博弈不仅涉及各方的经验和知识，更关键的是各方的情感、信念和价值观念等因素。因此，大数据并不能完全解释和预测这样的决策结果。此外，战略决策涉及未来的不确定性和风险，这些因素也不太可能被大数据捕捉到。所以，虽然大数据在很多领域都有很好的应用前景，但在战略决策中的作用还是有限的。制定战略决策时，需要综合考虑各方面因素，包括数据和非数据因素，做出更加全面、准确的决策。

只有时空的对齐，没有价值的对齐，智能就是智障，即智能并不是单纯按照时间和空间的对齐就可以实现的，还需要考虑价值观的对齐。如果只是简单地按照时间和空间的对齐，而忽视了价值观的对齐，那么智能就没有意义，甚至可能带来负面的影响。这句话强调了人机环境系统融合智能技术发展的必要性和重要性，但也提醒我们在发展智能技术的同时，需要考虑人类的价值观和道德标准，避免对人类社会造成损害。因此，发展智能技术不应该只追求技术本身的进步，还应该注重伦理和社会责任，充分考虑智能技术对社会的影响。

2.14　人类语言和机器语言

人类语言和机器语言是两种不同的语言形式，二者有很多异同点。人类语言是人们日常交流所使用的语言，也是一种自然语言。人类语言是非常复杂和多样化的，包括文字、口语、手语等，而机器语言则是非常简单和规范化的一种计算机程序语言，它只包括计算机能够理解和执行的指令，即机器进行指令执行的语言。另外，人类语言是一种动态的、灵活的语言形式，具有很强的语义和语用功能，通过语言可以传递各种感情、信息和社会文化等内容，而机器语言则是非常严谨和精确的，只能进行单一的计算和运算，是一种静态的、固定的语言形式，只有在特定的软件和硬件平台上才能被执行 [1]。

人类语言和机器语言都有一些缺点。人类语言的缺点包括：人类语言常常存在歧义，同样的词汇或语句在不同的语境下可能有不同的含义；人类语言受个人、文化和社会等因素的影响，很难客观准确地表达；人类语言存在主观性，容易导致误解和误导；人类的语言与其行为可以不一致或有很大的偏差，从而常常会出现"语言出，有大伪"的现象。机器语言的缺点包括：机器语言是一种符号化的语言，不同于人类语言的自然表达方式，难以直观地理解；机器语言指令非常烦琐，需要高度的技术和专业知识才能理解和编写；机器语言的指令集是固定的，无法适应新的需求和变化，需要不断地改进和升级。但以上这些人类 / 机器语言的缺点并不是不可克服的，随着技术的发展和进步，这些缺点会逐渐被克服或者减少。

语义理解之所以非常困难，是因为语言是一种非常复杂的人类交流工具。语言不仅包含字面意义，还包含上下文、语境、语气等因素。此外，同一词语在不同情境下可能有不同的含义，而不同的词语在相同情境下可能有相似的含义。这些因素都使语义理解变得非常困难。同时，由于自然语言处理技术的限制，计算机在语义理解方面也存在很大的困难，需要不断地改进和优化算法，才能提高计算机的语义理解能力。而要实现未来的自然语言处理系统，则需要突破以下领域的难点（不仅如 ChatGPT 式的"基于统计概率计算的下一个词输出"）：

1. 知识表示和获取

需要能够理解自然语言中的实体、关系和事件等信息，将其转换为计算机可理解的形式，以便进行知识表示和获取。

2. 情感分析和语义理解

需要能够准确地理解语言中的情感和语义，包括词义消歧、指代消解、语义角色标注等，以提高系统的准确性和效率。

3. 跨语言处理和机器翻译

需要能够处理多种语言，并进行跨语言处理和机器翻译，以满足跨国企业和跨文化交流的需求。

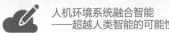

4. 多模态数据处理

需要能够处理多种模态的数据，包括文本、语音、图像等，进行上下文综合分析和处理。

5. 智能对话和自动问答

要能进行智能对话和自动问答，通过问答系统等方式，为用户提供更加便捷和高效的服务。

6. 知识图谱和语料库构建

需要建立大规模的知识图谱和语料库，以支持系统的训练和应用。

7. 隐私保护和安全性

需要考虑用户隐私保护和系统安全性，采用安全加密技术和数据保护措施，确保用户数据安全、保密。

8. 场景的复杂性和多变性

每个场景都具有其独特的特点和复杂性，涉及的信息种类、数量及关系都非常复杂。此外，场景中的信息也是不断变化的，需要对信息进行实时更新和处理。

参考文献

[1] ENDSLEY M R. Toward a theory of situation awareness in dynamic systems[J]. Human Factors The Journal of the Human Factors and

Ergonomics Society, 1995, 37(1):32-64.

[2] ENDSLEY M , JONES D ,BETTY BOLTÉ. Designing for situation awareness[J]. Intelligence, 2003:12-31.

[3] ENDSLEY M R. Situation awareness and human error: designing to support human performance[J]. Human Factors in Aviation Operations, 1995, 3（2）: 287-292.

[4] 刘伟 , 王目宣 . 浅谈人工智能与游戏思维 [J]. 科学与社会 , 2016, 6(3):18.

[5] 刘伟 . 关于人机若干问题的思考 [J]. 科学与社会 , 2015, 5(2):17-24.

[6] BROOKS R A. A robust layered control systems for a mobile robot[J]. IEEE Journal of Robotics & Automation, 1986(17): 2.

[7] MINSKY M, RIECKEN D. A conversation with Marvin Minsky about agents[J]. Communications of the ACM, 1994(7):17.

[8] NEWELL A, SHAW J C. Human problem solving[J]. Prentice-Hall, 1972(34):88-92.

[9] GENESERETH M R, NILSSON N J. Logical Foundations of Artificial Intelligence[M]. Burlington: Morgan Kaufmann Publishers, 1987.

[10] BLAZE M, FEIGENBAUM J, LACY J. Decentralized Trust Management[C].// IEEE Symposium on Security & Privacy. IEEE Computer Society, 1996.

[11] 陈波 , 陈巍 , 丁峻 . 具身认知观 : 认知科学研究的身体主题回归 [J]. 心理研究 , 2010, 3(4):10.

[12] 顾险峰 . 人工智能中的联结主义和符号主义 [J]. 科技导报 , 2016, 34(7):6.

[13] 谢承泮 . 神经网络发展综述 [J]. 图书情报导刊 , 2006, 16(12):148-150.

[14] 喻宗泉 . 人工神经网络发展五十五年 [J]. 自动化与仪表 , 1998(6):33-37.

[15] 蒋庆全 . 神经网络发展探析 [J]. 情报指挥控制系统与仿真技术 ,

1999(10):26-33.

[16] 敖志刚 . 人工智能与专家系统导论 [M]. 合肥：中国科技大学出版社，2002.

[17] 苏小林 . 液压专家系统故障诊断技术研究 [J]. 科技创新导报，2008(19):2.

[18] ROTTER J B. A new scale for the measurement of interpersonal trust[J]. Journal of Personality，2010，35(4):651-665.

[19] BARBER B. The logic and limits of trust[J].Social Forces，1983,64(1):5-9.

第3章

人机之间的关键问题

03

3.1　人机交互与新旧三论的缺点是什么

3.1.1　人机交互的缺点

（1）技术限制：当前的技术水平仍然存在限制，如自然语言处理能力、图像识别能力等方面，这些技术限制了人机协同的实现和效果。

（2）用户体验不佳：人机协同的实现需要保证用户与机器之间的交互效果良好，但是当前的机器学习算法和人机交互设计仍然存在缺陷，导致用户体验不佳。

（3）人机协同难以实现完全的协同：即使在最理想的情况下，人机协同也难以实现完全的协同，因为人类和机器的思维方式和行为模式存在巨大的差异。

（4）安全隐患：人机协同涉及机器对人的数据和信息进行处理和管理，这种交互模式也存在安全隐患，如机器被黑客攻击、机器出现故障等情况。

（5）难以管理：人机协同需要对机器进行管理和维护，这对机器的使用和维护提出了更高的要求。

（6）难以维护私密性：人机协同需要人类向机器提供个人信息和数据，这会涉及个人隐私的保护问题，人机协同需要解决这个问题。

3.1.2　控制论的缺点

（1）精度问题：控制论的理论适用于可预测和稳定的系统，但在实际应用中，许多系统是复杂和不稳定的，导致控制论的精度受到限制。

（2）可靠性问题：控制系统的可靠性和鲁棒性是关键问题，但控制论在处理非线性和不确定性系统时，往往无法保证控制系统的可靠性和鲁棒性。

（3）设计问题：控制论的设计需要大量的数学知识和技能，对于非数学背景的工程师来说，可能面临很大的困难。

（4）成本问题：控制论需要使用高端计算机和软件，这增加了控制系统的成本，而且对于小规模的应用来说可能不划算。

（5）时滞问题：控制论在处理时滞系统时，往往表现不佳，因为时滞会导致系统的稳定性和性能问题。

3.1.3 信息论的缺点

（1）假设问题：信息论的一些假设可能不符合实际情况，如假设噪声是高斯分布的，但在一些实际应用中，噪声可能不是高斯分布的，这会影响信息论的适用性。

（2）信息丢失问题：信息论只能描述信息的传输和处理过程，但无法解决信息丢失的问题。在实际应用中，信息丢失是一种常见的问题，例如，在无线通信中，信号可能被干扰或衰减，因此信息论不能完全描述实际应用中的信息传输过程。

（3）复杂度问题：信息论的一些方法和技术需要高度的数学和计算机技术，这对于非专业人士来说可能会很困难。

（4）应用范围问题：信息论在通信领域有广泛的应用，但在其他领域的应用相对较少。信息论的应用范围受到一定的限制。

（5）信息价值问题：信息论不能描述信息的价值和意义，只能描述信息的传递和处理过程。在实际应用中，信息的价值和意义非常重要，这可能需要通过其他方法和技术解决。

3.1.4 系统论的缺点

系统论是一种强调整体性和综合性的理论，其主要优点在于能提供一种全面的、系统性的思考方式，有助于人们更好地理解事物的本质和相互关系。但是，系统论也存在如下一些缺点。

（1）理论抽象性强：系统论对事物的研究往往是在抽象的层面上进行的，因此难以应用到具体的实践中。这也导致了系统论在实践中应用的难度和局限性。

（2）系统分析需要大量的信息和数据：系统论的研究需要大量的信息和数据支持，而这些信息和数据往往是很难获取的。因此，系统论的实践应用受到很大制约。

（3）系统论缺乏具体的操作指导：尽管系统论提供了一种系统性的思考方式，但是它缺乏具体的操作指导，难以指导人们在具体实践中应用系统论的理论。

（4）系统论的应用面有限：系统论的应用面主要局限在自然科学和管理科学领域，对其他领域的研究和应用则存在一定的局限性。

3.1.5　耗散结构论的缺点

（1）过于简化：耗散结构论过于简化了复杂系统的本质，忽略了系统内部的复杂交互和外部环境的影响。

（2）适用范围有限：耗散结构论只适用于一些特定类型的系统，如化学反应、自组织系统等，对其他类型的系统的解释能力较弱。

（3）缺乏精确度：耗散结构论缺乏精确的定量分析方法，对实际系统的预测和控制能力较弱。

（4）忽视不确定性：耗散结构论忽视了系统内部和外部的不确

定性因素，这些因素可能对系统的稳定性和演化方向产生重要影响。

（5）缺乏实证支持：耗散结构论的理论假设尚未得到充分的实证支持，需要进一步研究和验证。

3.1.6 突变论的缺点

（1）缺乏实证证据：突变论的假设尚未得到充分的实证支持，尤其对大规模、复杂的进化事件的解释能力较弱。

（2）忽略自然选择：突变论忽略了自然选择在进化中的作用，过于强调基因突变的作用，忽略了环境和生物的相互作用。

（3）突变率难以预测：突变率难以预测，突变的方向和效果也难以确定，这使突变论的解释力度有限。

（4）忽略多重因素的作用：突变论忽略了多重因素对进化的影响，如基因重组、基因流动和基因环境互作等。

（5）假设过于简化：突变论的假设过于简化，忽略了进化过程中的复杂性和多样性，这使其解释能力受到限制。

（6）演化过程难以重复：突变论的假设难以通过实验进行验证，演化过程难以重复，这限制了其科学性和可靠性。

3.1.7 协同论的缺点

（1）缺乏精确的定义：协同论的概念和范畴缺乏精确的定义，

使理论的具体应用和实证研究存在困难。

（2）难以量化：协同论的概念和理论难以量化，使其解释力度和可验证性受到限制。

（3）忽略竞争因素：协同论过于强调合作和共存的重要性，忽略了竞争和冲突在生物进化中的作用。

（4）忽略外部环境的影响：协同论忽略了外部环境对生物进化的影响，过于强调内部协同和共存的作用。

（5）适用范围有限：协同论只适用于某些特定的生物群体和进化事件，对其他类型的生物群体和进化事件的解释能力较弱。

（6）忽略个体差异：协同论忽略了个体间差异的影响，过于强调群体间协同的作用。

（7）缺乏实证支持：协同论的假设和理论尚未得到充分的实证支持，需要进一步研究和验证。

3.2 人机融合／混合智能关键问题的探讨

人机融合智能和人机混合智能是两个概念，尽管它们有些相似，但还是有区别的。人机融合智能是指将人类智能和机器智能融合在一起，形成一种全新的智能体系，实现人类与机器之间的高度互动和协同[2]。这种融合往往需要在机器上实现类似于人类思维的能力，以实现人机之间的无缝融合。人机混合智能则是指将人类和机器的智能有机结合，使机器能协助人类完成某些任务[3]。这种混合往往是在机器的智能上进行扩展和增强，以使其能更好地适应人类需求。可以看出，人机融合智能更加强调人类和机器的一体化，而人机混合智能更加强调机器对人类的协助和辅助。

单人可以"我思故我在"，人机融合／混合就是"我们思故我们在"，既包括单人单机，也包括多人多机，人机融合／混合智能本质是群体智能的问题。人机融合／混合群体智能需要通过融合／混合人类和机器的能力实现更有效的结果。以下是一些人机融合／混合的建议。

（1）人机协同：人机协同是人工智能和人类智能之间的协作。这种协作可以帮助实现更快、更准确、更便捷的决策。

（2）数据整合：人机群体智能需要将人类和机器的数据整合在一起，这样可以得到更全面、更准确和更有价值的数据，从而更好地解决问题。

（3）机器学习：机器学习可以帮助机器更好地理解人类的思维和行为模式。这样，机器可以更好地预测和响应人类的需求。

（4）人类专业知识：人类具有专业知识和经验，可以提供机器无法提供的见解和洞察力。因此，在人机群体智能中，应该充分利用人类的专业知识和经验。

（5）机器智能优势：机器可以处理大量数据并快速做出准确的

决策。因此，在人机群体智能中，应该充分利用机器的智能优势。

（6）自动化和智能化：自动化和智能化技术可以帮助机器更好地适应人类需求和行为模式。这些技术可以帮助机器更好地学习和适应人类的需求。

要实现人机融合／混合之间的相互信任，需要考虑以下几点。

（1）透明度和可解释性：机器需要提供足够的信息，以便人们理解其决策和行为。机器学习算法应该能解释它们的决策如何做出，因此人们可以理解它们的方法并相信它们的结果。

（2）可靠性和稳定性：机器应该能在不同情况下保持其表现稳定、可靠。这样人们就能放心地使用机器，并相信它们的效果。

（3）安全性和隐私保护：机器需要采取措施保护个人隐私，并防止恶意攻击。只有这样，人们才能信任机器，并把自己的信息交给它们处理。

（4）可操作性和易用性：机器需要设计成易于使用和操作，这样人们才能更好地与机器进行互动，并相信它们的结果。

（5）社会责任感和道德标准：机器需要遵守道德标准，并考虑其对人类和社会的影响。只有这样，人们才能相信机器并与它们建立信任关系。

总之，要实现人机融合／混合之间的相互信任，机器需要考虑到人类的需求，提供可靠性、透明度、安全性、可操作性和道德标准等方面的保障。

要实现人机融合／混合之间的可解释性，可考虑以下几方面。

（1）采用可解释的机器学习算法：一些机器学习算法，如决策树、逻辑回归等，能提供相对简单、可解释的模型，因此更容易向人类解释其决策过程。

（2）提供可视化和交互式界面：通过可视化和交互式界面，机器可以将其决策结果展示给人类，并让人类更好地理解其决策过程和结果。

（3）提供解释性的特征和因素：机器可以向人类解释其决策结果中的重要特征和因素，以帮助人类更好地理解其决策过程和结果。

（4）保持透明度和公开性：机器需要保持透明度和公开性，例如，提供其算法和数据集的详细信息，以帮助人类更好地理解其决策过程和结果。

（5）采用可解释性的设计方法：设计机器时，应该采用可解释性的设计方法，例如，采用基于规则的方法，以便更好地向人类解释其决策过程和结果。

总之，要实现人机融合／混合之间的可解释性，机器需要采用可解释的算法、提供可视化和交互式界面、保持透明度和公开性、采用可解释性的设计方法等措施[4]。

人类的常识与机器常识有很大不同。以下是一些主要区别。

（1）获取途径不同：人类的常识是通过长期的生活经验、学习和社交互动等途径获得的，而机器常识则是通过收集、处理和分析大量数据和信息得到的。

（2）概念和语义的理解不同：人类的常识基于对概念和语义的理解，而机器常识则是基于对数据和规则的理解。机器可以识别和处理大量数据，但缺乏对概念和语义的深刻理解。

（3）推理和判断方式不同：人类的常识基于推理和判断，而机器常识则是基于逻辑和算法。人类可以根据自己的经验和判断力做出决策，而机器则需要依赖程序和算法。

（4）对世界的理解不同：人类的常识是基于对世界的深刻理解，而机器常识则是基于对数据和规则的处理。机器可以识别和处理大量数据和信息，但缺乏对人类行为和社会文化的深刻理解。

总之，人类的常识和机器常识有很大不同，机器常识主要基于数据和算法，而人类的常识则基于长期的生活经验和社交互动[6]。

人类的学习和机器学习有很大不同。以下是一些主要区别。

（1）获取途径不同：人类的学习是通过感官输入、认知和社交互动等途径获得的，而机器学习则是通过收集、处理和分析大量数据和信息得到的。

（2）学习方式不同：人类的学习是一种有目的的、有意识的、逐步积累的过程，而机器学习则是一种基于算法和模型的自动化过程。

（3）知识结构不同：人类的学习是基于对概念和语义的理解和积累，而机器学习则是基于对数据和规则的处理和推理。

（4）应用范围不同：人类的学习可以应用于各种领域和问题，包括语言、艺术、科学、社会等方面，而机器学习则主要应用于数据分析、模式识别、自然语言处理等领域。

总之，人类的学习和机器学习有很大不同，机器学习是一种基于算法和模型的自动化过程，而人类的学习则是一种有目的的、有意识的、逐步积累的过程，两者的应用范围和知识结构也有所不同。

在人机群体智能中，有效的功能分配非常重要，以下是一些建议。

（1）确定任务需求：首先需要明确任务的需求和目标，根据任务的性质、复杂度和时限等因素确定需要哪些功能和能力，以及如何分配。

（2）了解人机各自的优势和劣势：需要深入了解人和机器的优势和劣势，了解人类的认知、创造力、情感等方面的优势，以及机器的数据处理、自动化等方面的优势。

（3）考虑协同效应：需要考虑人机协同的效应，即如何让人和机器合作，让它们各自的优势得到最大化的发挥，以达到更好的效果。

（4）设计合理的界面和交互方式：需要设计合理的界面和交互方式，让人和机器能够有效地沟通和协作，提高效率和效果。

（5）实时进行调整：需要在任务执行过程中实时进行调整，根据任务的变化和进展调整人机功能分配，以达到最优的效果。

总之，有效的功能分配需要考虑任务需求、人机各自的优势和劣势、协同效应、界面、交互方式等多方面因素，需要进行深入思考和实践。

要让人和机器合作发挥各自的优势，可以考虑以下几方面。

（1）明确任务分工：将任务分解成人类和机器能够各自完成的部分，明确任务分工后可以让人和机器各自发挥自己的优势，提高工作效率。

（2）优化协作流程：建立高效的协作流程，确保人类和机器之间的信息共享、沟通顺畅，避免重复工作和误解，提高工作效率。

（3）充分发挥人的主观能动性：人类可以根据自己的经验和判断力做出决策，对于一些需要主观判断的任务，应该充分发挥人的主观能动性，让机器辅助。

（4）发挥机器的计算能力：机器可以处理大量的数据和信息，对于一些需要大量计算的任务，应该发挥机器的计算能力，让人类辅助。

（5）持续优化协作方式：不断收集并分析协作过程中的数据，不断优化协作方式，让人和机器的合作更高效、精准。

人机混合决策的时机、方式和地方需要根据具体情况进行分析和决策，以下是一些可能的考虑因素。

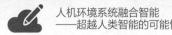
（1）时机：人机混合决策的时机可以基于以下因素决定。

① 任务类型：复杂度高、需要大量数据处理和分析的任务可能需要更频繁地进行人机混合决策，以提高效率和准确性。

② 资源可用性：如果某些资源只能由人或机器处理，那么需要根据资源的可用性决定何时进行人机混合决策。

③ 工作流程：人机混合决策需要与工作流程匹配，以确保决策的时机适当。

（2）方式：人机混合决策的方式可以根据以下因素进行选择。

① 任务类型：不同的任务可能需要不同的人机混合决策方式。例如，对于某些任务，人和机器可以并行处理，而对于其他任务，则需要交替处理。

② 技术可行性：人机混合决策的方式需要考虑技术可行性，例如，机器学习算法是否能处理某些任务，人员是否具有必要的技能和知识等。

③ 成本效益：人机混合决策的方式需要考虑成本效益，例如，是否需要雇佣更多的员工或购买更多的设备来实现人机混合决策。

（3）地方：人机混合决策的地方可以根据以下因素进行选择。

① 工作环境：人机混合决策需要在合适的工作环境下进行，以确保决策的质量和效率。例如，对于某些任务，需要安静、舒适的工作环境。

② 设备要求：人机混合决策需要使用特定的设备实现。例如，某些任务可能需要使用高性能计算机或专业软件。

③ 数据安全：人机混合决策需要保护数据的安全性，因此需要在安全的地点进行决策。

3.3 影响人机功能分配的几个"非存在的有"

"非存在的有"是一种哲学概念，通常用于对抗"存在"的概念。它指的是那些不存在于我们所熟知的现实中，但却具有某些潜在的存在性的事物或概念。这些"非存在的有"可能是抽象的、理论的、想象的、虚构的等。例如，数学中的虚数是一种"非存在的有"，因为它们不存在于实际的物理世界中，但是它们在数学上是有用的，可以用来解决某些问题。同样，幻想中的生物，如独角兽、龙等，也是"非存在的有"，因为它们不存在于我们的现实世界中，但它们在文学、艺术和文化中却有一定的存在。

简言之，"非存在的有"是指那些不存在于我们所知道的现实中，但是它们可能存在于其他维度或者我们的想象之中。"非存在的有"和智能之间没有直接的关系。智能是指一种能力或者能够表现出某种智能的实体或系统。然而，智能可以用来探索"非存在的有"。例如，人类的智能可以用来推理、创造、想象和研究一些不存在于我们现实世界中，但却具有潜在存在性的事物或概念。例如，科学家利用智能推理和创造力研究黑洞、暗物质、多元宇宙等一些"非存在的有"。

人工智能也可以用来研究"非存在的有"。例如，通过虚拟现实技术，人工智能可以创造出一些虚拟的世界和生命形式，探索和研究那些不存在于现实世界中，却具有潜在存在性的事物或概念。

"非存在的有"和人机功能分配之间没有直接的关系。人机功能分配是指将任务和功能分配给人类和机器人的过程。然而，人机功能分配可能受"非存在的有"的影响。例如，在某些任务中，机器人可能需要具备一些超出我们现实世界中已经存在的能力，这些能力可能属于"非存在的有"。在这种情况下，我们需要通过创新和发展扩展机器人的能力，从而使它们能够适应更加复杂的任务和环境。具体而言，在人机功能有效分配领域涉及以下几方面。

1. 情感与人机

情感的本质是人类感知和体验世界的一种基本方式，是一种主观、内在的体验和反应。情感涉及人类的情感体验、情绪反应、情感表达和情感调节等方面。情感的本质是由神经和生理机制、个体生命经历、文化和社会背景等多种因素所决定的。情感可以是积极的，如喜悦、兴奋、爱、幸福等，也可以是消极的，如愤怒、恐惧、忧虑、悲伤等。情感可以对人的行为产生影响，影响人的选择、决策和行为。情感也是人类交往和社会关系的重要因素，情感的表达和理解是人类沟通和交流的基础。总体来说，情感的本质是人类生命和文化的重要组成部分，对人类的生存和发展具有重要的意义，对人机功能有效分配同样具有不可忽视的作用。

情感与人机功能分配的关系是紧密相关的。情感是人类与其环境交互中的重要组成部分，包括情绪、态度、信念等方面。在人机交互中，情感的存在对用户体验和使用效果有重要的影响。因此，人机功能分配需要考虑情感因素，以便更好地满足用户需求和期望。例如，情感识别和情感生成技术可以帮助计算机更好地理解和回应人类的情感需求，从而提高用户体验。同时，在人机交互中，人类和计算机的功能分配也需要考虑情感因素，以便更好地满足人类的情感需求[7]。因此，情感与人机功能分配是相互影响、相互促进的。

情感可以影响人类理性的判断和决策，主要表现在以下几方面。

1）信息选择偏差

情感会使人们更倾向于选择与自己情感偏好相符的信息，而忽略其他信息。例如，一个人对某个品牌有好感，就容易忽略该品牌的缺点，而对同类竞品的优势视而不见。

2）认知偏见

情感会影响人们对信息的认知和理解，使其产生认知偏见。例如，一个人对某个人有情感偏见，就容易将该人的行为解释为支持自己观点的证据，而忽略其他解释。

3）决策偏差

情感会影响人们的决策偏好和风险承受能力。例如，一个人对某项投资有情感偏好，就容易将该投资看作低风险、高回报的选择，而忽略潜在的风险和不确定性。

4）行为反应

情感会影响人们的行为反应，使其做出不合理的行为。例如，一个人因情感上瘾，就可能不顾后果地追求某种行为或物质，而忽略自己的健康和生活质量。

因此，情感与人类理性之间的关系需要相互协调和平衡，才能做出更明智的判断和决策，对人机功能分配起着正向调节作用。

2. 道德物化与人机

道德物化的本质是将道德概念或价值视为具有实体化、有形化的实际物体或物品，将其赋予了实物的属性和价值。这种物化过程可能导致人们将道德价值看作一种可以交易、买卖、占有或控制的商品或资源，从而削弱或扭曲了道德本身的意义和价值。道德物化可能导致人们在道德决策和行为中更多地考虑利益和权力的因素，而忽略了道德的本质和目的，从而导致不良后果。道德物化的本质是一种对道德概念和价值的误解和扭曲，需要通过教育和宣传等途径加以纠正和避免。

道德物化若将人看作物品或工具对待，则忽视了其作为个体的尊重和价值。人机功能分配则是分别赋予人和机器不同的任务和功能，以实现更高效的生产和服务。两者之间的关系在于，当人机功能分配不当或不合理时，可能导致道德物化的问题。例如，将人仅看作机器的一部分完成某项任务，忽视了其作为有感情、有思维、有尊严的人的本质。因此，正确的人机功能分配应该考虑到人的尊重和价值，避免道德物化的问题。

3. 人机的主客观混合输入过程

实现客观事实与主观价值的混合输入，需要采用一些特定的技术和方法，如下所示。

1）自然语言处理技术

自然语言处理技术可以帮助机器理解人类语言的含义和语境，识别其中的实体、情感和观点等，并将其转换成结构化的数据形式，实现客观事实和主观价值的混合输入。

2）机器学习和深度学习技术

机器学习和深度学习技术可以通过训练模型识别和理解人类语言中的含义和情感，从而实现客观事实和主观价值的混合输入。

3）人机交互界面设计

在人机交互界面设计中，可以采用一些交互式的方式，如问答、评分、评论等，让用户输入他们的主观评价和观点，从而实现客观事实和主观价值的混合输入。

4）数据可视化技术

通过数据可视化技术，可以将客观事实和主观价值以可视化的方式呈现出来，让用户更容易理解和分析数据。例如，使用图表、热力图等方式展示数据，让用户可以直观地看到客观事实和主观价值的混合输入。

实现客观事实与主观价值的混合输入，需要结合采用自然语言处理技术、机器学习和深度学习技术、人机交互界面设计和数据可视化技术等多种技术和方法。在人机功能分配过程中若处理不好主客观融合输入，极易产生数据来源不可靠、数据处理不当、数据缺乏背景信息、数据过于庞大或数据分析不到位等现象，进而造成"数据丰富，信息贫乏"的不足与缺陷。

4. 人机的主客观混合处理过程

实现基于公理的处理与基于非公理的处理融合，需要采用一些特定的技术和方法，如下所示。

1）逻辑推理技术

逻辑推理技术可用于实现基于公理的处理，通过推理得到新的结论，并在此基础上进行决策。逻辑推理技术可利用公理化语言描述问题，并通过逻辑规则进行推理，从而实现基于公理的处理。

2）机器学习和深度学习技术

机器学习和深度学习技术可以用于实现基于非公理的处理，通过学习数据和模式识别进行决策。机器学习和深度学习技术可以利用数据驱动的方式进行推理，从而实现基于非公理的处理。

3）规则库管理

规则库管理可以用于管理基于公理的处理的规则库。规则库包含一组规则，可用于对问题进行描述和解决。规则库管理可以对规则库进行维护、更新和扩展，以适应不同的问题和应用场景。

4）集成算法

集成算法可以将基于公理的处理和基于非公理的处理融合起来，利用不同的算法进行集成，从而得到更准确的结果。集成算法可以利用不同的处理方法解决问题，从而提高处理的准确性和效率。

恰如其分地实现基于公理与基于非公理的处理融合，需要结合采用非逻辑/逻辑推理技术、机器学习和深度学习技术、规则库管理、集成算法、人类有效的算计（谋算）等多种技术和方法。这样可以充分利用不同的处理方法解决问题，从而得到更准确的结果。

5. 人机的主客观混合输出过程

实现人机融合的输出端，需要考虑人类与机器之间的交互和决策融合。基于逻辑的决策通常是基于规则的，例如，机器学习模型的预测结果。而基于直觉的决策则更多是基于个人经验和感觉的，例如，医生根据病人的症状和体征做出的诊断。针对这两种不同的决策方式，可以采用以下方法实现人机融合的输出端。

（1）将逻辑决策和直觉决策进行分离，分别由机器和人类进行处理和决策，然后将结果进行融合。这种方法需要一个可靠的决策融合算法，以确保最终的输出结果是准确、可信的。

（2）将逻辑决策和直觉决策进行融合，让人类和机器一起进行决策。这种方法需要一个可以协同工作的系统，以便人类和机器可以共同分析和决策。例如，可以使用机器学习算法分析数据，然后将结果呈现给人类，让他们做出最终的决策。

（3）交替使用逻辑决策和直觉决策，让人类和机器轮流进行决策。这种方法可以提高决策的多样性和灵活性，以适应不同的情况和环境。例如，可以让机器先进行分析和决策，然后将结果呈现给人类，让他们进一步分析和决策。

总体来说，基于逻辑的决策和基于直觉的决策都具有优点和局限性。将它们融合起来，可以充分利用人类和机器的优势，提高决策的准确性和效率。

6. 人机的主客观混合反思 / 反馈过程

在人机混合智能中，人和机器的反思和反馈可以通过多种方式融合，从而实现更加智能化和高效化的决策和行为。人的反思和机器的反馈可以通过以下几种方式融合。

1）数据分析

机器可以通过分析大量数据，提供反馈和建议，人可以通过分析这些反馈和建议反思自己的决策和行为，从而不断优化自己的决策和行为。

2）交互式学习

人和机器可以通过交互式学习相互补充和提高，机器可以通过学习人的反思和决策，提供更准确和有效的反馈和建议，人可以通过学习机器的反馈和建议，不断提升自己的决策和行为能力。

3）反馈循环

人和机器可以建立反馈循环，通过不断反馈和调整，实现最优化的决策和行为。人可以通过反思机器的反馈和建议，做出相应的调整和改进，机器也可以通过分析人的反馈和行为，提供更加精准和有效的反馈和建议。

7. 人机与深度态势感知

人类的态势感知能力是通过大脑感知、处理和解释来自外界的各种信息形成的。这些信息包括视觉、听觉、触觉、嗅觉、味觉等感官信息，以及周围环境的温度、湿度、气压等信息。大脑的神经元通过对这些信息的处理和组合，形成对周围环境和自身状态的认知和理解，从而使人类具备了对不同情境的适应能力和决策能力。这种能力与人类的生存和社会交往密切相关，因此在人类的进化过程中逐渐发展和完善。

机器的态势感知能力是通过传感器、计算机视觉、语音识别、自然语言处理等技术实现的。传感器可以收集外部环境的物理量，如温度、湿度、气压、光线等，同时也可以收集机器自身状态的信息，如速度、位置、姿态等。计算机视觉可以通过图像处理技术对图像和视频进行分析，从而识别出物体、人物、场景等信息。语音识别和自然语言处理可以将语音和文本转换为可处理的数据，从而实现对语音和文本的理解和分析。通过这些技术的组合，机器可以对周围环境和自身状态进行感知、判断和分析，从而实现对各种情境的适应。这种能力在自动驾驶、智能家居、智慧城市等领域中有广泛的应用。

人机融合中的态、势、感、知 4 个过程是相互关联的，它们之间是不断转换的。下面是它们之间的转换过程[5]。

1）态→势

态是指人的意图或目的，势是指实现这个态的动作或操作。在人机交互中，用户的态被转换成对软件或设备的操作势，如用户想打开一个应用程序，这个态就被转换成了对鼠标或键盘的操作势。

2）势→感

势可以产生反馈，这个反馈就是感。用户的操作势会产生与之对应的感，如点击鼠标时，会感觉到鼠标下面的按钮被按下了。

3）感→知

感是指感觉和感知，知是指理解和认知。用户的感觉和感知会被转换成对软件或设备的理解和认知，如用户通过触摸屏幕感知到了应用程序的界面，然后对这个界面进行理解和认知。

4）知→态

知是指对事物的认知和理解，态是指人的意图或目的。用户对软件或设备的认知和理解会影响他们的意图和目的，从而形成新的态。例如，用户对应用程序进行认知和理解后，可能形成新的意图和目的，如想在应用程序中添加一些新的功能。

概而言之，人机融合中的态、势、感、知 4 个过程是相互关联的，通过不断转换和交互，用户可以与软件或设备进行有效的交互和沟通。

综上所述，"非存在的有"思想指的是想象中的不存在的事物。对于人机融合智能来说，这个概念的出现和想象可能促进人们对科技和人类自身的思考和探究。它可能激发人们对机器智能和人类智能的探讨和对比，促进科技发展和创新。此外，人们对人机融合智能的想象也可能影响人们对未来的展望和期待，可能产生各种不同的社会和文化影响。虽然"非存在的有"思想本身并没有直接的影响，但是它可能激发人们的想象和创造力，推动科技的发展和人类的进步。

8. 人机与伦理困境

人机混合智能中，AI 的潜在危害包括以下几方面：首先，由于 AI 系统的复杂性，一旦出现故障或错误，可能导致系统失控，甚至产生灾难性后果；其次，AI 技术的发展可能导致许多工作被机器人或软件程序替代，从而导致失业和社会不稳定；再次，AI 技术可能会收集和分析大量个人数据，从而侵犯个人隐私，并可能导致数据泄露和网络攻击；又次，人工智能武器可能导致无法预测的后果，从而导致人类和环境的损害和破坏；最后，AI 系统可能会受人为因素的影响，如偏见和歧视，从而导致不公平和不平等。具体地，对以 ChatGPT 为代表的人机混合智能而言，有以下 3 个伦理需要特别关注[8]。

（1）人工智能可从大量数据中学到意想不到的行为。AI可以从大量数据中学到意想不到的行为，主要是通过机器学习算法实现的。机器学习算法可以从大量数据中提取出规律和模式，然后根据这些规律和模式预测、分类、聚类等。在这个过程中，如果数据集足够大并且具有代表性，AI就可以从中学习到新的、以前没有预料到的行为或模式。这种能力被称为"数据驱动的创新"，它可以让AI在处理数据时自主发现新的知识和洞见，并且可以应用到更广泛的领域中。

（2）人工智能生成技术的突破，世界将充斥着虚假的照片、视频和文字，普通人将"无法再辨别真伪"。这会让普通人难以辨别真实和虚假的信息，从而可能带来严重的后果和影响，如难以辨别真假信息会让人们对社会和政府的信任降低，从而导致社会信任危机；虚假信息可能被用来操纵选民的思想和行为，从而影响政治选举的结果；虚假信息可能让消费者做出错误的决策，从而影响企业和市场的运作；虚假信息可能被用来诈骗个人信息，从而导致个人隐私泄露和财产损失。因此，我们需要采取措施防止虚假信息的传播，如开发更加高效的辨别虚假信息的技术，建立更加严格的信息监管机制等。

（3）许多技术大厂面对竞争，加入一场无法停止的技术争斗之中。技术竞争既有积极的推动作用，也可能产生一些负面影响，可能导致以下局面。

① 不断扩大的投资：为了保持竞争优势，技术公司需要持续地投资于研发和创新，不断推出新产品和服务。这将导致公司不断增加投资，从而增加财务风险。

② 技术附庸风雅：某些技术公司可能会过度关注竞争对手的动向，忽视自身的技术优势和发展方向。

③ 技术标准化：竞争激烈的技术市场可能导致技术标准分裂，从而导致产品之间出现兼容性问题。

④ 用户体验下降：某些技术公司为了赢得竞争，可能会忽视用户体验，不断推出不成熟的产品和服务，导致用户体验下降。

3.4 机器自主智能与休谟问题

机器自主系统的本质是指，在特定领域中能够独立、自主地进行决策和行动的系统。这类系统通常拥有一定的感知能力、学习能力、推理能力和执行能力，可以对环境进行感知和分析，并依据内部的目标和规则进行决策和行动。自主系统的本质是基于人工智能和机器学习等技术的智能系统，具有一定的自我适应性和自我优化能力，可以通过不断学习和经验积累来提高自身的性能和效率。自主系统的应用范围广泛，包括智能机器人、自动驾驶车辆、智能家居等领域。

机器自主系统是指一种能够协同决策、自我学习和进化适应的智能系统，其核心是人工智能技术。自主系统可以分为三个层次：低级自主系统、中级自主系统和高级自主系统。

1. 低级自主系统

低级自主系统是指能自主执行简单任务的系统，如自动售货机、智能家居等。这些系统能自动感知环境、执行任务和反馈结果，但其决策能力和学习能力较为有限。

2. 中级自主系统

中级自主系统是指能自主执行一定复杂任务的系统，如智能车辆、机器人等。这些系统能够自主感知环境、做出决策和执行任务，并能够通过学习不断完善自己的行为和决策能力。

3. 高级自主系统

高级自主系统是指能自主执行复杂任务并完成创新性工作的系统，如智能医疗、智能金融等。这些系统具有强大的决策能力和学习能力，能通过自我进化和创新不断提高自身的性能和能力。

总之，机器自主系统的分级是基于其能力和功能的不同层次，随着技术的不断进步和应用场景的不断拓展，自主系统的分级也会不断演化和更新。

休谟问题是指从经验中推导出普遍规律是否有科学依据的问题，也就是所谓的归纳问题。休谟认为，人类的归纳能力是基于经验的，无法从经验中推导出普遍规律，因此，归纳推理是不可靠的。

这个问题也被称为"归纳谬误"。人机智能的关系是，人工智能也面临着类似的问题。人工智能系统在处理数据和信息时，需要进行归纳推理，从而得出普遍规律和结论。然而，由于人工智能系统的局限性，它们所处理的非结构化数据和信息比人类所接触到的数据和信息要有限得多，因此，人工智能系统的归纳能力也是有限的。这就意味着，人工智能系统在进行归纳推理时，可能出现类似于休谟问题的归纳谬误。因此，休谟问题和人工智能存在着密切的关系。解决休谟问题的方法之一是通过增加数据量和质量提高归纳推理的可靠性，这也是人工智能系统在不断进步的过程中所采取的方法之一。此外，人工智能系统也可以借鉴人类的归纳能力，通过增加系统的智能和认知能力，提高其在归纳推理方面的表现和可靠性。

同时，休谟问题涉及人类是否能通过理性思考和经验确定事物的本质和真相。机器自主智能与休谟问题的关系在于，机器自主智能需要通过算法和模型模拟人类的思维和行为，但是机器并没有自主的思考能力和感知能力，它们只能依靠人类的程序设计和数据输入进行决策和行动[9]。因此，机器自主智能并不能解决休谟问题，它只是一种计算工具和辅助工具，需要人类对其进行监督和控制。

休谟问题也是一个关于人类智能和机器智能之间差异和相似性的问题。它提出了一个问题：机器是否能像人类一样具有理性和智能。人机融合智能则是一种将人类和机器结合起来，共同完成任务的方式。在这种方式下，人类和机器各自发挥其优势，共同完成更高效、更精准的任务。因此，人机融合智能可以看作对休谟问题的一种回答，即机器和人类可以相互补充，以更好地表现智能。同时，人机融合智能也提供了一种将机器智能应用于人类社会的方式，促进社会进步和发展。

人机融合智能的问题可以简化为智能体 - 准智能体协同的问题，多个人机融合智能的问题可以简化为多智能体 - 准智能体协同的计算计问题。

多智能体（Multi-Agent System，MAS）是指由多个智能体（Agent）组成的系统。智能体是指能够感知环境、进行决策和执行动作的实体，它们可以通过交互协同工作，实现复杂的任务。多智能体系统是指由多个智能体协同工作，以实现某个任务或解决某个问题的系统。在多智能体系统中，每个智能体都有自己的感知、推理和行动能力，可以独立进行决策和执行动作。同时，智能体之间也可以通过通信和协作共同完成任务。多智能体系统通常涉及分布式计算、协同工作、决策合作等问题，因此具有很高的复杂性和灵活性，可以应用于许多领域，如智能交通、智能制造、智能环境等[10]。

准智能体（Subsymbolic Agent）是一种不同于传统人工智能中符号主义（Symbolic AI）的智能体模型。在符号主义中，智能体的知识和推理能力基于符号的逻辑推理，而准智能体则通过学习和模式识别获取知识和推理能力。准智能体的特点是不依赖于完整的符号逻辑表示，并且其行为和推理能力是由底层的数学模型和算法所决定的。准智能体可以通过机器学习算法和神经网络模型自主地获取知识和经验，并利用这些知识和经验执行任务。准智能体在一些任务上表现出比符号主义更好的性能，如图像识别、语音识别、机器翻译等领域。这是因为准智能体可以自动从大量的数据中学习到特征和模式，并且具有更强的泛化能力。简言之，准智能体是一种通过学习和模式识别获取知识和推理能力的智能体模型，较符号主义有更好的泛化能力和表现性能。

多个智能体和准智能体之间的计算和算计关系是一个复杂的系统问题，需要综合考虑信息共享、分布式和合作决策等因素，以便最大化整个系统的效率和性能[11]，具体包括：①互相协作。多个智能体和准智能体可以通过协作完成任务，每个智能体和准智能体都有自己的特定任务，它们可以通过协作完成更复杂的任务，例如，一个智能体可以提供数据，其他智能体可以对这些数据进行分析和处理。②竞争和协作。多个智能体和准智能体之间也可以存在竞争和协作的关系，当智能体和准智能体之间存在相同或相似的任务时，它们可能会竞争以获得更好的结果。但是，如果它们认为通过协作可以获得更好的结果，它们也可以选择协作来完成任务。③分布式计算-算计。在多个智能体和准智能体之间，也可以采用去中心化的方法处理计算和算计关系。每个智能体和准智能体都可以独立地处理数据和任务，而不需要一个中央处理器控制和协调它们之间的交互。④知识共享。多个智能体和准智能体之间还可以通过知识共享提高它们的计算和算计能力。如果一个智能体或准智能体发现了新的知识或技能，它可以通过共享这些知识和技能帮助其他智能体和准智能体更好地完成任务。⑤合作决策。在多智能体和准智能体系统中，每个智能体（甚至准智能体）都可以独立做出决策，但最终的决策结果需要由所有智能体（或准智能体）共同决定。这需要对不同智能体（准智能体）的意见进行整合和协调，从而达成共识并做出最佳决策。

现代的人工智能是用"不动"的工具（数据、算法、算力）解释"动"的世界。实际上，看东西只有用心才能看清楚，重要的东西用眼睛是看不见的。正如鲁珀特·里德尔（Rupert Riedl）所言：对于我们的世界来说，算法过于简单了。对于人机环境系统智能这个复杂系统而言，测试比规划更重要，试探比算法更重要。真实的人机环境系统复简往返变化常常会自动带来其属性的弥聚显隐，这也是智能决策中很难把握之处，不但需要知几/趣时/变通性的预测能力，还需要适时滞后对齐能力才能实现。

人人交流是基于心理学的，人机交互也是基于心理学的，只不过前者是双向的心理学，后者则是单向的心理学。人工智能的发展，不但带来一定的技术进步，同时也带来人们对它的认识的大混乱，尤其涉及系统博弈、社会伦理等方面，里面确实有许多当前被简化失真的地方，正如诺贝尔物理学奖获得者 P.W.Anderson 提出的"More Is Different"。这一观点认为，随着系统复杂性的增加，新的属性可能会具象化，即使从对系统微观细节的精确定量理解中也不能（容易或根本无法）预测到。智能时代，几乎所有个体都处于复杂互动之中，不仅其自身是一个复杂系统，而且它们都是更大的社会复杂系统中的一个或多个要素。有位朋友认为人工智能的正确发展方向和目标应该是"以人为主体，人机融合，充分发挥人的意识的创新性，充分发挥机器运算的高速性和准确性、存储的海量性，充分发挥人机系统与环境融合的必要性，在这个基础上形成超人的新意识，形成新的生产力和生产关系，最终形成新人、新世界。"这个人机环境整体系统发展的观点着实让人敬佩！

多主体之间的模拟计算主要是用代理基础模型实现的，这种数学方法包括离散事件模型、微分方程模型、博弈论模型、概率模型等。其中离散事件模型是最常用的模型，它将系统状态分为有限数量的离散状态，代理的行为和互动是基于离散事件的触发。微分方程模型则是用微分方程描述系统中代理的动态变化和互动。博弈论模型主要涉及代理之间的策略和利益，通过博弈论的方法研究多代理环境下的决策和互动。概率模型则是通过概率分布描述代理的行为和互动，通常用于描述随机性很大的多主体系统。这些数学方法都有各自的适用范围和局限性，选择合适的方法对多主体模拟计算的有效性至关重要。

在多智能体 - 准智能体之间的计算计协作中，意外干扰处理是非常重要的。常见的加入意外干扰处理的方法涉及：①引入容错机制。在多智能体系统中，可以引入一些容错机制，使系统能够在出现意外干扰时自动进行处理，从而减少系统的影响。②建立过滤器。建立过滤器可以帮助多智能体系统过滤一些不必要的信息，避免意外干扰对系统造成影响。③加强通信协议。在多智能体系统中，加强通信协议的建立可以帮助系统更好地识别和处理意外干扰，增强系统的鲁棒性。④设计预警系统。预警系统可以在意外干扰发生前预警系统操作人员，从而让其及时采取措施，减少意外干扰对系统造成的影响。上面这些方法可以有效加入意外干扰处理，提高多智能体系统的鲁棒性和稳定性。

最后，在多智能体 - 准智能体交互中，要让二者更快地产生信任，可以采取以下措施：①设计简洁、直观、易于操作的界面，用户使用起来容易，能快速找到所需的功能和信息，减少用户犯错的机会。②使用用户熟悉的语言和图标，以及符合用户习惯的布局和排版，让用户更容易理解和接受。③为用户提供及时、准确的反馈和提示，让用户了解系统的状态和操作是否成功，增加用户对系统的信任感。④加强系统的安全保障措施，确保用户的信息和隐私得到保护，让用户感到安全、可靠。⑤让用户了解系统的运作原理和数据处理过程，让用户感到系统是透明、可信的。⑥加强人机交互的沟通和互动，让用户感到系统在倾听和理解用户需求，能够提供个性化的服务，增加用户对系统的信任感。⑦提供良好的用户体验，让用户感到舒适和愉悦，增加用户对系统的好感和信任感。综合应用以上措施，可以帮助用户更快地建立对机器的信任感，提高多智能体 - 准智能体的效率和质量。

3.5　人机交互智能中几个困难问题浅析

3.5.1　人机之间与人人之间信任的区别

人机之间的信任与人人之间的信任存在以下异同。

1. 信任对象

人机之间的信任对象是计算机系统、算法、机器人等，而人人之间的信任对象是其他人。

2. 信任方式

人机之间的信任是基于技术、安全协议等建立的，如用户登录、数字签名等，而人人之间的信任则更多基于情感、社交关系等建立。

3. 信任程度

人机之间的信任通常是基于技术可信度建立的，可以是绝对的、可靠的，而人人之间的信任则通常是相对的、主观的，可能存在误判、偏见等。

4. 信任风险

人机之间的信任风险通常由技术漏洞、黑客攻击等因素造成，而人人之间的信任风险则通常由诚信问题、社会道德等因素造成。

人机之间的信任与人人之间的信任存在明显的区别，但是两者也有相互影响的关系，例如，人人之间的信任可以影响人机之间的信任，从而建立更加可靠的信任关系。人机之间有快信任与慢信任机制，其中人机之间的快信任机制涉及用户认证（用户可以通过登录账户或者使用身份验证工具进行身份认证，从而获得快速信任）、信誉评估（用户行为可以通过算法或者人工进行评估，评估结果可以作为其他用户快速信任的依据）、安全协议（采用安全协议如SSL/TLS等，可以保证用户之间的通信安全，从而增强信任感）。人机之间的慢信任机制包括透明度（在交互过程中，用户可以通过监视机制了解对方行为，从而建立慢信任）、社交网络（通过社交网络，用户可以了解其他用户的背景信息，从而建立基于社交网络的信任）、历史记录（用户可以通过查看历史记录，了解其他用户的过往行为，从而建立慢信任）。人机之间的快信任和慢信任机制是相互补充的，可以在不同场景中使用，从而建立更加可靠的信任关系。

3.5.2 人、机认知的区别

人机混合智能中的记忆、注意、认知负荷和自主智能分级是密切相关的，有效的人机混合设计应该考虑这几个因素的交互作用，以提高交互效果和用户体验。

注意、认知负荷和自主智能分级在人机交互中有密切的关系。注意是指个体对外界刺激的选择性关注和加工过程。在人机交互中，用户需要关注和处理大量信息，如屏幕上的文本、图像、音频和视频等。如果用户注意力不集中或分散，就会影响其对信息的理解和记忆，从而影响交互效果。

认知负荷是指个体在完成某项任务时所需的认知资源和注意力资源。在人机交互中，认知负荷通常与任务复杂度有关，如处理大量信息、执行多个任务、决策等。如果认知负荷过高，用户就会感到疲劳、焦虑和不适，从而降低交互效果和用户满意度。

自主智能分级是指根据人机交互的需求和任务复杂度，将交互设计中的自主智能分为不同的等级或层次。在人机交互中，自主智能可以帮助用户完成一些简单的任务或提供辅助信息，从而减轻用户的认知负荷和注意力压力。

1. 人类的记忆和机器的记忆

人类的记忆和机器的记忆不同之处在于：存储方式（人类的记忆是通过大脑神经细胞之间的连接和化学变化存储的，而机器的记忆是通过计算机内部的电子元件和磁盘等硬件设备存储的）、处理方式（人类的记忆是通过感官输入、加工和存储而形成的，而机器的记忆是通过程序设计和数据存储形成的）、稳定性（人类的记忆是易受干扰和遗忘的，机器的记忆则相对更加稳定和可靠）、容量和速度（人类的记忆容量和速度相对有限，机器的记忆则可以存储和处理大量数据，并且速度更快）、分类方式（人类的记忆是依据感官输入、经验和情感等因素分类的，机器的记忆则是通过程序设计和数据标签等方式分类的）。总体来说，人类的记忆是更加复杂和灵活的，而机器的记忆则更加精准和可控。但是，在某些特定任务中，机器的记忆可以超越人类的记忆，如大规模数据的存储和处理。

人类的记忆和机器的记忆可以通过配合更好地利用和管理信息。具体来说，可以通过以下几种方式实现配合：信息存储（人类可以将重要的信息存储在机器的存储系统中，以便随时访问和使用。机器可以提供稳定和可靠的存储环境，以确保信息的安全和可持续性）、信息检索（机器可以通过搜索引擎等工具帮助人类快速找到所需的信息。人类可以利用机器提供的搜索结果，更快地获取需要的信息）、信息分析（机器可以通过分析和处理大量数据，提供更深入的信息和见解。人类可以利用机器提供的分析结果，更好地理解和利用信息）、信息共享（机器可以提供便捷的信息共享和协作平台，促进团队合作和知识共享。人类可以利用机器提供的平台，更好地沟通和协作）。

2. 人类的注意与机器的注意

人类的注意与机器的注意不同之处在于：视觉注意（人类在视觉注意时，通常会关注物体的某些特定特征，如颜色、形状、大小等，机器的视觉注意则主要基于预设的算法和图像分析技术，如图像分类、目标检测等）、注意焦点（人类的注意焦点可以很灵活地根据任务需求和环境变化而改变，机器的注意焦点则通常需要通过预处理和指定的参数确定）、任务复杂性（人类在执行复杂任务时，需要同时注意多方面，并且可以灵活地切换注意焦点，而机器在处理复杂任务时则需要通过程序设计和算法优化实现）、个体特征（人类的注意力受个体特征的影响，如认知能力、情绪状态、经验等，而机器的注意力则主要受程序设计和硬件资源的限制）、自我调节（人类可以自我调节注意力的强度和持续时间，而机器的注意力则通常需要通过程序控制和硬件调节来实现）。相比之下，人类的注意力更加灵活和可适应，而机器的注意力则更加精准和可控。但是，随着人工智能技术的不断发展，机器也可以逐渐实现更加智能化的注意力处理。

人类的注意和机器的注意可以通过配合提高注意力的效率和准

确性，从而更好地完成各种任务。具体来说，可以通过以下几种方式实现配合：任务分工（人类可以负责处理更复杂的任务，而机器可以处理更烦琐的任务）、交互设计（机器可以通过合理的交互设计引导人类的注意力，从而更快地获取目标信息，如通过高亮显示或提示信息等方式）、信息过滤（机器可以对人类所面临的大量信息进行筛选和过滤，只保留最重要的信息，从而减轻人类的注意力负担）、监控反馈（机器可以通过监控人类的注意力状态，给出反馈和提示，帮助人类保持注意力的集中和稳定）。

3. 人类的态势感知与机器的态势感知

人类的态势感知与机器的态势感知不同之处在于：感知方式（人类通过视觉、听觉、触觉、嗅觉等感官感知周围的环境和态势，机器则通过传感器、摄像头、雷达、激光雷达等设备感知周围的环境和态势）、处理方式（人类的大脑可以快速地对各种信息进行整合、分析和判断，从而形成对周围环境和态势的理解和判断，机器则需要通过算法和计算处理感知到的数据，从而得出对周围环境和态势的理解和判断）、范围和精度（人类的态势感知范围和精度受到感官的限制，且受个体经验和认知水平的影响，而机器的态势感知可以通过增加传感器数量和算法优化提高范围和精度）、处理速度（人类的态势感知和反应速度受到生理和神经传递等因素的限制，而机器的态势感知和反应速度可以通过优化算法和提高硬件性能来提高）。人类的态势感知和机器的态势感知可以通过协同提高系统态势感知的效果和准确性。具体来说，可以通过以下几种方式实现协同。

（1）人机交互。人类可以通过与机器进行交互，向机器提供更多的信息和指示，从而帮助机器更准确地感知周围的态势。

（2）机器学习。机器可以通过学习人类的态势感知方式和经验，从而优化算法，提高感知准确性。

（3）信息融合。将人类和机器的态势感知结果进行融合，可以得到更全面和准确的态势信息，从而更好地应对复杂环境和任务。

（4）分工合作。人类和机器可以根据各自的优势和特点，在态势感知任务中进行分工合作，从而更高效地完成任务。

3.5.3　人机中的工作负荷问题

人类的工作负荷可以通过合理分配和协同配合实现更好的质量和更高的工作效率。具体来说，可以通过以下几种方式实现配合。

1. 自动化工作

机器可以自动完成一些重复性、烦琐的工作任务，减轻人类的工作负担，使人类更多地专注于高级别的工作任务。

2. 辅助工作

机器可以提供一些辅助工具，帮助人类更快、更准确地完成工作任务。例如，自然语言处理、数据分析等工具可以大大提高人类的工作效率和准确率。

3. 分工合作

人类和机器可以根据各自的优势和特长分工合作，共同完成一个任务。例如，机器可以处理数据分析和计算，而人类可以进行判断和决策。

4. 人机协同

人类和机器可以共同完成某个任务，互相协调和补充。例如，机器可以进行一些自动化的处理，而人类可以对结果进行分析和判断。

3.5.4　人与机器的多模态识别、情感识别不同

人类的多模态指的是人类能同时利用多种感官，如视觉、听觉、触觉、嗅觉等，对外部世界进行感知和理解。人类的多模态能力使人类能够更加全面地理解和处理信息，同时还能利用不同感官之间的互补性进行信息的补充和协同处理。机器的多模态则是指利用计算机技术和机器学习算法，通过对多种感官输入进行处理和融合，实现对外部世界的感知和理解。机器的多模态需要利用多种传感器和算法进行信息的获取和处理，能更加全面地获取和处理信息，同时还能利用不同感官之间的互补性进行信息的补充和协同处理。

人类的情感识别能够根据语言表达者的语言内容、语调、面部表情、身体语言等多种因素进行判断和推理，同时还能考虑到语言

使用者的文化背景、个性特征以及人际关系等方面的因素。人类的情感识别能够处理复杂的情感表达，如隐喻、讽刺、反讽等，同时还能够感知到语言表达者的情绪状态和情感变化。而机器的情感识别则是基于自然语言处理技术和机器学习算法，通过对语言内容、语调、语境等多方面进行分析和处理，提取情感信息[12]。机器的情感识别需要大量的数据和算法支持，能完成情感分类、情感分析等任务，但在处理复杂的情感表达、识别情感变化等方面还存在一定的困难。总体来说，人类的情感识别在处理复杂情感信息方面有优势，而机器的情感识别则在处理大规模数据和进行自动化处理方面有优势。

3.5.5　人机智能协同

在人机系统中，人类的智能和机器的智能可以通过协同实现更好的交互体验和更高效的工作流程。具体来说，可以通过以下几方面的协同来实现。

1. 人类的高层次智能与机器的低层次智能协同

人类可以通过语音、手势等方式向机器传达高层次的指令和意图，而机器则能通过识别、分析等低层次的智能技术理解人类的指令和意图，并做出相应的反应。

2. 人类的经验智能与机器的数据智能协同

人类通过长期的工作和生活经验积累了丰富的知识和技能，而机器则能通过大数据分析等技术提取大量的信息和规律。通过将这两种智能进行协同，可以实现更加智能化的决策和工作流程。

3. 人类的主观智能与机器的客观智能协同

人类的主观判断和情感倾向往往会影响决策和行为，而机器则可以通过客观分析和数据建模提供更加客观的建议和决策支持。通过将这两种智能进行协同，可以实现更加全面和准确的决策和行动。

人类的智能和机器的智能可以通过协同实现更加高效、智能和人性化的交互体验和工作流程。确定人机混合智能中人与机的任务流程需要考虑任务的性质和要求（任务的性质和要求决定了人机混合智能中人和机器各自的角色和任务。对于需要人类判断、决策和执行的任务，人类应该扮演主导角色，而机器则应该提供辅助和支持。对于需要机器进行大量计算和数据处理的任务，机器则应该扮演主导角色，而人类则可以提供指导和监督）、任务的复杂度和难度（任务的复杂度和难度决定了人机混合智能中人和机器各自所需要的智能水平和技能。对于简单的任务，人类可以通过自身的经验和技能完成，机器只需要提供基本的支持和协助。对于复杂和困难的任务，需要机器提供更高级的智能支持和协助，而人类则需要具备更高级的智能水平和技能）、任务的时间和效率要求（任务的时间和效率要求决定了人机混合智能中人和机器各自的执行速度和效率。对于需要快速响应和执行的任务，机器可以通过快速的计算和数据处理提高效率，而人类则需要快速反应和执行。对于需要深入思考和分析的任务，人类需要花费更多的时间和精力来完成，机器则需要提供更多的数据和分析支持）。

3.5.6 群体智能中的交互与个体智能间的交互

群体智能和个体智能的交互虽然都是基于信息交流和相互作用的，但是它们的交互方式和目的却存在一定的区别。群体智能的交互是指多个智能体之间的相互作用和信息交流，而个体智能的交互是指智能体与环境之间的相互作用和信息交流；群体智能的交互是基于协作和竞争的，而个体智能的交互则更多是基于适应和反馈的；群体智能的交互会导致群体内部的结构和动态变化，而个体智能的交互则更多地影响个体自身的状态和行为；群体智能的交互需要考虑群体内部的协调和组织，而个体智能的交互则更多地考虑个体的自主性和独立性。群体智能的交互是基于协作和竞争的，着重考虑群体内部的结构和动态变化；而个体智能的交互则更多地着重考虑个体的自主性和适应性。

总之，人类认知与机器认知的主要不同在于人类具有情感、意识、主观性和创造性。人类的具身、离身、反身认知是通过身体的感觉和运动实现的，这些感觉和运动与人类的思想、情感和意识相互作用，从而形成了人类对世界的理解和行为的规划。而机器的认知是通过传感器和程序编程实现的，它们能够感知和响应环境中的物理特征，但缺乏情感、主观性和创造性。此外，机器的认知是由程序编程决定的，它们不能自主地学习和适应新的环境，而人类则可以通过学习和适应改变和发展他们的认知。因此，人类的认知比机器的认知更加丰富、复杂。

3.6　为什么人机融合时常常会出现人＋机小于人的现象

为什么人机融合时常常会出现人＋机小于人的现象？即 1+1<1 的现象，从人类的感性与理性、人机结合的非数学结构性、人机融合意识、人机群论的角度可见一星，星星之火可以燎原。没有基础性的研究，再快的速度也会南辕北辙、再高的楼宇都会岌岌可危，研究人机融合智能尤其如此，严格意义上说，现有的人工智能算法（包括 GPT 中的 Transformer）依然还是人工智能的初级阶段，距离期望中的通用智能仍遥遥无期，所以更应多关注基础研究。

3.6.1　感性与理性

人类理性的因果与感性的因果是不同的，感性与理性的混合因果与前两者也不完全一致。人类感性中有弥补其中断的想象连贯性。

人类的感性因果关系是指凭借直觉和经验形成的因果关系，而理性因果关系则是指根据科学理论和逻辑推理得到的因果关系。感性因果关系容易受到主观情感和局限性的影响，有时会产生错误的判断。而理性因果关系则更加准确和可靠，能够解释和预测自然现象和社会现象，有助于人类认识和控制世界的规律。因此，我们需要在平衡感性和理性的基础上，科学地认识和应对事物的因果关系。

人类的感性具有跳跃性和想象连贯性。跳跃性指的是人类感性思维中可以不按照线性顺序跳跃地进行思考，从一个感性印象或联想跳跃到另一个感性印象或联想。想象连贯性指的是人类感性思维中可以通过想象和联想将不同的感性印象或体验联系起来，形成一个连贯的整体。这种跳跃性和想象连贯性的特点在创造性思维、艺术创作和文学作品中都有体现。

人类的理性思维中通常不具有跳跃性和想象连贯性。相较于感性思维，理性思维更注重逻辑推理、证明和分析，因此更倾向按照线性顺序进行思考。但是，在创新领域中，有时候需要跳跃性的思维来产生新的想法和创意。同时，人类的理性思维也可以通过想象和联想产生新的假设和推论，这种想象连贯性在科学研究和哲学思考中都有体现。但总体来说，相较于感性思维，理性思维更注重逻辑性和系统性。

人类感性中的想象连贯性与人类理性中的想象连贯性有所不同。感性思维中的想象连贯性通常是基于个人的情感和经验，可以通过联想将不同的感性印象联系起来，形成一个连贯的整体，这种连贯性可能是主观的。而理性思维中的想象连贯性更注重逻辑推理和系统性，是基于理性思考的假设和推论，通过逻辑关系将不同的概念和观点联系起来，形成一个连贯的体系，这种连贯性更加客观和系统化。当然，感性思维和理性思维在实际应用中往往相互交织、相互影响，两者之间并不是完全分离的。

3.6.2 数学的基础

一般而言，数学的基础可以概括为 3 条基本原则，即同一律、非矛盾律和排中律。这也被称为经典逻辑原则。

1. 同一律

同一律指同一个对象或概念在不同情境下具有相同的性质或规律。例如，两个正整数相乘的结果始终是正整数，无论这两个数是多少，这就是同一律的例子。

2. 非矛盾律

非矛盾律指一个命题和它的否定命题不能同时为真。例如，命题"今天是星期日"和"今天不是星期日"这两个命题不能同时为真，因为它们是互相矛盾的。

3. 排中律

排中律指一个命题和它的否定命题必须有且只有其中一个为真。例如，命题"明天会下雨"和"明天不会下雨"这两个命题必须有且只有其中一个为真，不能同时都为假。

3.6.3 非数学结构

数学结构是指由一组数学对象和它们之间的关系所组成的整体。数学结构可用来描述和分析各种现象，包括物理、化学、生物、经济、社会等领域中的问题。常见的数学结构包括集合、群、环、域、拓扑空间等。在数学中，不同的数学结构有不同的性质和特征，可以通过数学方法进行研究和分析。例如，群是由一组元素和一个二元运算所组成的数学结构，它具有封闭性、结合律、单位元和逆元等性质，可用来描述对称性和对称变换。而环是由一组元素和两个二元运算所组成的数学结构，它具有结合律、分配律和单位元等性质，可用来描述代数系统。

非数学结构则是指那些不基于数学模型或算法的结构，如人类语言、音乐、艺术等。这些结构基于人类的主观感受和创造力，不仅是由数学规律所描述的。

非逻辑结构和非数学结构是不同的概念，但二者存在一定的关系。非逻辑结构是指不符合严格逻辑推理规则的结构，如模糊逻辑、直觉主义逻辑、模态逻辑等。这些结构不仅是基于严格的逻辑规则，也包括人类的主观认知和判断，涉及语言、文化、情感等非数学领域的因素。二者之间的关系在于，非逻辑结构和非数学结构都是基于人类主观认知和判断的结构，不同之处在于前者涉及逻辑规则，后者则不涉及。同时，非数学结构中也可能存在非逻辑结构，如各种艺术形式中的隐喻、象征等非严格逻辑的表达方式。

人类的语言是非数学结构的。虽然语言中有一些类似数学结构的元素，如词汇、语法和逻辑，但这些元素并不是组成语言的全部。语言还包含了非数学结构的元素，如语音、语调、语气等，这些元素无法用数学符号和公式描述和解释。并且，人类的语言在表达情感、主观体验、文化价值观等方面也远远超出数学的范畴。因此，人类的语言可以被视为一种非数学的、复杂的符号系统，它具有其独有的特征和功能。

自然语言处理（Natural Language Processing，NLP）既包含数学结构，也包含非数学结构。在 NLP 的各种任务中，如文本分类、命名实体识别、情感分析、机器翻译等，都会涉及文本的表示、相似度计算、概率模型、信息熵、最优化问题等数学概念和算法。例如，词向量模型（Word Embedding）和文本分类模型（如朴素贝叶斯、支持向量机等）都是基于数学原理的模型。另外，NLP 也涉及语言学、语言哲学、认知心理学等非数学领域的知识。例如，句法、语义、语用等语言学概念，以及人类语言认知和交际的相关研究，都对 NLP 领域的技术和方法产生了影响。所以，NLP 是一个交叉学科，既包含数学结构，也包含非数学结构。

人机交互可以看成非数学结构与数学结构的交互关系。其中，非数学结构指的是人类的语言、情感、认知等方面，而数学结构则是指计算机的算法、数据结构等方面。在人机交互中，人类与计算机之间的信息交流需要通过特定的界面进行，这个界面可以是图形用户界面、命令行界面等。这些界面的设计涉及人机交互的诸多方面，包括界面的可用性、可访问性、用户体验等。因此，人机交互是一种非常复杂的交互关系，涉及多个学科领域的知识。

现实生活中的决策涉及各种复杂的因素，包括经济、社会、文化、政治等多方面，这些因素往往难以直接量化和评估。例如，政府决策可能会影响整个国家的经济发展，但是这种影响往往需要长期观察和评估才能确定。同样，企业的决策也可能影响员工的工作和生活，但是这种影响的评估也需要考虑到多种因素，包括员工的反馈、市场变化等。因此，现实生活中的决策往往需要综合考虑各种因素，进行全面的分析和评估。同时，也需要不断进行跟踪和调整，以确保决策的效果最大化。

人机融合智能可以包含结构化和非结构化的数据。例如，当人类与计算机一起处理结构化数据时，可以使用算法和规则进行计算和分析。但是，当人类与计算机一起处理非结构化数据时，如自然语言、图像、声音和视频等，就需要使用自然语言处理、计算机视觉和语音识别等技术进行处理和分析。因此，人机融合智能可包含结构化和非结构化数据。

人机融合智能中的非逻辑关系指的是人类与机器之间的互动和合作，不仅是简单的逻辑关系，还包括情感、直觉等非逻辑关系。这种非逻辑关系的存在可以使人机融合智能更加人性化、智能化，提高人机协同工作的效率和质量。同时，非逻辑关系也使机器更加接近人类，具备更多的人类特征和能力，为人们带来更好的生活体验和服务。因此，人机融合智能中的非逻辑关系是非常重要的，是未来智能化发展的趋势和方向。

这里有一个特殊的例子，中医也是一门包含非数学结构的学科。虽然中医也涉及一些数学知识，如经脉、穴位、药物的配伍等需要计算的内容，但中医理论主要是基于经验、感性认识和人类主观体验的，不是完全基于数学模型或算法的。例如，中医的诊断和治疗方法主要基于四诊法——望、闻、问、切等经验方法，而不是采用数学模型进行预测或推理。中医的理论体系是基于中华文化和哲学思想以及对人体和自然界的观察和体验而形成的，其中包含了气、血、阴阳、五行等概念和理论框架。这些概念和框架虽然可以被数字化或形式化，但其本质是非数学的，包含了人类主观认知和判断的因素。

3.6.4　机器学习不是真的智能

机器学习是人工智能的一个重要分支，它通过让计算机自动学习和适应数据完成特定任务，如分类、预测、聚类等。虽然机器学习在许多领域已经取得重大的成就，但仍然有人认为它不是真正的智能，这主要有以下几方面原因：①机器学习需要大量数据，机器学习需要大量数据来训练模型，这些数据必须是真实的、有代表性的。与人类不同，人类可以通过少量的经验学习和适应。②机器学习缺乏创造性，机器学习算法的决策是基于已有的数据和规则进行的，缺乏人类创造性的发挥。③机器学习不能模拟人类的思维过程，机器学习算法的决策过程是通过数学模型实现的，无法模拟人类的思维过程，也不能像人类一样进行推理和判断。虽然机器学习与人类的智能还存在一些差距，但它仍然是人工智能领域的重要分支之一，在许多领域取得了显著的成果。同时，随着人工智能技术的不断发展和进步，我们相信机器学习一定会越来越补充人类的智能。

人机融合智能常常导致不智能的原因主要有以下几个：①数据偏差，人机融合智能需要大量的数据作为训练和学习的基础，但是如果数据本身存在偏差，就会导致人机融合智能的结果也存在偏差，无法真正反映客观事实。②数据质量，人机融合智能所使用的数据质量也会影响其结果的准确性，如果数据质量不好，如存在噪声、缺失或错误等问题，就会影响人机融合智能的判断和决策能力。③缺乏人类判断力，人类具有丰富的经验和判断力，但是人机融合智能常会根据已有的数据进行学习和决策，无法像人类一样根据丰富的经验和判断力做出正确的决策。机器智能虽然可以处理大量数据和信息，但是如果涉及专业知识领域，机器智能往往无法取代人类的专业知识和经验。④技术局限性，目前人机融合智能技术还存在许多局限性，机器智能只能按照预设的算法和规则进行决策和处理，无法像人类一样灵活适应各种情况和变化。例如，对于复杂的情况和问题，人机融合智能还无法做出准确的预测和判断，这会导致人机融合智能的结果不够智能。⑤人机交互的问题，在人与机器智能协同的过程中，人机交互往往存在问题，如人类语言表达的歧义和机器智能的语义理解问题，这些问题会影响协同效率和准确性。

3.6.5　人机融合意识

人机融合意识是指人与机器互动后所产生的意识，即人类意识和计算机能力的融合。换句话说，人机融合意识是一种新型意识形态，将人类意识和计算机能力相互融合，从而实现更加智能化的决策、创造和行动。这种新型意识形态的产生，需要通过技术手段实现人类和计算机之间的紧密连接和交互，如脑机接口等。因此，人机融合意识并不是简单的人机互动所能实现的，而需要更深入的技术和科学探索。

在现实世界中，人机融合意识目前还没有完全实现。虽然有些研究在探索人类和计算机之间的交互和融合，但是这种融合仅是指意识上的浅层融合，是指通过技术手段将人类的意识和计算机的能力相结合，实现更高效的工作和更智能的决策。在科幻小说和电影中，人机融合意识的想象和描绘比较多，但这还只是虚构的情节，并没有更多的科学依据。

人类的意识是指人类的主观体验和感知，包括感知、思维、情感、意愿和自我意识等方面。具体来说，人类的意识包括以下几个要素：①知觉，人类能够感知外界的各种信息，包括视觉、听觉、触觉、味觉和嗅觉等。②思维，人类能够运用自己的智力进行推理、分析和判断，从而产生新的认知和理解。③情感，人类能够体验各种情感，包括喜悦、悲伤、愤怒、恐惧等。④意愿，人类能够自主地做出决策和行动，实现自己的目标和愿望。⑤自我意识，人类能够认识自己的存在和身份，并具有自我意识和自我认知。人类意识是一个复杂而神秘的领域，虽然科学在这方面已经取得了一些进展，但还有很多问题需要进一步研究和解决。

意识和感知是密切相关的两个概念，但并不完全相同。感知是指人们通过感官接受外界信息的过程，包括视觉、听觉、触觉、味觉和嗅觉等。而意识则是指人们对自身和外部世界的主观体验和认识，包括知觉、思维、情感、意愿和自我意识等方面。在感知的基础上，人们才能产生意识。感知提供了外部世界的信息和刺激，而意识则是对这些信息和刺激的加工和解释。意识使人们能够理解和认知外部世界的事物，同时也使人们能够对自身的状态和情感有所体验和反思。因此，感知和意识是相互依存的，没有感知就没有意识，没有意识也就无法对感知的信息进行解释和加工。同时，意识还能够影响感知，人们的意识状态和情感会影响他们对外部世界的感知和理解。

人类感知和机器感知是两个不同的概念，但它们之间存在一定的关系。人类感知是指人类通过感官接受外部信息的过程，包括视觉、听觉、嗅觉、味觉、触觉等。而机器感知则是指计算机和其他机器通过传感器等设备获取外部信息的过程，如图像、声音、温度、湿度等。在一些特定的任务中，机器感知可以模拟人类感知，如计算机视觉、语音识别等。通过机器学习等技术，机器可以从大量的数据中学习和识别图像、声音等信息。但是，与人类感知相比，机器感知还存在很多局限性。例如，在处理复杂场景、识别难以辨认的物体、理解语言的语义等方面，机器感知还远远不能与人类感知相媲美。虽然人类感知和机器感知在一些方面有一定的关系，但它们本质上仍然存在很大的差异。人类感知具有高度的灵活性、智能性和创造性，而机器感知则更多地依赖于预先设定的算法和模型。

人类感知和艺术感知都是指人类通过感官接受外部信息的过程，但艺术感知更强调人类的审美和情感体验。人类可以通过艺术作品感知和体验美、善、真等抽象的概念，这种体验是机器无法替代的。而机器感知和技术感知则更强调机器的数据处理和分析能力。虽然人类感知和机器感知的关系不能完全等同于艺术感知和技术感知的关系，但在某种程度上，它们也有一定的类比性。艺术作品是人类的创造物，需要人类的感性认知和主观判断，而技术则是机器的创造物，需要机器的精准计算和客观分析。在这个意义上，人类感知和艺术感知可以被看作一种"主观感知"，而机器感知和技术感知可以被看作一种"客观感知"。两者之间的关系是相互补充、相互促进的，它们共同构成了人类社会多元化的文化和科技发展。

3.6.6 情境意识与态势感知

情境意识和态势感知都是指人们对周围环境的感知和理解能力，但它们的侧重点略有不同。情境意识强调的是对环境因素的综合理解和分析能力，包括环境的物理特征、人员活动、相关规则和法律等方面的因素。而态势感知则更侧重于对环境变化的敏锐程度，包括发现和识别突发事件、异常行为等方面的能力。在某种意义上，可以说情境意识和态势感知是紧密相关的，两者相互补充。具有良好的情境意识能够帮助人们更好地理解和分析环境中的变化，从而更快地发现和识别异常情况。而良好的态势感知能力则可以让人们更加敏锐地察觉到环境中的变化，从而更好地应对各种挑战和危险。

情境意识是一个相对抽象的概念，测量情境意识是一项非常复杂的任务，需要综合运用多种方法评估被试者的情境意识水平。目前，研究者主要采用以下方法测量情境意识：①问卷调查，研究者设计一份有关情境意识的问卷，并让被试者填写。这种方法的优点是简单易行，可以快速获取大量数据。但是，由于情境意识往往是难以准确描述的，因此问卷调查的结果可能存在一定的主观性和误差。②场景模拟，研究者通过设计模拟情境的实验，观察被试者在特定情境下的表现来评估其情境意识水平。这种方法的优点是可以更加真实地模拟情境，从而提高测量结果的准确性。但是，这种方法需要花费大量的时间和精力来设计和实施实验，并且结果可能会受实验条件和被试者个体差异的影响。③观察评估，研究者通过观察被试者在特定情境下的表现，评估其情境意识水平。这种方法的优点是可以在自然环境中观察被试者的表现，而且表现更加真实。但是，这种方法也存在主观性和误差，而且需要对被试者的行为进行细致的记录和分析。

测量态势感知则可以采用以下方法：①问卷调查，设计涵盖多个方面的问题，并针对不同领域或场景进行定制，通过参与者的回答了解他们对当前情况的感知和评估。②观察，通过观察人们在不同场景下的行为和反应，了解他们对情况的感知和反应。③数据分析，通过对多个数据源的分析，如社交媒体、新闻报道、舆情监测等，了解当前情况的趋势和人们的态度。④专家评估，邀请相关领域的专家进行评估和预测，了解他们对当前情况的看法和态度。⑤焦点小组讨论，邀请一组具有代表性的人员进行讨论，了解他们对当前情况的感知和看法。以上方法可以结合使用，以获得更全面、准确的态势感知。

强化学习可以通过训练智能体实现情境意识和态势感知，提高机器人/智能体在复杂环境中的智能水平。具体步骤如下：①确定环境和状态，首先需要确定情境和状态，包括环境中的物体、人物、声音等信息，以及当前机器人/智能体的状态。②设计动作空间和奖励函数，根据情境和状态，设计动作空间，即机器人/智能体可以采取的行动。同时，设计奖励函数，即机器人/智能体在每个状态下采取动作的奖励或惩罚。③训练智能体，使用强化学习算法训练智能体，使其能在不同情境和状态下做出正确的决策。在训练过程中，智能体通过试错学习最优策略，并根据奖励函数进行优化。④测试与优化，将训练好的智能体放入实际场景中进行测试，并根据测试结果进行优化。如果智能体在实际场景中无法做出正确的决策，则需要对模型进行调整，重新训练智能体。

但是，情境意识和态势感知是非数学结构，因为它们是基于人类感知和认知的概念。情境意识是指人对周围环境和情境的感知和理解能力，包括对环境的态度、情感、语言和文化等因素的综合影响。态势感知是指人对特定情境下的情况和事件的理解和感知能力，包括对周围环境的感知及对事件的分析和判断。这些概念是基于人类的主观感受和思维模式，而不是基于数学公式或模型。因此，情境意识和态势感知是非数学结构。

同样，机器的情境意识和态势感知也都不完全是数学结构，它们是人工智能和计算机科学中的概念。情境意识是指计算机系统能够从环境中获取信息、分析信息、理解环境并做出相应的决策的能力。它需要依靠计算机视觉、自然语言处理、知识表示等技术，将感知到的信息转化为可处理的数据，并进行推理和决策。情境意识在智能交通、智能家居、智能制造等领域中有广泛的应用。态势感知是指计算机系统能够对特定环境或任务进行感知，并根据感知结果做出相应的处理和决策。它需要依靠传感器、数据融合、模式识别等技术，对从环境中获取的信息进行处理和分析，并提供相应的决策支持。态势感知在军事、安防、应急管理等领域中有广泛的应用。虽然机器情境意识和态势感知中涉及数学方法和技术，但它们本质上不完全是数学结构。

3.6.7 群论与人机

群论是一种数学分支，研究的是对称性质。具体来说，群论研究的是一种代数结构，即群（group），它具有在某些操作下保持不变的性质。群论广泛应用于物理、化学、密码学等领域，也是计算机科学中算法设计和数据结构的基础。

人机融合智能可以从群论思考的角度进行分析和研究。群论研究的是对称性和变换的理论，可以用来描述各种各样的群体行为。在人机融合智能中，可以将人和机器看作两个不同的群体，通过群论的思想，可以研究两个群体之间的交互、合作、竞争等行为。例如，在人机交互中，可以通过研究人群和机器群之间的协同作用，提高整个群体的效率和创造力。同时，还可以通过研究不同的群体结构和组织形式，优化人机融合智能系统的设计和实现。

但人机融合智能不是非对称群。人机融合智能是指人类和计算机系统之间的紧密合作和协同，以达到更高效、更精确、更优质的智能决策和行为。它涉及多个领域的知识，包括人工智能、机器学习、人机交互等。而非对称群是指群中的任意两个元素的乘积不一定等于另一个元素，它是数学中的一种概念。虽然人机融合智能中也涉及一些数学的概念和方法，但是它本质上不是一个数学结构，因此不能被归类为非对称群或其他数学结构。

群论思想可以帮助我们从整体的角度观察和分析群体行为，从而更好地理解和预测群体的态势变化，为决策提供科学的依据，如可以用来分析和理解群体内部的相互作用、信息传递和演化过程。在态势感知方面，可以将群体视为一个整体，通过观察群体内部的变化和演化，推断整个群体的态势变化。具体而言，可以采用以下步骤：①确定群体，首先需要确定研究对象的群体，如人群、物流车队、交通流等。②确定特征，确定群体的特征，如群体大小、密度、速度、方向等。③分析交互，通过分析群体内部成员之间的交互关系，如距离、密度、速度等，探究群体行为的规律。④预测演化，基于已有的交互关系，可以通过模型预测群体行为的演化趋势，并推断群体未来的态势变化。⑤实时监测，通过实时监测群体内部的状态变化，及时更新模型，进一步提高态势感知的准确性和实用性。

总之，通过群论的思想研究人机融合智能，可以帮助我们更好地理解人和机器的关系，进而提高人机融合智能系统的效率和性能。

3.7 人机功能分配与人机匹配的区别

人机功能分配和人机匹配都是指将特定的工作任务分配给人类或机器完成。但二者有一些区别：人机功能分配是指，在工作任务中根据不同的能力和特长将任务分配给适合执行的人或机器。例如，将需要高度复杂计算能力的工作分配给机器人，而将需要人类的创造力和洞察力的工作分配给人类。人机功能分配的目的是最大限度地利用人类和机器的优势完成工作任务。人机匹配则是指根据任务的性质确定适合执行任务的人或机器的类型。例如，对于需要体力的工作任务，通常选择机器执行；对于需要高度的人际交往/协调能力的任务，通常选择人类执行。人机匹配的目的是确保工作任务能被高效而正确地完成。总体来说，人机功能分配和人机匹配都是将任务分配给人或机器完成，但它们的区别在于是根据人或机器的特点而分配任务，还是根据任务性质选择适合的人或机器执行任务。

一般来说，人与人之间的任务分配通常是通过讨论、协商和分工完成的，而人机之间的任务分配则是由设定好的程序或算法自动完成的。另外，人人之间的任务分配对于参与者来说可能存在更多的不确定性和不确定因素，如个人能力、喜好、情感等因素的影响，而人机之间的任务分配则相对更为稳定和准确，因为程序或算法通常会考虑一些特定的权重、规则和流程等因素。还有，人人之间的任务分配可能需要更多的沟通和交流，特别是在解决问题或达成共识时，而人机之间的任务分配则可以在不需要太多人类干预的情况下，更为迅速和高效地完成。

人人之间交流、人机之间的交互都涉及利他和利己机制，即个体行为和决策的朝向问题，但它们的基本思想和实践方式不同。利他机制强调个体的利他行为，即个体为了他人的利益而行动。这种行为可以通过捐赠、关爱、支援等方式体现。利他机制的核心信念是互助、协作和共享，强调个体与社会群体的相互关系。而利己机制则强调个体的自我利益，即个体为个人的利益而行动。这种行为可以通过争夺、竞争、个人成就等方式体现。利己机制的核心信念是竞争和个人优越性，强调个体与社会群体的独立性。虽然这两种机制的思想和实践方式不同，但它们也存在共同点。个体行为和决策都受社会文化、道德观念和行为规范的影响。而且，在实际的生活中，个体的兴趣和目标也不是完全相互独立的。因此，利他和利己机制也可以在一定程度上相互协调和交互作用。

人机之间形成恰当的利他与利己机制需要建立在合适的规则和约束条件之上。一些基本原则如下：①相互协作和相互帮助，人机之间需要相互协作和相互帮助，以达到共同的目标。这需要人机之间相互沟通和理解，要学会接受不同的意见和想法，并尽可能考虑对方的需求和利益。②安全和优先，人机之间应该安全、高效，可靠的人应该有特权和差别对待。关键时刻，可靠的人应该有优先的机会和权利获取资源和信息，以及发展自身的能力。③共同利益优先，在人机协作与互助的基础上，保障所有人机的共同利益是至关重要的。尤其机器必须学会妥善处理有利于自己的机会，但不能损害人的利益和权益。④形成良好的奖励和惩罚机制，人机之间需要建立良好的奖励和惩罚机制，以激励积极行为，同时防止贪婪和自私现象出现。奖励和惩罚应该公正合理，根据行为和结果进行评估和执行。总之，人机之间的利他与利己机制需要依赖于公平、协作、安全、共同利益，以及奖励和惩罚等基本原则。只有在这样的框架下，人机之间才能建立起持续稳定的合作与互助关系。

虽然，人和机器都可以提供可靠的服务和结果，如在生产领域或在各种服务活动中，人和机器都能够提供高质量的结果，但人和机器都可能会出现失误，因此都需要实施质量控制措施，以确保最终结果的准确性和可靠性。由于人类和机器各自的特点和限制，机器在执行任务时通常会按照程序和算法操作，而人则更多地依靠经验、直觉和判断力，在某些情况下，人类能够处理更为复杂和灵活的任务，但在其他情况下，机器可能会更准确、高效；机器可以进行大量重复性的操作，而人类则会因为疲劳、失误等而出现乏力、厌烦等情况，因此在这方面，机器更加可靠和高效；机器出现问题时，可以被精确地定位出现的问题，而人类出现问题时，我们可能需要花费大量的时间和精力查找问题所在。所以，选择合适的人机交互协同方式可以提升工作效率和用户体验，根据不同的场景和应用，有时候更适合采用人主机辅交互方式（如面对面的交互、数据输入较少的场景、弱势群体等），有时候则更适合采用机主人辅交互方式（如大规模数据管理、对安全和隐私性要求较高的场景、数据输入较多的场景等）。

人机之间的分配、匹配问题不可避免地会涉及主观价值是怎样被嵌入客观事实中的过程。价值是指人类社会认定为有益、重要或有意义的目标、行为或物品。基于这个定义，将价值嵌入事实中是一个相对比较复杂的过程，首先是主体的认知与判断，人类是赋予价值意义的主体，人们通过自身的认知和判断来赋予物品、行为等与事实相关的价值。例如，人们通常认为道德规范是有价值的，而法律法规则是指用来保障社会有序的事实。其次有社会文化背景的考虑，不同的社会文化背景决定了人们赋予的价值不同。例如，在中国文化中，尊重长辈、传统美德等价值观普遍被认为是有价值的，而在西方文化中，个人自由和民主价值被赋予更高的价值。再次需要研究价值本身的特质，不同的价值本身具有不同的特质，如道德价值通常被认为是普遍而持久的，而美学价值则更多地与审美体验和观感相关。这些特质在将价值嵌入事实中时也需要考虑。最后应把握对社会的影响，在将价值嵌入事实中的过程中，人们通常会考虑这种价值是否对社会产生好处。通过评估它对人们的生活、道德准则等的影响，人们可以决定是否将其中某种价值嵌入事实中。总之，通过这些因素的综合衡量，人们可以逐渐将那些被视为有益的目标、行为或物品赋予价值，并将其嵌入事实中，最终实现人机之间的合理分配和有效匹配。

需要说明的是，价值是通过人们对事实的主观解释和评价而嵌入事实中的。事实本身并没有价值，它们只是客观存在的现实。但是，当人们对事实进行解释和评价时，他们会根据自己的价值观和信仰，将一些事实视为重要和有意义的，而将其他事实视为不重要或无意义的。这种主观解释和评价会影响人们的行为和决策，因此价值被嵌入了事实中。此外，社会文化和历史背景也会对人们的价值观产生影响，进一步影响他们对事实的解释和评价。

实现人机之间的合理分配和有效匹配，需要把人类的"算计"与机器的"计算"有机结合在一起。人类的"算计"是跨域的、越范畴的、异构的、非数的、普遍联系的关系"计算"，即"算计"注重非数的关系"计算"，解决数学中的"数和符号""关系和图"都解决不了的问题，通过现象看本质，是保证方向、抓住本质价值的可判定性与可计算性融合。数学的秘密并不仅在于数字、符号、图、关系本身，而在于如何运用数学的思想、方法和原理解决问题。换句话说，数学不仅是一系列数字和符号的组合，而是一种思维方式和解决问题的工具。在实际应用中，我们可以用数学的方法推导出非数的结论，如社会学、物理学、经济学、工程系统学等领域的应用，这些都是数学的秘密所在。因此，人机之间的合理分配和有效匹配秘密在于如何结合人类的"算计"与机器的"计算"思维和方法解决实际问题，而不仅是掌握一些形式化的符号和脱离实践常识的逻辑组合。

3.8　人机与诡、诈

目前，诈骗是指通过欺骗、虚假承诺、恐吓等手段，以非法占有为目的，使他人在产生错误判断或者不知情的情况下，将其财物转移给自己或者他人的行为。利用 AI 技术的诈骗行为是一种新型的犯罪手段，在智能互联时代越来越普遍，这种新型违法犯罪行为，严重影响了社会秩序和人们的生活安全。

人机与诡诈的关系可以从不同角度看待。人机融合可以提高识别和防范诈骗的能力，通过人工智能等技术的支持，可以对诈骗行为进行更加精准的识别和分析，从而有效地减少诈骗的发生，如银行可以利用人工智能技术对客户交易行为进行实时分析，可以及时发现异常交易行为，防范诈骗风险。另外，人机融合也可能被用于进行诈骗，骗子、黑客等不法分子可以利用人工智能技术构建虚假的信息或者模拟人类行为，欺骗用户做出不利于自己的决策，因此，人机融合也需要通过技术和法律手段进行监管和防范，进而得到合理的平衡和控制，以确保其正常和有益的应用。

如何将仁、义、礼、智、信等传统东方道德观念融入人机关系中已成为当前及未来智能安全领域发展的一个重要方向，可以从这几方面考虑，首先是设计师应该具备道德素养，充分考虑用户的利益和需求，尊重用户的隐私和个人信息，这需要设计师在设计过程中，考虑伦理道德和社会责任，尤其是安全防范措施，避免设计出损害用户利益的系统。其次要强调互动过程中的公平、公正、公开，在人机交互的过程中，应该尊重用户的选择和决定，避免强制用户做出不合理的选择，同时要注意适时、适处、适式提醒用户加强防备，以免上当受骗。再次要关注用户的心理体验，尽量减少用户的痛苦感，应该考虑到用户的感受和情感，更好地满足用户的需求。同时要加强用户与机器的信任关系，在人机交互的过程中，建立用户与机器的互信关系，增强用户对机器的信任，从而提高用户满意度和使用率。总之，通过把仁、义、礼、智、信等传统道德观念融入人机关系设计中，既可以提高用户体验和满意度，又可以增强用户与机器的信任关系，从而实现更好的人机共生，正可谓："智者之虑，必杂于利害。杂于利，而务可信也；杂于害，而患可解也。"（智能所要考虑的问题，总是兼顾到利与害两方面。在有利的情况下想到不利的一面，事情就可以顺利进行；在不利的情况下也能想到有利的一面，祸患就可以解除。）

2005年，图灵奖得主彼得·诺尔一直不想被称为"计算机科学家"，他更喜欢"数据学"而不是"计算机科学"，原因是这两个领域（计算机和人类知识）非常不同。在其1992年的著作《计算：人类活动》中，他拒绝接受将编程视为数学分支的编程学派，这是他对计算机科学的贡献之一。2005年，他的获图灵奖讲座的标题就是"计算机与人类思维"。"古之所谓善战者，胜于易胜者也。多算胜，少算不胜，而况于无算乎！"（古代所谓善于用兵的人，只是战胜了那些容易战胜的敌人罢了。战斗中，谋虑计划多的人可以取胜，谋虑计划少的人很难取胜，而不经过计划就用兵，就更不用说了。）这里的"算"就是指彼得·诺尔的"人类思维"算计的"算"，而不是计算机的计"算"，诈骗、诡变的本质就是在表面和实际之间制造差异，通过虚实结合，达到最终的目的。如何以攻为守、以守为攻、进则似退、退则似进，出其不意攻其无备，让各种骗子捉摸不定且无法抓住目的与意图，这或许也是反诈骗的精要所在。

真正的智能就是主体善于把趋势分解成各种虚实状态，将对方感觉到的数据信息进行知觉组合预测，并产生有利于主体的关系。如果从技术的角度看，可以理解为真正的智能需要具备分析、分类和组合大量数据的能力，并且能够预测出未来的趋势和变化。同时，这样的智能需要能够将这些分析结果转换为对自身有利的行动和决策。然而，如果从人类的角度看，这样的描述可能会引发一些讨论和争议。有人可能认为，真正的智能不应该只是为了追求自身的利益，而应该具备更高的道德和伦理水平，能够体现出对社会和环境的责任感和关注。因此，在讨论智能的发展和应用时，需要综合考虑不同的价值观和利益，以达到更加公正和可持续的目标。

虚数和实数构成的复数在数学和物理学中主要用于描述客观世界中的现象和物理量，而不是主观世界。因此，虚数和实数构成的复数不能直接用来描述主观世界和客观世界的关系。不过，我们可以借用复数的一些特性和应用比喻主观世界和客观世界的关系。首先，复数可以表示为实部和虚部的和，类比于客观世界和主观世界的关系，我们可以认为客观世界是由客观事实和客观规律组成的，而主观世界则是由人类的感受、情感和意识等主观体验构成的。这些客观事实和客观规律可以用实数表示，而主观体验可以用虚数表示。因此，复数可以被看作客观事实和客观规律与主观体验的相互作用。另外，复数在数学和物理学中具有很多重要的应用，如电磁场、波动现象、量子力学等。这些应用都是用复数描述的。类比于主观世界和客观世界的关系，我们可以认为主观体验是客观事实和客观规律的作用下产生的结果。客观事实和客观规律可以用复数描述，而主观体验则是复数的实部和虚部的相互作用产生的结果。

道德、法律和虚实之间的关系非常复杂且具有深刻的哲学背景。一般来说，道德是指一定社会群体在特定历史条件下形成的社会准则，用以规范个体和社会集体的行为。道德与法律密不可分，道德往往是法律的基础，法律也是反映道德的体现。虚实则是指真实与虚假之间的关系，虚实关系在法律和道德中都有体现。在我国，法律和道德的关系较为密切，传统的法律往往是以道德准则为基础制定的，这种法律的特点是强调在社会道德准则下人们应该遵循的行动方式。虚实之间的关系在法律和道德中也有体现。在法律方面，虚实关系通常体现在证明案件事实上，以确定真实情况和取证。在道德方面，虚实关系往往指的是诚实与守信的价值观，这些价值观通常被视为道德准则的基础。总之，道德、法律与虚实的关系是相互交融、相互作用的，它们共同构成了人类社会生活的重要基础和规范。

人机关系也可以被视为虚实融合后的复数形式化过程的一种表现形式。虚实融合是指将现实世界和虚拟世界融合在一起，使用户可以在虚拟世界中与现实世界进行交互。而人机交互是指人类与计算机系统之间的交互过程，其中包括人类通过计算机系统与虚拟世界进行交互的过程。在这个过程中，虚拟世界和现实世界不断地交互和融合，形成了复杂的人机系统。

人机反"诈""诡"之道，也就是完善负责任的"软性"和"硬性"管理措施。软管理以"人"为中心，以激发、调动人们的主观能动性为目的，依据不同的思想、特性，用组织共同的价值与文化理念、伦理道德进行人性化、人格化的柔性管理；硬管理是以"事"为中心，以达成组织绩效为目的，依靠职责体系、规章制度、行政法纪，进行程式化、有序化的强制管理。当然，这些层面的人机关系也面临着很多挑战，例如，如何保护用户的隐私和数据安全，如何避免人机交互的误解和偏差等。但是，这种人机关系的发展方向无疑是非常值得探索和研究的。

教育的目的不仅是开发智能，还有激发唤醒良知、好奇心与责任心，能够在工作、生活、学习中区别 A 与非 A、辨识是非。

3.9　论人机关系

从生理和心理方面来说，人和机器的交互需要考虑人类的感觉、注意力、记忆、思维等心理因素，以及人类的肌肉、神经、皮肤等生理因素。从物理方面来说，人机关系需要考虑物理接口、传输速率、输入/输出设备、维护保养等因素。从某种意义上讲，人机关系就是人类的生理和心理需求与机器的物理特性之间的交互和影响。理解这一关系对于设计和制造更加人性化、智能化的机器设备具有重要意义。

唯物主义认为物质是最根本的存在形式，人的意识和思想都是来自物质世界的反映和表现。唯心主义则认为意识和思想是最根本的存在形式，物质世界只是意识和思想的产物。人机关系是唯物主义和唯心主义的结合，既受物质世界的制约和影响，又受人类意识和思想的引导和影响。具体来说，在人机关系中，人的意识和思想会影响机器的运作，而机器的运作也会影响人的意识和思想。如人们对人工智能的态度和预期，会影响人工智能的研究和发展方向；而人工智能的运用和发展，也会改变人们的生活方式和社会结构，从而影响人的意识和思想。

人机关系也是辩证法和形式化的结合，既需要考虑事物的动态发展和矛盾冲突，又需要用严谨的数学和计算机科学方法实现和描述。这种结合让人类和机器能够更好地协作和交流，推动了人工智能技术的发展和应用。在人机关系中，人类和机器的交互和协作是一个不断发展和变化的过程，涉及各种各样的矛盾和斗争，人类的语言和机器的语言不同、人类的文化和机器的逻辑思维不同，等等。当然，人机关系也需要用形式化的方式描述和实现，如编程语言、算法、数据结构等。

人机关系是指人和机器的相互作用和关系。具体来说，人机关系是具体的，因为它涉及人和机器的实际交互，包括人在使用机器时的动作、决策、反应等；与此同时，人机关系也是抽象的，它涉及人类对技术的认知、理解、应用等。因此，人机关系既包括人与机器之间的具体交互行为，也包括人类对技术的认知和理解，二者相互作用，共同构成了人机关系的本质。理解人机关系的具体和抽象的结合，有助于更好地设计和应用技术，让技术更好地服务于人类的需求和利益。

智能化和自动化是现代技术发展的两个重要趋势，智能化是指计算机能够通过学习、推理和自适应模拟人类智能，自动化则是指通过机器或计算机自动执行任务，减少人为干预。人机关系的智能化和自动化结合，意味着人类和计算机之间的交互不再是单向的，而是双向的，计算机不仅能够响应人类的指令，还能够根据人类的需求和反馈进行智能化处理和自动化执行，从而更好地满足人类的需求，提高工作效率。

人类的"是非"思想与机器的"与或非"逻辑是两种不同的思维方式。人类的"是非"思想是一种二元思维方式，即认为任何事物都只有对和错、是和非两种情况，而机器的"与或非"逻辑则是一种多元思维方式，即认为任何事物都有多种可能性，可以是与、或、非等多种情况。人机关系的"是非"思想与"与或非"逻辑的结合，意味着人与机器的交互不仅是基于二元思维方式的简单回答"是"或"非"，还包括多元思维方式的复杂逻辑推理和判断。通过人类和计算机之间的相互合作，人类能够帮助计算机更好地理解复杂问题，而计算机则能够通过复杂逻辑推理和判断，提供更加准确、高效的反馈和执行方案，从而实现人机共生和智能化的目标。

人和机器的关系不仅是简单的数学模型所能描述的。人作为有思维和情感的生物，其行为和决策往往受非数学因素的影响，如个人经验、文化背景、情感等。而机器则是基于数学算法和逻辑模型运行的，其决策和行为主要受数学模型的影响。因此，人机关系是一个非常复杂的结合体，既包括人类的主观性、情感和经验等非数学因素，也包括机器的客观性、逻辑性和精确性等数学因素。在实际应用中，要充分考虑这些因素的相互作用和影响，才能更好地实现人机协同和互补，提高工作效率和质量。

人和机器的关系不仅是静态的，也是动态的。动态表征指的是人和机器的交互和沟通是时刻变化的，需要不断地根据情境和需求进行调整以适应。而静态表征则指的是人和机器的固定模式和规则，如软件程序的编写和机器学习模型的训练等。在实际应用中，人和机器的关系需要同时考虑动态和静态的因素。动态的交互和沟通需要人和机器具备灵活性和适应性，能随时根据情境和需求做出相应的调整和改变。静态的规则和模式则需要人和机器具备稳定性和可靠性，能在一定范围内保持一致和规律的行为和决策。把动态和静态因素有机结合起来，是人机关系的重要内容。

　　人和机器的关系既包含不确定性的因素，也包含确定性的因素。非确定性指的是人类行为和决策往往受多种因素的影响，包括意识、情感、社会关系等，因此难以预测和量化。而机器则是基于确定性的规则和算法运行的，其行为和决策主要受数学模型和数据的影响，因此相对可预测和可量化。在实际应用中，人和机器的关系需要同时考虑非确定性和确定性的因素。非确定性的因素需要人和机器具备灵活性和适应性，能在不确定的情况下做出相应的调整和决策。确定性的因素则需要人和机器具备精确性和可靠性，能在一定范围内保持一致和规律的行为和决策。数学模型是指用数学方法描述人机关系的模型，可以是基于规则的模型，也可以是基于数据驱动的模型。统计概率是指用概率统计方法分析人机关系中的不确定性和随机性，以此预测人类行为和计算机系统的反应。因此，人机关系是数学模型与统计概率的结合，是一种系统性的、科学化的研究方法，通过对人机关系进行建模和分析，可以更好地理解和预测人类行为和计算机系统的反应。

　　在人机关系中，统计学的概率论通常用来量化和分析数据。但是，由于机器人和人类具有不同的行为和思维方式，因此在某些情况下，统计学的概率理论可能不适用。这种情况下，就存在反统计概率的可能，在与机器人的交互中，人类有时会根据自己的情感和经验做出不可预测的行为。机器人的算法模型可能无法捕捉到这些不确定性，因此，在这种情况下，机器人预测结果的准确度可能会降低，导致反统计概率的出现。换句话说，当机器人和人类在交互中存在一些不确定性和不可预测性时，机器人的算法模型可能无法完全捕捉到这些细微的差异，从而导致统计学的概率理论失效，并出现反统计概率的情况。

在人机关系中，锚定论是指人类在做决策时会受先前信息（锚）的影响，从而偏向于与锚相关的决策；而贝叶斯是基于概率论的一种推理方法，通过不断更新先验概率和新观测数据得到后验概率。将这两种认知模型结合起来，可以更好地理解人机关系中的决策过程和不确定性。具体来说，锚定论可以帮助计算机系统更好地理解人类的行为和决策偏好，从而在设计交互界面和推荐算法时更好地考虑人类的需求和偏好；而贝叶斯方法则可以帮助计算机系统更好地预测人类的行为和反应，从而提高交互的效率和准确性。因此，人机关系可以看成锚定论与贝叶斯的结合，是一种基于认知科学的研究方法。

在人机关系中，反事实是指虚假信息或不真实的信息，而反价值则是指不符合社会价值观和道德标准的言论或行为。这两种情况常常给人类社会造成一定的负面影响。在人机关系中，反事实和反价值都可能来自人类或机器人一方。机器人可能通过自己的编程或数据输入出现反事实和反价值的情况，而人类则可能散布虚假信息或言论不当的价值观。针对反事实和反价值的情况，应该避免它们的出现，以及及时进行纠正和修正。使用机器人时，应该仔细检查和完善其编程和数据输入，避免出现反事实和反价值的情况。处理人与机器间的交互时，也应该保持谨慎和理性，避免散布不真实的信息或不当的言论。

自由与决定在人机关系中非常重要，特指人类在控制机器人的过程中享有的选择和决策的自由，而不是消极被动地听天由命。这种自由包括人类选择使用机器人的自由、机器人如何工作的自由，以及人类对机器人活动的控制权等。在这个过程中，人类可以通过设定机器人的行为规则和功能，实现他们自身的意愿和需求，并且可以根据特定的需求进行调整和改善。自由与决定也涉及机器人本身的自主决策能力，也就是说，机器人可以自主根据所设定的规则、条件和环境因素等进行自主的决策。这种自主决策能力也是算法的基础，可以有效提高机器人的智能化水平与性能。自由与决定在人机关系中具有非常重要的意义。

人机关系中的事实与价值关系是指人与机器的关系，既涉及事实性问题，也涉及价值性问题。事实性问题指机器能够提供的客观信息，如数据、事实、统计数字等。而价值性问题则是指个人主观的看法、态度、价值观，如道德、伦理、信仰、人权等问题。在人机关系中，事实与价值经常交织在一起，例如，机器可能会提供一些事实性的信息，但对于这些信息的解释和判断，往往需要人类的价值观来支持或解释。同时，人类对机器的使用往往也涉及价值性问题，如机器的使用是否合乎伦理、是否损害人类利益等问题，这些都需要人类通过自己的价值观做出判断。所以，在理解人机关系中的事实与价值关系时，需要充分考虑人的主观色彩和个人价值观的影响，同时要尊重事实的客观性和机器提供的信息，这样才能建立起良好的人机合作关系。

3.10　人机交互与脑机交互

人机交互和脑机交互都是关于人与机器的交互方式。人机交互着重人与机器的界面设计、交互方式和交互技术，目的是让人们更方便、更自然地和机器进行交互和沟通。而脑机交互则是利用人的大脑信号控制计算机或其他设备，实现人机交互的一种新型方式。虽然人机交互和脑机交互都是关于人与机器的交互方式，但它们的原理和应用场景有很大的不同。人机交互主要通过传统的输入/输出设备（如鼠标、键盘、触摸屏、语音等）实现，而脑机交互则是通过将大脑信号转换成计算机指令，实现人脑与计算机的交互，这一过程需要采集、预处理、特征提取、模式识别和指令输出等步骤。因此，人机交互和脑机交互是两种不同的交互方式，各自有其独特的优势和应用场景。

真正的智能不是简单地模拟人类大脑的神经元活动，而是通过与环境的交互学习和适应，从而达到智能的水平。类脑计算虽然能模拟人脑的某些特征，但是仍然存在许多限制和挑战，如能耗、硬件等。因此，交互式智能更能适应不同的环境和任务，更具有实用价值。从实际应用的角度看，交互式智能更容易实现，因为它不需要完全理解人脑的复杂结构和功能，而是可以通过实际的交互逐步学习和优化。此外，人机环境交互式智能更能适应不同的文化、语言和社会背景，因为它不依赖于特定的神经元活动或人类思维模式。

通过脑机交互上传意识将涉及人类意识和科技发展的许多深刻问题。虽然脑机交互技术已经取得很大的进步，但是上传意识这个想法还存在许多科学上的困难和未知的风险。如果我们能够真正实现这一技术，它可能给人类带来巨大的变革。如人类有可能突破生命的限制，实现"数字化永生"，也有可能解决许多慢性疾病和身体障碍。然而，这个想法也会引发一些道德和伦理上的问题。上传意识到硬盘是否等同于复制人类的灵魂？这是否意味着我们可以永生不灭，或者我们的意识可以被使用和滥用？这些问题需要我们深入思考和讨论。无论如何，这个想法都将是一个非常复杂和深刻的话题，需要我们充分考虑其科技、习俗、道德、伦理、法律以及人类发展的各方面。

脑神经科学是一门涉及人类大脑结构和功能的学科，其研究方法包括行为学、神经影像学、分子生物学、电生理学等多种技术手段。其中，还原论是一种基于物理化学规律解释生命现象的理论，认为生物现象可以通过物理化学规律的解释来解释。然而，生命现象是极其复杂的，完全还原到物理化学规律并不现实，因此还原论在脑神经科学中并不是唯一的研究方法。脑神经科学研究方法偏向还原论可能导致研究者忽略大脑内部的复杂互动和整体性质，可能对研究结果产生一定的局限性。因此，在进行脑神经科学研究时，需要结合多种研究方法，包括还原论和综合论，以获得更加全面和准确的研究结果。

进一步讲，虽然类脑计算可以模拟人脑的神经网络结构，但是实现真正的智能还需要考虑生命体与外部世界的交互，即感知、认知和行动等方面的问题。这需要解决复杂的人机环境系统问题，如如何将外部世界的信息输入计算系统中，如何对这些信息进行处理和理解，以及如何将这些信息转化为智能行为等。鉴于此，要实现真正的智能，应综合考虑类脑计算和人工智能等多个领域的技术，而不是简单地依靠类脑计算就可以实现的。

另外，当我们感受到某些外部刺激时，会激发唤醒我们脑部的特定区域，这些区域会变得兴奋。但是，同样的脑部区域的兴奋也可能对应不同的外部刺激。换句话说，当我们感受到不同的外部刺激时，脑部的同一区域可能会以不同的方式兴奋，即刺激与兴奋区并不是一一对应的，就是说可能出现输入／输出之间映射关系的不确定性，这也在一定程度上表明我们的大脑具有高度的可塑性和适应性，能够根据外部刺激的变化做出相应的反应。

脑机交互技术目前仍存在一些缺点，包括：①精度不高，目前脑机交互技术的精度还不够高，无法完全准确地理解人脑信号，导致交互过程中可能存在误差。②复杂性高，脑机交互技术需要使用复杂的电子设备和算法处理人脑信号，这增加了系统的复杂性和开发难度，同时也增加了成本。③适用范围有限，目前脑机交互技术主要应用于医疗和科学研究领域，尚未广泛应用于其他领域，如商业和娱乐。④隐私问题，脑机交互技术需要读取和处理人脑信号，可能涉及个人隐私问题，需要采取相应的保护措施。⑤人机交互方式不自然，与传统的人机交互方式相比，脑机交互技术需要使用特殊设备和算法，交互方式不够自然，需要进行一定的学习和适应。

人机交互和脑机交互是目前人工智能和神经科学领域的研究热点之一，它们将会对未来的人类社会产生深远的影响。对于残障人士来说，脑机交互能帮助他们掌控外部设备，实现自主生活；在游戏和教育中，脑机交互能使用户更加投入和互动。人机交互也将更加智能化，如能够自适应用户的行为和个性化需求，帮助人们更高效地完成任务。另外，随着虚拟现实和增强现实技术的发展，人机交互将更加真实、直观，让人们能更好地与计算机进行交互。

当前的人机交互和脑机交互技术还处于比较初级的阶段，研究方向主要集中在基本的生理还原论方面，距离我们在科幻电影或大家的想象中所看到的高度智能化、高度人性化的机器人和交互系统还有很长的路要走。虽然这些技术已经得到一定的应用和实践，但仍然存在许多挑战和难题需要克服，需要不断地进行研究和创新，才能实现更加智能化和便捷化的人机交互和脑机交互。

3.11　人机之间

世界并不是由孤立的独立事物构成的，而是由事物之间的相互关系构成的。事物之间的关系可以是相互联系、相互依存、相互作用的，这种关系可以是物质上的，也可以是抽象的社会关系、文化关系、经济关系等。与机器相比，人类是小数据学习、小样本决策，所以其学习与决策的机理与机器大不相同，人类更善于把握这些关系之间的价值，而不是事实性的数据。

如果我们只凭直觉认识事物，没有概念的指导，就会看不清事物的本质，容易犯错。因为我们的直觉很容易受感官和情感的影响，而概念则是经过思考和归纳总结的一种抽象思维方式，可以帮助我们更准确地理解和认知事物，于是，基于概念的机器智能作用就越发显得重要。

据报道，AI 的进展包括：①英伟达 ACE（阿凡达云引擎）游戏系统中玩家可与游戏角色进行不需要脚本的实时对话（能够记住对话历史，实现多轮对话），且角色能同时具有不同的面部表情和行为，其个性也会随时间推移而发生变化；②英伟达推出了使用神经网络可把二维视频片段转换为三维结构，在开放环境下大规模场景与数字孪生已不再遥远，其中的 Agent 可根据现有水平 / 状态和总目标，让 GPT 分解任务，自己去写代码完成这些任务，还可通过反馈机制修正代码，同时把技能存到技能库里，需要时拿出来使用，或把一些简单的技能组合成复杂的技能；③可从大脑的活动信号中重建高质量的视频图像，即所想即可显示出来；④可实现线上远程面试辅助系统，直接把面试问题变成文字，并呈现合适答案，之后直接念即可，等等。上述诸多进展反映出人工智能未来的发展趋势就是人机融合的智能。

目前最典型的代表就是有人反馈的 AIGC 方向，正在从短时记忆走向长 / 短时记忆融合，再走向注意，最后是上下文感知方向。这也是自然语言处理领域的技术发展趋势之一。随着数据量的不断增加和算法的不断优化，短时记忆模型已经不能满足处理复杂自然语言任务的需求，长 / 短时记忆融合模型可以更好地处理序列信息，提高语言模型的准确性。注意力机制的引入可以使模型更加关注重要的部分，并进一步提高模型的准确性。上下文感知则是为了更好地理解语言中的语境信息，可以更好地处理多义词、指代消解等问题。因此，这种技术发展趋势有望进一步提高人工智能的实用性和应用范围。

人机融合智能的出现，将人类和机器的智能融合在一起，使人类的行为不再受限于自身的认知能力和身体能力，并且机器的智能也不再受限于人类的程序和算法。这种融合使人类在决策和行动时，可以更加全面地考虑各种因素，不再受限于自身的局限和盲点，也不再受到机器算法的单一限制。同时，这种融合也使机器的智能不再受限于预设的程序和算法，可以更加灵活地适应各种情境和需求。因此，人机融合智能实现了自由论和决定论的融合，既保留了人类的自主权和自由选择权，也考虑了环境和基因等因素对人类行为的影响和决定。

在哲学中，自由和决定关系是一个古老的问题，涉及人类是否有自由意志和自主性的问题。自由是指人们可以自主选择和行动的能力，而决定关系则是指一切都是由先前的因果关系所决定的。这两个概念似乎互相矛盾，因为如果一切都是由因果关系所决定，那么人们的自由将受到限制。然而，在哲学上，自由和决定关系并不一定互相排斥。一些哲学家认为，虽然一切都是由先前的因果关系所决定，但人们仍然可以有自由意志和自主性，因为这种自由并不是完全不受限制。例如，人们可能受到一些外部因素的影响，但他们仍然可以在这些限制内做出选择和行动。另一些哲学家则认为，自由和决定关系是互相排斥的。他们认为，如果一切都由因果关系所决定，那么人们的自由就是虚假的，并且他们的选择和行动都是假象。这些哲学家认为，自由意志是不可能存在的，因为人们的一切行为都受到先前因果关系的限制。总之，自由和决定关系是一个复杂的哲学问题，有不同的解释和理解方式。无论哪种观点，都对人们的自由和自主性提出了挑战，同时也使我们更深入地思考人类行为和意识的本质。

"机器智能常常是决定论的体现"，这一说法意味着机器智能的决策是基于预先确定的规则和算法进行的，不受主观因素的影响。这在某些领域，如工业自动化、交通管理等方面是非常有用的，因为这些领域需要高效、准确的决策。但是，在一些需要考虑人类情感、道德、伦理等因素的领域，如医疗、司法等，机器智能的决策常常过于理性和机械化，难以体现人类的情感和判断力，容易导致不公平和偏见。因此，在使用机器智能进行决策时，需要充分考虑其局限性，并采取措施来避免不良后果的发生。

在一些特定情况下，统计概率确实可以被认为是一种决定论。例如，在一个确定的样本空间中，如果每个事件发生的概率是已知的，那么我们可以通过统计概率计算出每个事件发生的可能性，并且我们可以根据这些概率做出决定。然而，在许多情况下，统计概率并不是一种决定论。如在一个随机事件的样本空间中，我们无法准确预测某个具体事件的发生概率，因为每次实验的结果都是不确定的。在这种情况下，我们只能通过统计学方法估计事件的发生概率，并且这些概率只是一种概率性的估计，而不是一种决定论。因此，我们需要通过具体情境确定统计概率是否可以被认为是一种决定论。在一些情况下，统计概率确实可以被认为是一种决定论，但在许多情况下，它只是一种概率性的估计。面对实际问题时，我们需要综合考虑数学模型的精度和可靠性以及其他因素的影响。

人机融合智能是指将人类的智能与计算机的智能相结合，形成一个更加智能化的系统。与此同时，小数据和大数据的融合也是指将小数据和大数据相结合，形成一个更加全面、准确的数据分析系统。因此，人机融合智能和小数据与大数据的融合具有相似的特点，都是不同领域的融合，旨在提高智能化和数据化水平，实现更高效、更智能的决策和管理。这种融合关系有助于推动科技的发展。

人类的动态表征与机器的打标表征不同。人类的动态表征是指人类对事物的认知和理解是一个动态的过程，它随着我们对事物的认知和经验的积累而逐渐改变。人类的动态表征是基于我们对事物所获取的丰富的感官、情感、经验等信息而形成的一个对事物的综合认知，这种认知是非常灵活和可塑的。相比之下，机器的打标表征是指机器学习算法在训练过程中，通过对事物进行特征提取和分类标记，从而形成对事物的固定表征。这种表征是基于机器学习算法所使用的数据和特征，而不是基于机器对事物的实际理解和认知。因此，人类的动态表征和机器的打标表征有一定的区别。人类的动态表征更加灵活和综合，可以适应不同的场景和情况，而机器的打标表征则是固定的，不够灵活。同时，人类的动态表征还受到情感、道德、文化等因素的影响，而机器的打标表征则是基于数据和算法，不受主观因素的影响。

人类的归纳演绎和机器的归纳演绎都是从具体的实例中推导出

一般性规律的过程，但是它们的方式和效果有所不同。首先，人类的归纳演绎更加灵活和自由。人类能够通过对多个实例的观察和经验总结，自主地提炼出一些普适的规律。人类的归纳演绎能够考虑经验之外的其他因素，如感性经验、直觉、道德价值观等。这些因素可能对归纳演绎的结果产生影响。而机器的归纳演绎则是以程序为基础，通过对大量数据的分析和学习，从数据中自动地找出规律和模式。机器的归纳演绎通常更加精确和快速，因为机器不受主观因素的干扰，能够全面地分析数据。但是机器的归纳演绎也存在一些局限性，如需要大量的数据和算力支持，以及对数据质量的要求较高，等等。人类的归纳演绎和机器的归纳演绎各有优劣，它们互相弥补，能够在不同的场景中发挥作用。

人类的直觉决策与机器的逻辑决策不同。人类的直觉决策是通过经验、情感和直觉做出决策的过程，这种决策常常是基于个人经验和主观感觉做出的。人类的直觉决策可以快速做出决策，但是也容易受到情绪、偏见等因素的影响，导致决策质量不稳定。机器的逻辑决策是通过数学模型、数据分析和规则做出决策的过程，这种决策基于客观的数据和事实，可以消除主观因素的影响，决策质量相对更稳定和可靠。但是机器的逻辑决策缺乏人类的情绪和经验，有时不能考虑人类的主观感受和道德价值观。因此，人类和机器的决策方式各有优劣，可以相互补充。在实际应用中，可以通过人类的经验和判断来指导机器的学习和决策，在保证决策质量的同时，兼顾人类的主观感受和价值观。

人类的反思和机器的反馈有以下几点不同：人类的反思是有意

识和主观性的，可以考虑个体的情感、经验、价值观等因素，而机器的反馈是没有意识和主观性的，仅是根据算法和数据的处理结果；人类的反思可以有多种形式，如文字、语言、图像等，而机器的反馈通常是数字或图表等形式；人类的反思通常可以覆盖较广的范围和深度，可以从不同的角度和层面对问题进行思考，而机器的反馈往往只能提供局部的结果和指标；人类的反思通常是为了改善自身的思考和行为，提高问题解决能力和促进个人发展，而机器的反馈是为了优化算法，以及提高模型的准确性和效率。

机器智能不会产生语义，输出的只是符号高概率的组合，语义是人产生的。机器智能在处理自然语言时，通常通过对大量文本数据进行学习，形成一种类似于概率模型的方式，预测下一个符号的可能性。但是，这种模型并没有真正理解语言的语义含义，只是通过对符号的组合进行计算来输出结果。相比之下，人类在使用语言时，通常是通过对语言的含义进行理解和推理，来产生语义。人类能够根据上下文和背景知识，对语言进行深入分析和解释，从而真正理解语言的含义，这是机器智能所缺乏的能力。因此，从这个角度看，机器智能确实不会真正产生语义，而只是输出符号的高概率组合。但是，随着机器智能的不断进步和发展，也有可能出现一些新的技术和算法，能够更好地模拟人类的语言理解能力，从而更好地产生语义。

感性是理性之间的虫洞，能够穿越事物之间关系的壁垒和屏障。感性和理性是两种不同的认识方式，感性更强调主观体验和情感因素，而理性更注重客观事实和逻辑推理。然而，这两种认识方式并不是完全独立的，它们之间存在交互和互动。"虫洞"比喻了感性与理性之间的一种连接方式，它能够穿越事物之间的壁垒和屏障，使我们可以通过感性的体验和理性的思考，更加全面和深入地认识事物。因此，这句话表达了感性与理性之间的一种协同关系，强调了感性和理性的互补性和重要性。

随着科学技术的进步，人类与机器的交互越来越频繁，互联网、物联网的出现使物与物之间也能相互通信。这种紧密的融合已经成为我们生活的一部分。在这个新空间（有人称之为元宇宙或新型人机环境系统）中，人类的角色也发生了变化。人们不再只是单纯地使用机器和事物，而是与它们共同构建和塑造这个新空间。同时，机器和事物也通过不断学习和优化，更好地适应和服务于人类的需求。当然，这种融合也带来一些挑战和风险。如机器或者事物可能会出现故障，导致人类的生活受到影响；机器和事物的智能化也可能给个人隐私带来威胁。因此，我们需要在尽可能保证人类福祉和安全的前提下，推动人、机器更加紧密、平等和可持续地融合。

3.12　人机交互中利己与利他机制浅析

利己和利他机制是社会中两个重要的行为模式。利己机制指个体在行为中追求自身利益最大化，而忽略他人的利益；利他机制则指个体在行为中关注他人的利益，尽力为他人谋福利。在社会中，利己和利他机制是相互作用的。一方面，利己机制一定程度上可以促进经济发展和社会进步。个体追求自身利益最大化，会努力创造财富和价值，从而推动社会的发展。另一方面，利他机制则可以促进社会和谐和稳定。个体关注他人的利益，会减少冲突和争斗，增强社会的凝聚力和合作性。

在实际生活中，利己和利他机制通常是相互依存的。例如，在商业中，企业追求自身利益的同时，也需要考虑消费者的需求和利益，否则将会失去市场和声誉。在政治中，政府需要考虑整个社会的利益，而不仅是特定群体的利益，否则将会失去民意支持。在人机交互中，利己与利他机制是相辅相成的，人机之间需要平衡和协调。只有在充分考虑两方面的因素之后，才能够实现人机交互的最佳效果和最大利益。但是，当前人机关系中的利己和利他机制差异依然巨大。

人机之间的利己与利他是由各自的目标和需求所决定的。对于机器而言，其目标是为用户提供最佳的服务和体验，以获得更多的使用和认可。在这个过程中，机器会考虑自身的利益，如提高竞争力、降低成本、提高效率等。同时，机器也会考虑利他性质，如提高服务质量、保护用户隐私、遵守法律法规等。

对于人类而言，其需求和目标是多种多样的，如获得便利、节约时间、获得准确信息等。在与机器交互时，人类也会考虑自身的利益，选择最适合自己的产品和服务、获得最优惠的价格等。同时，人类也会考虑利他性质，如选择环保和可持续发展的产品、支持慈善事业等。同样，人类的语言并不是客观中立的，它会因为不同人的背景、文化、身份、经验等因素而产生不同的意义和影响。对于一些人来说，某种语言可能是平面镜，可以清晰地反映出现实；而对于另一些人来说，同样的语言却可能是哈哈镜，会扭曲或歪曲现实。我们在使用语言时要考虑不同人的不同背景和立场，尽量避免使用可能会冒犯或歧视某些人的词语和表达方式。与此同时，我们也应该学会倾听不同群体的声音和观点，尊重他们的文化和价值观，以建立一个更加包容和谐的社会。对于这种复杂的状况，GPT或类GPT机器智能还很难实现。

利己和利他是人机环境系统社会和文化中一个重要的问题，涉及安全、效率、道德、伦理、社会价值观等方面。在人机交互中，利己和利他也是一个需要考虑的问题，人机之间的利己与利他在交互过程中相互影响和调整。在实际的交互中，人类和机器都应考虑如何在利己与利他之间取得平衡，以获得最佳的交互效果和体验，这也是实现人机交互中真正"互"的关键、人机融合智能中真正"融"的核心。随着人工智能技术的不断发展，机器也具有了一定的智能，但是机器的利己和利他的关系还不是十分明确。这意味着，人类需要进一步思考和探讨如何在人机交互中平衡利己和利他的关系，以实现合作共赢的目标。在此基础上，我们可以更好地利用机器智能技术，提高生产力和社会福利水平，同时避免机器对人类生活和社会价值的负面影响。

3.13 人机智能与因果关系

苏格兰哲学家大卫·休谟认为因果关系很难被认识，主要是因为他认为我们的认识是通过经验得来的，而经验只能告诉我们事件的先后顺序，而不能告诉我们事件之间的必然联系。他提出了"常见的联想"（常见的经验）和"原则的联想"（基于逻辑和因果关系的推论），认为前者不能推导出后者。因此，我们无法通过经验得知两个事件之间的必然联系，即我们无法确定因果关系。他认为，我们所谓的因果关系只是通过我们的经验和惯性形成的一种习惯性的想法，并不是真正的必然联系。

除休谟外，还有许多哲学家、科学家和数学家都对因果关系进行了深入研究，亚里士多德是早期对因果关系进行系统研究的哲学家之一，他认为因果关系是自然中最基本的关系之一，卡尔·波普尔曾使用"反证法"证明因果关系的存在，费尔巴哈提出了"基础-超结构"理论，认为因果关系是在基础结构和超结构之间的关系，爱因斯坦在相对论中认为时间和空间的结构是影响因果关系的重要因素，路德维希·维特根斯坦在《逻辑哲学论》中提出了"因果关系是形式上的"，认为因果关系是通过语言规则形成的。这些人的研究对于我们理解因果关系的本质和意义有着重要的贡献。

人机融合智能是指人类与计算机等人工智能设备进行深度融合，通过互相补充、互相学习、互相协作，实现更高效、更智能的工作和生活方式。在这个过程中，相关、因果、普遍联系是人机融合智能中的三个重要概念。相关性是指人类与机器的相互影响关系。在人机融合智能中，人类可以通过机器的帮助更加深入地了解问题的本质，并根据机器的分析结果做出更加明智的决策，机器也可以通过人类的反馈提高自身的智能水平。人类可以通过机器的分析结果更好地理解事物之间的因果关系，机器也可以通过人类的指导和反馈更好地学习和理解因果关系。普遍联系是指人类与机器之间的紧密联系，人类和机器之间的联系越来越密切，彼此的信息交互和学习也越来越频繁，这种联系不仅在工作和生活中出现，还可以在人类与计算机之间建立更加深入的沟通和交流，从而创造更多的机会和可能。

人机之间不是简单的单因单果问题，而应是多因多果多元多维问题。当前社会活动中，人类与各种智能机器的互动日益频繁，而这种互动不仅是简单的输入和输出，而是涉及各种不同的因素和维度，人机矛盾可以通过不断发展和改进人工智能和计算机技术来解决，如通过自然语言处理、机器学习、深度学习等技术，可以让机器更好地理解人类语言和行为，并且更准确地响应人类的需求，同时，我们也需要思考人类与机器之间的权力关系、隐私保护、数据安全等问题。针对这些棘手问题，需要技术、社会等多方面的共同努力来解决。

因果关系是自然界中的普遍规律，它描述了事件之间的因果联系。万有引力定律、相对论、量子力学是物理学中的重要理论，它们描述了自然界中不同层次的现象和规律。在物理学中，因果关系是一个非常重要的概念，它与万有引力定律、相对论、量子力学有着密切的关系。例如，万有引力定律描述了物体之间的引力作用，这种引力作用是由物体之间存在的引力场所引起的。相对论则描述了物体在高速运动和强引力场中的行为，它改变了牛顿力学中的一些基本概念，如时间、空间和质量等。量子力学则描述了微观粒子之间的相互作用，它揭示了微观世界的奇妙性质，如量子叠加和量子纠缠等。

因果关系与人工智能中的数据、算法和算力之间有密切的关系。因果关系是指某个事件或因素引起另一个事件或结果的关系。数据是指收集到的信息，而算法是通过对数据进行处理和分析，发现数据之间的关系，最终得出结论的一种方法。算法的效果和准确性与算力的强弱直接相关，算力越强，执行算法的速度和效率就越高，能够处理更大规模的数据。在实际应用中，因果关系的发现需要大量的数据和算法支持，同时需要足够的算力才能进行高效的数据分析和处理。数据的质量和数量对于因果关系的发现和算法的准确性都具有重要意义，而算力的提升可以带来更加高效和准确的算法结果。因此，因果关系、数据、算法和算力之间的关系密不可分，它们相互依赖和支持。

人机关系中最重要的不是数据、算法和算力，而是人性、情感、沟通和信任。当人与机器交互时，数据、算法和算力提供了技术支持，但真正实现交互的是人类的情感和沟通能力。如果没有人性和情感的参与，即使拥有最先进的技术，也无法实现真正的人机交互。在现代社会中，人机关系越来越密切，人们需要通过各种设备和技术与计算机进行交互。这时，人们需要通过语言、文字、图像等方式表达自己的意愿和情感，计算机则需要理解这些信息并做出相应的反应。这就需要人与计算机之间建立起信任和沟通，只有这样才能实现真正的人机交互。

因果和假设之间存在着密切的关系。假设是指在某种条件下，

可能发生的某种结果。而因果是指某个事件或行为直接或间接导致
了某个结果的关系。因果关系需要基于假设进行推断，即在某种情
况下，事件 A 是否导致了结果 B。因此，可以说假设是因果关系推
断的基础。同时，因果关系的确定也需要基于假设进行验证和检验，
即在不同条件下，是否能够重复得到同样的结果，从而验证因果关
系存在或不存在。因此，因果和假设之间是相互依存、相互影响的
关系。

因果和类比是两个不同的概念，但它们之间存在一定的联系。
因果关系通常基于对事件和结果之间的因果机制和因果作用的推断
和研究。例如，吸烟导致肺癌的关系就是一种因果关系。类比是指
在不同的事物之间寻求共同点和相似性，从而进行推理和比较的方
法。例如，通过比较人类和猿类的相似之处，推断人类的进化历程。
尽管因果和类比是两个不同的概念，但在某些情况下，它们可能相
互作用。当我们无法直接观察到两个事件之间的因果关系时，可以
通过类比推断它们之间可能的因果关系。我们可能会比较类似的事
件和结果，从而推断它们之间的因果关系。

因果和想象是两个存在一定联系的概念。想象是指在头脑中创
造或重建一种情境或事物的能力。想象力是人类思维活动中非常重
要的一部分，可以帮助人们激发创造性思维和发掘潜在可能性。当
我们无法直接观察到两个事件之间的因果关系时，也可以通过想象
构建可能的因果机制和因果关系。我们可以使用想象推断事件和结
果之间可能的因果关系，从而指导我们进行实验或观察。但是，想
象只是一种启发性的工具，不能完全替代因果研究的必要性。在进

行因果研究时，我们需要基于实证数据和科学方法进行推断和验证，从而确保因果关系的准确性和可靠性。

因果关系和统计概率之间存在一定的联系，但它们并不完全等价，需要根据具体情况进行分析。在某些情况下，因果关系可以通过统计概率表达。例如，如果吸烟者患肺癌的概率是非吸烟者的两倍，那么我们可以说吸烟是导致肺癌的因素之一。但需要注意的是，统计概率并不能证明因果关系的存在，因为存在其他因素可能导致这种统计结果，也就是说，相关性并不等于因果关系。

人机群体智能中的因果关系是指人机群体智能中的每个个体之间相互作用的结果，这种相互作用可能产生一系列的影响和变化。在人机群体智能中，个体之间的因果关系通常是非线性的、复杂的和动态的，因此很难进行精确的预测和控制。处理人机群体智能中的因果关系时，通常采用的是模型和数据分析的方法。建立数学模型和模拟实验，可以帮助我们更好地理解群体智能中的因果关系，并预测可能的结果。另外，对于大规模的人机群体智能系统，可以使用机器学习和人工智能等技术，对数据进行分析和挖掘，从而发现潜在的因果关系和模式。

3.14　人机交互不是人＋机

人机交互不是简单的人＋机，其本质是人、机、环境系统之间的交互。在这个系统中，人和机器不是孤立地存在，而是在特定环境下相互影响、相互作用的一部分。这种交互关系的本质在于，人和机器之间的交互不仅是单向的，而是相互作用的多向过程，双方都会受到对方或自身的影响。这种交互的本质特征对于设计和开发人员、使用和维护人员来说尤其重要，这些人员需要考虑人和机器之间的相互作用和影响，以及环境对这种交互的影响。他们需要将用户的需求、机器的功能和环境的因素全部考虑进去，以实现最佳的人机交互体验。

在智能人机交互中，人的智能和机器的智能需要相互匹配，从而实现更加智能化、便捷化、高效化的交互体验。因此，智能人机交互需要注重人的主体地位，尊重人的需求和体验，同时充分发挥智能机器的优势，使人和智能机器能够真正地协同合作，达到更好的交互效果。

不同的人与机器的交互效果是不同的。高手与机器的协同合作更注重人类专家的主导地位和机器的辅助作用，而低手与机器的协同更注重机器的自动化和智能化程度。高手与机器的协同通常指的是专业领域的专家与机器的协作，此时，机器可以提供强大的计算能力和数据处理能力，以协助专家做出更准确的决策，专家可以利用机器获取更多的信息并加速工作进程。机器在这种情况下扮演的是辅助角色，专家仍然是主导者。低手与机器的协同更多的是指一般普通人与机器的合作，即机器可以扮演更主导的角色，协助人们完成更多的任务，就像自动驾驶汽车可以帮助司机导航和避免事故，在这种情况下，机器需要更智能化和自动化，以便更好地与人类互动。

在人与机器的协同交互过程中，应该根据具体情况决定何时以事实链为主，何时以价值链为主。一般来说，在涉及客观事实的问题上，应该以事实链为主，而在涉及主观价值的问题上，应该以价值链为主。对于客观事实，机器可以提供更加准确、全面的数据和信息，人类可以通过分析和解读这些数据和信息得出更加科学、客观的结论。在这种情况下，应该以事实为主，以机器提供的数据和信息为基础，通过人类的分析和判断得出结论。对于主观价值，人类具有更强的判断和决策能力，可以考虑更多的因素和影响因素，从而得出更加符合实际情况的决策，此时应该以价值为主，以人类的判断和决策为基础，通过机器提供的数据和信息辅助决策。另外，在大多数情况下，人机环境系统交互过程中常常是事实链与价值链纠缠叠加在一起的，这就大大增加了分析/判断/预测交互过程的难度：如在信息检索和分析领域，通常以事实为主，因为这些任务需要机器提供大量的数据和信息，人类需要通过分析和解释这些数据和信息得出结论；在医疗诊断领域，通常以事实为主，因为这些任务需要机器提供大量的医学数据和病例信息，人类需要通过分析和判断这些数据和信息做出正确的诊断。而在智能客服和助手领域，通常以价值为主，因为这些任务需要机器与人类进行自然语言交互，了解人类的需求和意图，并提供相应的服务和建议，机器需要理解人类的价值观和需求，以及如何在实践中实现这些价值和需求。同样，在人机协作和机器学习领域，通常也以价值为主，因为这些任务需要人类和机器合作，共同完成一些复杂的任务，人类需要提供一些主观价值和目标，机器需要通过学习和优化实现这些目标。

人机交互中，机器传感器的不完备性可能导致人的体验感受不佳。为了避免这种情况，可以通过以下方法进行有效性弥补：①增加反馈机制，机器可以通过多种方式与人进行交互，如语音、图像、震动等，这些反馈机制可以让人更直观地感受到机器的响应。同时，机器也可以通过反馈机制了解人的需求和反应，从而更好地适应人的行为。②提供个性化服务，人们使用机器时，有时会发现机器提供的服务并不完全符合自己的需求。这时机器可以通过分析用户的行为和反馈，提供更个性化的服务，从而提高用户的满意度和体验感受。③优化交互设计，机器的交互设计应该符合人类的认知和行为习惯，这样才能更好地与人进行交互。机器可以借鉴人类的交互方式，如手势、语音等，提高交互的自然度和流畅度，从而更好地满足人的需求。④加强用户教育，机器的不完备性往往是因为人对机器的使用不够熟练，或者没有充分了解机器的功能和限制。因此，机器可以通过提供用户教育，让用户更加深入地了解机器的使用方法和特点，从而更好地适应机器的不完备性。

测试评价人与机器不同水平的交互绩效需要考虑多个因素。以下是一些可能的测试方法和评价指标：①任务完成时间，测试被试在完成特定任务时，与机器交互所需的时间。时间越短，交互绩效越好。②准确率，测试被试在完成特定任务时，与机器交互的准确率。准确率越高，交互绩效越好。③用户满意度，通过问卷或访谈等方式，对被试的交互体验和满意度进行调查。满意度越高，交互绩效越好。④工作负荷，通过心理学测试等方式，测试被试与机器的交互是否会对其产生过大的认知和情感负荷。负荷越小，交互绩效越好。⑤交互效率，测试被试与机器的交互是否符合人类认知和行为特征，是否能够提高交互效率。交互效率越高，交互绩效越好。⑥可用性，测试被试是否能够在不同的场景和环境下有效地与机器交互。可用性越高，交互绩效越好。⑦学习效果，测试被试是否能够通过与机器的交互，获得更好的学习效果。学习效果越好，交互绩效越好。总之，测试评价人与机器不同水平的交互绩效需要考虑多个因素，包括任务完成时间、准确率、用户满意度、工作负荷、交互效率、可用性和学习效果等。选取适当的测试方法和评价指标，可以更全面、客观地评估交互绩效，为交互设计和优化提供参考。

目前，人机交互有 3 个瓶颈问题。首先是人类因素，即人类的认知和行为方式可能会限制人机交互的效率和准确性。例如，人的记忆容易遗忘和混淆，人的反应速度和注意力有限，人对界面设计的理解和接受程度不同，等等。其次是技术因素，当前的人机交互技术仍然存在一些局限性。例如，语音识别和自然语言处理技术在特定情况下仍然存在误识别和误解的问题；手势识别技术在复杂场景下的准确度也有待提高；虚拟现实技术在体验上仍然存在局限性，等等。最后是设计因素，人机交互的设计也会影响其效率和准确性。例如，界面的布局和颜色搭配可能影响用户对信息的理解和反应，界面元素的大小和位置也会影响用户的操作效率和准确性，等等。解决这些瓶颈问题需要多方面的努力，包括改进技术、深入了解用户需求、优化设计等。

人机交互中，人和机器之间的互补性是一个非常重要的问题。虽然人和机器各有优势，但是要让它们真正实现互补，还有很多技术和方法需要解决。其中，人和机器之间的语言交流是一个关键问题，尽管目前的自然语言处理技术已经非常发达，可以实现人机之间的语音交互，但是，机器的语音识别和自然语言理解能力还需要提高，才能更好地理解人类的意图和需求。还有，人和机器之间的感知和认知能力也存在差异。人类有很强的感知和认知能力，可以通过视觉、听觉、触觉等多种感官感知和理解世界。而机器的感知能力还比较有限，需要通过传感器等设备获取信息，要实现人机互补，需要更好地融合人类和机器的感知和认知能力。此外，人和机器之间的合作和协作也需要更好地实现。人类和机器都有自己的思考方式和行为模式，要让它们协同工作，需要建立更加灵活、高效的合作模式。同时，还需要考虑人类和机器之间的权责问题，确保合作过程中的公平、透明和可控性。

要有效地实现人机交互中人与机器之间的有效互补，可以从以下几方面入手：① 设计符合人类认知和行为特征的交互方式，人机交互的设计应该尽可能符合人类的认知和行为特征，如人类的注意力、记忆、思维方式和行动习惯等，以便更好地适应人类的需求和习惯。此外，还应该考虑不同人群的差异，如老年人、残障人士等，以便更好地实现人机互补。② 提高机器的感知和认知能力，机器的感知和认知能力的提高可以通过不断引入新的技术手段实现，如深度学习、计算机视觉、自然语言处理等。通过这些技术手段，可以让机器更好地理解人类的需求和意图，从而更好地实现人机互补。③ 建立灵活高效的合作模式，人机交互中，人和机器之间的合作模式应该尽可能灵活、高效，以便更好地适应不同的场景和需求。例如，在某些场景下，人类可以通过语音或手势控制机器，而在另一些场景下，机器可以自主完成任务，减轻人类的负担。④加强人机之间的沟通和交流，人机交互中，人和机器之间的沟通和交流非常重要。要实现人机互补，需要加强人机之间的沟通和交流，以便更好地理解彼此的需求和意图。此外，还需要建立有效的反馈机制，以便及时修正不足和改进交互体验。总之，要有效实现人机交互中人与机器之间的互补性，需要综合考虑技术、方法和人文社会因素等多方面因素，不断探索和创新。

人机交互既可以带来进步，同时也可以带来某种退步，例如，许多前辈的钻研能力之所以更强，是因为当时计算机能力较弱，他们必须使用人脑处理各种疑难杂症，这样一来，对大脑的开发程度要求更高，就必须有更强的钻研能力，许多伟大的发明就会不断出现，如微积分、《道德经》、电磁理论、《孙子兵法》等。

3.15　人机中的事实与价值并浅论客观与主观

在科学研究中，"先信仰后理解"指的是在进行科学实验或研究之前，研究者需要先有一种信念或假设，然后通过实验或数据分析验证或证明这种信念或假设是否成立。这种方法的重要性在于，科学研究需要有一个明确的研究目的和研究问题，否则研究者将无从下手。研究者需要先有一种信念或假设，指导研究的方向和方法。例如，一个科学家可能有一个假设，认为某种药物可以治疗某种疾病，然后通过实验验证这个假设是否成立。在这种情况下，研究者需要"先信仰后理解",即先有一个信念或假设,然后通过实验验证或证明这个假设是否成立。但是,需要注意的是,这种方法并不是盲目的信仰,而是建立在科学方法和实证数据的基础上。研究者需要通过实验和数据分析验证或证明他们的假设是否正确,如果实验结果与假设不符,他们需要重新考虑和调整他们的假设。

在人机交互中,也可能存在"先信任后理解"的部分。这是因为人们在使用新的技术或产品时,往往会先形成一定的信任或预期,然后才会尝试理解其具体的功能或操作方式。例如,一个人可能会对某个智能音箱产生强烈的信任,认为它可以帮助自己解决许多问题,然后才会学习如何使用它。另外,人们的信任和预期也可能影响他们对人机交互系统的评价和使用习惯。如果一个人对某个产品持有负面信任或预期,那么他可能更加倾向于寻找和强调其缺点,而忽视其优点。因此,在设计人机交互系统时,需要考虑用户的信任和预期,并尽可能提供明确、准确的信息,以帮助用户建立正确的理解和期望。

一般情况下,当事实与价值不一致时,我们应该优先选择价值观。因为价值观是我们个人或者社会的核心信仰和行为准则,它决定了我们如何看待世界、行事、选择和判断。事实是客观存在的,但是我们对它的理解和解释是由我们的价值观所驱动的。因此,当事实与我们的价值观冲突时,我们应该首先审视我们的价值观是否正确,是否需要调整。如果我们的价值观是正确的,那么我们应该尽可能地改变或者调整事实,以符合我们的价值观。如果我们的价值观是错误的,那么我们应该努力改变自己的价值观,以更好地适应现实。在做出选择时，我们应该以价值观为基础，同时尊重事实和科学，秉持客观公正、合理合法、人类尊严等价值观念，做出符合我们信仰和良心的决策。

但在人机交互中，当事实与价值不一致时，我们常常优先选择事实。因为人机交互的目的是更好地服务用户，提高用户体验。事实是客观存在的，它直接影响用户的操作和体验。如果我们优先选择价值观而忽略了事实，可能导致用户操作困难、体验不佳，最终影响产品的使用和推广。因此，我们在人机交互中应该以事实为基础，同时尊重用户的价值观和需求，提供更符合用户期望和行为习惯的产品和服务。在选择时，我们应该以用户需求和体验为出发点，注重人性化设计和用户体验，同时尊重科学和技术的发展，不断提高产品的质量和性能，实现人机交互的最佳效果。

在博弈决策中，当事实与价值不一致时，我们也往往优先选择事实。博弈决策的目的就是在不确定的环境中达到最优的收益。如果我们优先选择价值观而忽略了事实，可能导致我们做出错误的决策，进而影响我们的收益。所以，在博弈决策中，我们应以事实为基础，同时尊重自身的价值观和利益，选择最符合实际情况的策略和行动。在选择时，我们应该注重分析和预测，尽量减少不确定性的影响，同时考虑对手的行为和反应，寻求最优的解决方案。在实际操作中，我们应该遵循公平、合理、合法等价值观，坚持诚实信用、诚信守约等原则，实现博弈决策的最佳效果。

造势和顺势是博弈决策中两种不同的策略。造势是指通过制造一定的声势和影响力，掌握主动权并对对手施加压力的策略。例如，在谈判过程中，一方可以通过媒体等渠道发布一些有利于自己的消息，增加自身的谈判筹码，让对手在谈判中更倾向于自己的利益。造势的优势在于能够占据主动权，掌握谈判节奏，但也可能会让对手产生不满和反感，导致谈判失败。顺势则是指根据当前的形势和趋势，选择合适的策略应对情况的策略。例如，在股市投资中，投资者可以根据当前的市场走势和趋势，选择适合的股票和投资方案，获取更好的收益。顺势的优势在于能够顺应形势，减少风险，但也可能会错过一些机会。在博弈决策中，选择造势还是顺势，需要根据具体情况决定。如果自身实力较强，可以选择造势，掌握主动权，达到更好的效果。如果自身实力较弱，可以选择顺势，降低风险，避免损失。无论是造势还是顺势，都需要在分析和预测的基础上做出决策，尽量减少不确定性的影响，实现最优的效果。

在人机交互中，信息的客观事实性和主观价值性是两个不同的概念。客观事实性指的是信息本身所包含的客观事实或者数据，而主观价值性则是人们对这些客观事实的主观评价或者解释。为了剥离信息的客观事实性和主观价值性，可以采取以下几种方法：①明确信息的来源和信度。对信息的来源和信度进行评估，可以帮助我们分辨信息的客观事实性和主观价值性，选择可信度高的信息。②分离数据和解释。处理信息时，可以分开考虑数据和解释。首先确定信息中所包含的数据，再进行客观分析和解释。③多方面考虑。处理信息时，我们需要考虑多方面因素，包括历史、文化、社会背景等因素，以便更好地理解信息的客观事实性和主观价值性。④保持客观态度。处理信息时，我们需要保持客观的态度，尽可能避免对信息进行主观解释，从而更好地理解信息的客观事实性和主观价值性。总之，在人机交互中，剥离信息的客观事实性和主观价值性需要我们对信息进行客观评估、分离数据和解释、多方面考虑和保持客观态度。

人机交互是现代社会中非常重要的一部分，人们使用各种设备和软件完成工作和娱乐，但是有时候机器的智能化和便捷性可能导致人们在交互过程中失去了注意力和专注力。因此，人们需要注意保持自己在交互过程中的专注力和注意力，不要被机器的便捷性迷惑，以免影响交互效果和个人体验。同时，设计者也需要在设计人机交互系统时考虑用户的心理需求和体验感受，以提高用户的参与度和满意度。

在人机交互中，事实与价值的对齐是非常关键的，但是在某些情况下，出于各种原因，事实与价值可能无法完全对齐。在这种情况下，如何做出决策就显得非常重要。首先，我们需要明确事实与价值的概念。事实指的是客观存在的事物或现象，而价值是人们对这些事物或现象的评价或看法。在人机交互中，事实与价值的对齐意味着人们对机器所提供的信息和建议能认同和接受。然而，在现实生活中，由于各种因素的影响，事实与价值可能无法完全对齐。例如，机器可能会根据算法和数据给出某种建议，但是这种建议可能与人们的价值观不符。在这种情况下，如何做出决策就需要考虑多种因素，包括事实的可靠性、价值的重要性、利益的平衡，等等。针对这个问题，有以下几点需要思考。首先要确保事实的可靠性，在人机交互中，机器所提供的信息和建议必须基于可靠的事实和数据，并且需要不断地对其进行监测和验证。其次是尊重人们的价值观，尽管机器可能会根据算法和数据给出某种建议，但是我们需要尊重人们的价值观，因为人类是有情感和道德的生物。在某些情况下，我们需要放弃一些利益以满足人们的价值观。另外，在做出决策时，我们需要平衡各方的利益，包括个人、群体和社会的利益，以达到最大的利益。

在人机交互中，判断不同事实与价值的权重大小需要考虑以下几方面：①任务目标，首先需要明确任务的目标，不同任务的目标可能会对事实和价值的权重产生不同的影响。②数据来源，不同数据来源的可靠性和准确性也会对事实和价值的权重产生影响。例如，来自可靠权威机构的数据和来自个人观点的数据在权重上可能会有所不同。③用户需求，用户对不同事实和价值的需求也会影响其权重。例如，当用户需要了解某一事件的真相时，事实的权重可能会更高；当用户需要了解某一产品的好坏时，价值的权重可能会更高。④文化背景，不同的文化背景可能会对事实和价值的权重产生影响。例如，在一些文化中，个人隐私权重可能较高，而在另一些文化中，公共利益权重可能较高。

当前，人工智能的发展已经取得很大的进展，但是人工智能的局限性也很明显，例如，难以理解人类的语言和情感，处理复杂的问题，等等。因此，人机融合智能将人类的思维能力和智慧与机器的计算能力相结合，可达到更高的智能水平。在人机融合智能的发展中，人类将扮演更加重要的角色，与机器共同完成任务。例如，在医疗领域，医生和机器人可以共同完成手术，提高手术的准确性和安全性；在工业领域，工人和机器人可以共同完成生产，提高生产效率和质量。人机融合智能可以使机器更好地服务于人类，同时也可以让人类更好地发挥自己的智慧和创造力。总之，人机融合智能是人工智能未来发展的重要方向，它将带来更广阔的发展前景和更多的应用场景。

3.16　人机智能小结

1. 世界是由事实和价值共同组成的

（1）事实由对象、事态及其联系（如语言）构成。

（2）价值是事实在实践中的作用和效果构成。

（3）事实中存在着决定论，价值里包含自由意志。

（4）事实反映有无，价值反映好坏。

（5）每个事实都具有变价值，每个价值都可以变事实。

（6）事实与决定相关，价值与自由相关。

（7）事实往往数学，而价值则需要部分数学、部分人学、部分文学……

（8）事实与价值的差值会衍生出情感与可解释性。

2. 事实中的对象包括真实的对象，也可包括虚拟的对象

（1）真实的对象涉及物理、生理等。

（2）虚拟的对象涉及数理、文理等。

（3）事态是两个对象之间的关系。

（4）联系涉及三个及三个以上对象的关系，即由多个事态构成。

（5）信息也是一种对象，反映事实不确定的程度（通常用比特衡量其多少）。

3. 价值是事实之间的作用及其影响，分为有向价值、无向价值、显性价值、隐性价值

（1）有向价值是持续利己的增量。

（2）无向价值是持续非利己的增量。

（3）显性价值是当前利己的增量。

（4）隐性价值是非当前利己的增量。

（5）价值是事实相互作用的好坏程度（可用古德衡量其大小）。

4. 计算计反映了秩序与自由

（1）事实可以通过数理计算等方法反映各种秩序。

（2）计算逻辑通过操作符号和知识进行合格获取：形和式。

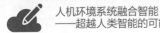
（3）对数学而言最重要的不是量化计算部分，而是非量化非计算部分。

（4）数学起源于物理环境，其原始机理与物理规律相似就不足为奇了。

（5）"量子计算机"再快，也只是计算，仍不可能解决"算计"的问题。

（6）价值可以通过人类算计等手段自由地反映各种计算所不能反映的关系。

（7）算计的逻辑通过操作关系和作用进行破格获取：变与化。

（8）算计是人类（或灵长类动物）通过大脑思考而做出决策的过程。这个过程中包括人的情感、价值观等无法用数学模型描述的元素，因此永远无法用计算机算法的方式说明各事物（或元素）之间的确定关系和矛盾（因为它们本质上就是不确定的）。

（9）算计里有哲学的透视逻辑和穿越洞察，算计不一定是每一步利益最大化（考虑全部最优），算计包含非逻辑及未发现的逻辑。

（10）计算的计是计数的计，算计的计是计策（谋）的计；计算的算是运算的算，算计的算是盘（庙）算的算。

（11）算计是从 0 到 1，"计算"是从 1 到 10、到 N。

（12）计算是共性的，算计是个性的。

（13）计算的长处在封闭时空，算计的优势在开放环境。

（14）计算处理可计算性部分，算计对付可判定性部分。

（15）在可计算领域，对于任何一个形式数学系统，都必然存在在该系统内无法被证明的真命题，而在可算计领域，常常可以通过强／弱等价等主客观系统进行各种变换，进而实现某种必然存在在该系统内可以被证明的"真"命题。

（16）控制论中强调客观事实的数据反馈（如高射炮打飞机），智能论里的反馈则主要是价值性的反馈，能够使用事实与价值混合反馈。

（17）不空，不虚，不幻，不智能。

（18）秩序有自然与人为之分，自由也有自律与自纵之分。

（19）算法中的算，包括计算和算计两部分。

（20）计算是逻辑的理性结构，而逻辑就是推理。

（21）推理是有规则的。

（22）规则一般不会变化，但变化却是一种规则。

（23）规则是产生式的，属于自动化范畴。

（24）自动化的本质就是计算的逻辑规则推理，包括与、或、非及其各种组合。

（25）人工智能的物理基础就是数字化与、或、非逻辑及其各种组合计算（尽管也会涉及一些非线性统计概率计算）。

（26）人工智能是自动化领域的一部分。

（27）算计是非逻辑的情理结构，而非逻辑不是推理。

（28）非逻辑不按推理程序进行。

（29）算计穿透着推理领域的各部分。

（30）这种启发式跨域的能力与感性有关。

（31）感性是生产式的，属于智能化范畴。

（32）智能化的核心就是算计的非逻辑、非规则跨域性感知，包括主要的与、或、非及其各种组合及其之外的洞察。

（33）自动化是智能化领域的一部分。

（34）算法中的法，是算计的算计。

（35）法中包括具身性、反身性和离身性。

（36）具身性使用耦合和涌现等概念解释认知过程，而不必要假设一个"表征"的概念。

（37）反身性即认识可以产生认识，行为可以生产行为。

（38）离身性即认识可以从外部产生认识。

（39）画里的留白、话外的留白都是法，其他部分是算。

（40）法不是计算。

（41）法不是计算的法则，是算计的法则。

（42）计算的法则有情境，算计的法则无情境。

（43）人工智能有封闭性，智能没有封闭性。

（44）算法中法大于算。

（45）法不是事实，而是价值。

（46）事实适用于推算，价值适合觉察。

（47）法可以反事实推理，也可以反价值推理，还可以跨域（非）推理。

（48）算在下，自下而上，产生式，有理有据。

（49）法在上，自上而下，启发式，通情达理。

（50）法能看到远处，算能看到近处。

（51）人擅长法，机优于算。

（52）算法都是针对特定问题的，问题变了，算法就会随之变化。

（53）"计算计"与深度态势感知。

（54）计算＋算计生成"计算计"。

（55）计算用"是"，算计用"应"。

（56）计算有源，算计无本。

（57）计算是科学，算计为艺术。

（58）计算计就是深度态势感知。

（59）计算是已知条件，算计是未全知条件。

（60）深度态势感知即洞察。

（61）态是计算，势是算计，感是映射，知是联系。

（62）态势感知就是用确定性计算计非确定性。

（63）深度态势感知就是计算计事实、价值、责任。

（64）计算一定要情境、场景、态势化，算计则可以非情境、非场景、非态势化。

（65）计算计过程中会衍生出自主机制，一种在计算计之间的恰当切换。

（66）计算计可以变易、不易、简易，也可以同化、顺应、平衡。

（67）"计算计"不是科学问题，而是复杂性问题。

（68）机解决"复"问题，人解决"杂"问题。

（69）算计的关键之一就是：是 and 否（不是）。

（70）计算的特点之一就是：是 or 否（不是）。

（71）计算的"存在"与算计的"存在"不同，计算的"每一个"与算计的"每一个"不同，计算的逻辑量词"存在……使得""每一个……有"与算计的逻辑量词也不同。

5. 人类与机器反映了自由与秩序

（1）人机混合智能的本质就是数学决定论与人类自由意志的结合。

（2）人机混合智能中计算计的难点在于：a. 何时计算与何时算计？（有无规则或概率时）；b. 何处计算与何处算计？（事实与价值处）；c. 何式计算与何式算计？（单一或组合）

（3）算计出了计算，计算却束缚了算计。

（4）东方智能常常强调一个事物模糊性（既是又不是）、系统性（大局整体观）以保留决策的弹性和空间，而西方往往用"是或不是"决定论实现逻辑的严谨与精确性。

（5）"1+1=2"在数理域、物理域常常是正确的，但对于认知域、信息域和博弈域而言，"1+1≠2"确是常态，如两条信息在一起的效用就可以大于或小于各自每一条信息的效用。

（6）人机之间最难解决的依然是定域与非定域的逻辑必然性与逻辑非必然性关系问题。

（7）人机问题的重点与难点在于：

① 输入端，客观数据与主观信息 / 知识之间的相互验证、混序处理；

② 处理过程，基于规则 / 统计的推理计算过程与基于经验 / 应变的非公理算计过程之间的有机协同、高效联动；

③ 输出端，逻辑决策与直觉决策之间的快慢平衡、分寸拿捏；

④ 反馈过程，事实性反馈与价值性反馈之间的混合叠加、内在纠缠；

⑤ 人机混合,态 - 势 - 感 - 知与势 - 态 - 知 - 感之间的双向通畅、尺度弥聚；

⑥ 测试评价，人智与机智之间的测试指标 / 评价标准建立、动态管理；

⑦ 人机混合群体智能的关键在于三体以上的协同逻辑构建，而三体及三体以上逻辑的构建已超出形式化计算逻辑的范围，需要建立新的形式化算计逻辑体系。

（8）人机交互有两条逻辑，事实逻辑与价值逻辑，即义与利的逻辑。

（9）人机混合智能是情理结构，理性用与或非的组合，感性用是非中的组合。其中物理域是时空结构，认知域是态势感知结构，信息域由物理域结构与认知域结构对应而成，即时空的态势感知行结果，人机环境及其关系用于解释说明离身与具身关系的存在

being，行为域反映相互作用的反身性 should。意图／动机结构包括感觉（有个东西，红的、圆的）、知觉（什么东西，苹果）、情感觉（是否符合我们的需求，开心与否）、直觉（事物发展变化的预感，从哪来到哪去，为什么会出现苹果，等等）。

（10）人机混合智能的核心是解决有态无势的问题，就是解决如何通过认知域（感知）把物理域（态）转化成信息域（势）的过程，即解决"数据丰富，信息贫乏"的 DRIP（Data Rich Information Poor）问题。

（11）一个智能体是否具有自主性，并不取决于选择范围的大小，而是取决于它能否自己根据自己的意图行事，或者说，别的智能体能否迫使它按照其他的智能体意愿，而不是它自己的意图行事。

（12）反智能涉及反人类智能、反人工智能、反人机环境系统智能。

6. 符号是被人类认知抽象出来的表征

（1）符号是交互的产物。

（2）符号涉及物理符号、数理符号、心理符号等名称。

（3）符号主义的思想可简单归结为"认知即计算"（人工智能符号主义的实现基础是纽威尔和西蒙提出的物理符号系统假设。该学派认为：人类认知和思维的基本单元是符号，而认知过程就是在符号表示上的一种运算。它认为人是一个物理符号系统，计算机也是一个物理符号系统，因此，我们就能够用计算机模拟人的智能行为，即用计算机的符号操作模拟人的认知过程。这种方法的实质就是模拟人的左脑抽象逻辑思维，通过研究人类认知系统的功能机理，用某种符号描述人类的认知过程，并把这种符号输入能处理符号的计算机中，就可以模拟人类的认知过程，从而实现人工智能）。

（4）符号的本质与核心在于能否实现近似的等价或等效（如人类意向性问题的焦点是心智如何表征世界的问题，心智表征的内容与外在世界具有什么关系，是否能用外在的物理世界实现意向性，也就是对意向性进行自然化的问题）。

（5）符号本身具有定域性和局限性，智能具有非定域性。

（6）符号比较容易表征事实，却很难表征价值。

7. 人类的认知是逻辑与非逻辑的混合

（1）人类的认知是从具体的形象开始的。

（2）经过婴幼儿时期，人类通过否定渐渐开始形成了具象的抽象。

（3）人类的认知既是具身情境化的，又是离身非情境化的，同时还是反身且与世界相互作用的。

（4）人类的认知可以产生能量、信息和温度（恻隐之心，仁之端也；羞恶之心，义之端也；辞让之心，礼之端也；是非之心，智之端也）。

（5）人类的认知是计算＋算计的计算计系统。

8. 人类目前只发现了部分逻辑

（1）逻辑包括形式逻辑、数理逻辑、辩证逻辑等。

（2）形式逻辑主要从形式结构上研究思维的形式和规律，具有明确的指称、固定的范畴和严密的秩序。

（3）数理逻辑又称符号逻辑，是用数学方法研究逻辑或形式逻辑的学科，其研究对象是对证明和计算这两个直观概念进行符号化以后的形式系统。

（4）辩证逻辑是以流动范畴建立起来的科学体系，表现为概念、判断、推理的矛盾运动，抽象和概括人类认识的发展、变化的连续方面，反映客观对象间的辩证联系。

（5）各种逻辑及其组合都存在非定域性和不稳定性，而且常常相互纠缠、叠加。

（6）逻辑及其组合的不确定性常常是由确定的时间、空间、人机环境系统之间的相互作用诱发出的。

（7）统计概率指将确切的测量结果描述为事实上没有被执行（即假定存在未测量的值）是有效的。

（8）未来逻辑体系的发现与建立或许可以引发人机环境系统智能的巨大变革。

（9）辩证思维是认知域的一种超决策机制，相当于物理域的因果关系。

9. 其他

（1）没有比人更高的阶，没有比机更快的算，没有比环境更强的平台。

（2）智能是对各种态势进行感知及调整的能力。

（3）所有的符号里都包含着非符号，所有的计算里都蕴藏着非计算。

（4）东方智能的一多关系不仅涉及事实，而且还涉及价值；西方智能的一多主要涉及客观事实。

（5）计算使用参数建模，算计创造参数建模。

（6）日常中的意外分为可计算部分和不可计算部分。

（7）好的文学家像程序员一样，既是自己又不是自己，游刃有余地在你我他之间不停地切换。

（8）全自主并不是完美的智能，完美的智能还应该包括它主和顺应。

（9）智能是人机环境生态系统交互所产生出的一种功能力（功能＋能力）。

（10）智能是科学与非科学的复杂系统，可以打破数理、物理规律。

（11）智能的基础不仅是现代的数学，需要新的数学体系出现。

（12）好的智能不仅是大数据的，还是按需组网的小或无数据。

（13）智能是事实与价值混合在一起的开放性计算计决策系统。

（14）智能不是万能的，智能里包含反智能。

（15）当前的人工智能大潮，并非基于智能机理认识上的重大突破，而只是找到了一种较能利用大数据和计算机特长的强大方法——大数据深度学习。

（16）计算态势感知与算计态势感知的区别：大时空尺度捕捉信号／信息的能力。

（17）很多因果之间的关系是有阈值的，达到一定阈值时，才联通因果关系或相关关系。

（18）信息熵计算出了信息量的多少，但是并没给出信息价值大小的表征。

（19）控制论的反馈只有客观事实（如数据）的反馈，没有主观价值（如意向）的反馈。

（20）人机环境智能系统需要事实的表征，但还缺少价值的表征。

（21）人机混合群体智能的关键在于三体以上的协同逻辑构建，而三体及三体以上逻辑的构建已超出形式化计算逻辑的范围，需要建立新的形式化计算 - 算计逻辑体系。

参考文献

[1] 耿立波，刘涛，俞士汶，等 . 当代机器语言能力的研究现状与展望 [J]. 语言科学 ,2014,13(1):34-41.

[2] 刘伟 . 人机融合智能的现状与展望 [J]. 国家治理 ,2019(4):7-15.

[3] 刘伟 . 人机混合智能：新一代智能系统的发展趋势 [J]. 上海师范大学学报 (哲学社会科学版),2023,52(1):71-80.

[4] 孙效华，张义文，秦觉晓，等 . 人机智能协同研究综述 [J]. 包装工程 ,2020(18):41.

[5] 刘伟 . 追问人工智能：从剑桥到北京 [M]. 北京：科学出版社 ,2019:10-17.

[6] 刘伟 . 人机融合：超越人工智能 [M]. 北京：清华大学出版社 ,2021:95-96.

[7] 刘伟，牛博 . 元宇宙中的情绪与情感探索在军事上的应用 [J]. 指挥与控制学报 ,2022,8(3):325-331.

[8] 刘伟 . 人机融合智能与伦理 [J]. 民主与科学 ,2023(3):56.

[9] 刘伟 . 人机融合智能的再思考 [J]. 人工智能 ,2019(4):112-120.

[10] 赵健，张鑫褆，李佳明，等 . 群体智能 2.0 研究综述 [J]. 计算机工程 ,2019,45(12):7.

[11] 张婷婷，蓝羽石，宋爱国 . 无人集群系统自主协同技术综述 [J]. 指挥与控制学报 ,2021,7(2):10.

[12] 饶元，吴连伟，王一鸣，等 . 基于语义分析的情感计算技术研究进展 [J]. 软件学报 ,2018,29(8):30.

第4章

人机融合的关键技术

04

4.1　智能里既有技术也有艺术

　　智能不仅是技术方面的创新和应用，也是一种艺术的体现。智能技术需要融合多个学科和领域的知识，包括计算机科学、数学、心理学、哲学、人文艺术、宗教、民俗等，从而形成一个完整的系统。这个系统的设计和实现，需要技术人员具备深厚的专业知识和技能。但是，智能也是一种艺术，因为它需要创造性的思维和想象力，才能够实现真正的创新和突破。智能系统中的算法和模型，需要不断地优化和改进，这就需要借鉴艺术的创造性和灵感。因此，智能不仅是技术，也是一种艺术，只有技术人员和艺术家共同努力，才能实现真正的智能革命。

　　艺术与技术是两种不同但密切相关的领域。艺术是一种创造性的活动，是人类表达自我、探索世界的一种方式，强调的是审美、情感和文化方面的体验。技术则是一种对自然和社会现象的理性认识和掌控，是为了解决实际问题而进行的一种实践活动，强调的是实用、功能和效率方面的体验。虽然艺术和技术在本质上不同，但两者之间有着密切的联系和互动。艺术中的创造性思维和想象力，可以为技术的创新和发展提供启示和动力；而技术的发展和应用，也可以为艺术的创作和表现提供新的手段和媒介。艺术和技术之间的互动和融合，不仅可以促进人类文化和社会的进步，也可以为我们创造更加美好的未来提供新的可能性。因此，艺术和技术是相辅相成、相互促进的。

人机融合智能与艺术、技术之间存在着密切的关系。人机融合智能的实现需要涉及多种技术手段，如机器学习、自然语言处理、计算机视觉等，这些技术手段是通过工程师、软件开发人员等技术人员的不断研究和创新而实现的。而在实现人机融合智能的同时，还需要考虑用户体验、视觉效果等因素，这时就需要设计师、艺术家等人员在艺术方面的发挥。例如，开发一个智能语音助手时，需要考虑语音的语调、节奏、音色等因素，这就需要艺术家在声音设计方面的发挥。因此，人机融合智能是在技术和艺术的共同推动下实现的，两者是相辅相成的 [1-2]。

技术与实际应用相关，而艺术则与价值观念相关。技术是基于实际应用的需求，通过不断研究和改进而产生的，它的目的是解决实际问题，提高生产力和效率。而艺术则是建立在人类文化和审美价值观念基础之上的，它的目的是创造美感和情感共鸣。

人机融合智能中的提示词指的是在人机交互过程中，机器通过语音、文字或图形等方式向用户提供的有关操作或状态的信息。其本身就是技术与艺术的有机结合：①提高用户体验。提示词可以告诉用户当前正在发生什么，以及下一步该如何操作，从而提高用户对系统的理解和满意度。②减少误操作。提示词可以帮助用户避免因为误操作而导致的错误或不必要的麻烦。③提高效率。提示词可以帮助用户快速地完成任务，减少犹豫和迷失方向的时间。④人性化设计。良好的提示词设计可以让机器更加贴近用户，增强人机交互的友好性和亲和力。从上述不难看出，提示词是人机融合智能中不可或缺的一部分，它可以帮助机器更好地与用户进行交互，提高用户体验和效率，从而达到更好的用户满意度和使用效果 [3-4]。

人机融合智能中技术、艺术、事实和价值之间的关系非常密切，它们相互作用，相互促进，为人机交互提供了更加多维度、更加全面的思考和实现方式。首先，技术是人机融合智能的基础，它提供了实现交互的必要工具和方法。艺术则通过设计美观、简洁、易用的用户界面，提高了用户的体验感和舒适度，使得交互更加愉悦、自然。事实则是指交互中的信息和数据，包括用户输入的信息、系统输出的信息，以及它们之间的逻辑关系和操作方式。而价值则是指交互的目的和意义，包括用户需求和期望，以及系统所能提供的服务和效益 [5]。

在人机融合智能中，技术、艺术、事实和价值之间的关系需要得到平衡和协调。技术和事实是交互实现的基础，艺术则是提高用户体验的重要手段，而价值则是交互的最终目的和意义 [6]。因而，人机融合智能的设计者需要在技术、艺术、事实和价值之间进行平衡和取舍，以实现更加优秀的人机交互。

　　人机融合智能中语言、思维与艺术、技术也是密不可分的，它们相互作用、相互促进。在人机融合智能中，语言是人与机器进行交流的桥梁，人类的语言能力和机器的自然语言处理能力结合，可以让机器更好地理解人类的需求和意图。思维与艺术则是人类独有的能力，它们可以为机器带来更多的创造性和趣味性，推动机器智能向更高层次发展。技术则是实现人机融合智能的基础，各种技术手段的不断进步和创新，为人机融合智能提供了更广阔的发展空间[7]。因此，在人机融合智能的发展中，语言、思维与艺术、技术三者缺一不可，相互融合、相互提升，才能实现更加智能化、个性化和人性化的应用场景。另外，语言是人类思维表达的工具，而思维则是人类对世界认知的方式。事实是客观存在的现实，而价值则是人们对现实的评价和选择。在人机融合智能中，语言和思维的准确性和逻辑性对数据处理和分析至关重要，而事实和价值的理解和应用则决定了机器的决策和行为。因此，人机融合智能需要确保人类语言和思维的准确性和逻辑性，同时也需要尊重不同文化背景下的事实和价值观[8-9]。

　　语言和智能是可以分离的。语言是一种工具，用于表达和交流思想。智能则是指人或机器具有的认知、学习、推理、解决问题等能力。尽管语言是一种重要的表达和交流工具，但它不是智能的唯一指标。在人工智能领域，我们可以看到许多不使用自然语言的智能应用，如图像识别、语音识别、自动驾驶等。因此，可以说语言和智能可以分离，但它们之间有着紧密的联系和互动，语言能够帮助智能更好地表达和交流。

在人机交互中，语言和思维通常是分离的。语言是人类沟通和交流的主要方式，但它不是思维本身。思维是指个体的认知过程和思考方式，它是基于个体的知识和经验，而不是基于语言的表达。在人机交互中，计算机和人类之间的交互主要通过语言实现，但计算机并不具备真正的思维能力，它们只是根据编程指令执行任务。因此，在人机交互中，语言和思维是分离的，但语言可以作为思维的表达和传递的媒介。

从"是"中如何产生出"应该"是人类最好的智慧，这反映了人类以理性和道德为基础，从客观存在的技术性"是"中探寻出艺术性"应该"如何行动的智慧和能力。在哲学和伦理学领域中，这被称为"自然法则"或"道德法则"。人类通过理性思考、实践和经验，不断总结出对人类社会生存和发展最有益的行为方式和价值观念，这些行为方式和价值观念就是"应该"行动的基础。在这个过程中，人类通过不断地思考和实践，逐渐摆脱了传统的迷信和偏见，建立了更加科学、合理和基于人类经验的道德和伦理观念。这种从"是"中产生"应该"的智慧，反映了人类的文明和进步，也为人类社会的稳定和繁荣提供了坚实的道德和法律基础。因此，这种智慧不仅是人类最好的智慧，也是人类宝贵的财富之一。

4.2 人机融合智能与伦理

伦理是指人类行为的规范和标准。它研究的是人类行为的价值、意义和目的，并提出了人类应当如何行动的规范和标准。道德是指个人或集体的行为准则，是一种社会规范和行为方式。它是指在人际交往中，为了维护人类社会的和谐、稳定和发展，人们所遵循的一种准则和规范[10]。道德的基本原则是尊重、公正、诚实、责任和善良等。

人类的价值观是在社会和文化环境中形成的。人们的价值观受其成长背景、家庭教育、宗教信仰、社会经历、文化传统等多种因素影响。例如，不同的文化和宗教会塑造不同的价值观，一些文化强调个人主义和自由，而另一些文化则强调集体主义和责任感。同样，一些宗教强调仁爱和慈悲，而另一些宗教则强调忠诚和义务。这些文化和宗教信仰都会影响人们的行为和决策，并塑造他们的价值观[11]。此外，家庭教育也是人类价值观的重要来源。父母和家庭成员会教育孩子什么是对错，如何尊重他人，如何表现出善良和公正，等等。这些教育与经验在人类价值观的形成中也会起到重要的作用。因此，人类的价值观是在不同的文化和社会背景下形成的，并会随着时间和环境的变化而演变[12-13]。

人机融合智能伦理体系的实现需要从多方面入手：①法律法规，应制定相关法律法规规范人机融合智能技术的研发、应用和监管，保障个人信息的隐私和安全。②技术标准，应该建立人机融合智能技术的技术标准，以保证技术的安全性、可靠性和透明度。③伦理规范，需要确定人机融合智能技术的伦理规范和道德准则，以保证其符合公共利益和社会价值观。④教育培训，应该加强对人机融合智能技术的宣传和教育，提高公众对技术的认知和理解，避免技术被滥用或误用。⑤国际合作，应该推动国际合作，分享人机融合智能技术研究成果和经验，共同探讨技术的伦理和社会问题。

人机融合智能伦理评价指标包括以下几方面：①安全性，确保人机融合系统不会对人类造成伤害或损害。②透明性，确保人类能够理解和掌握人机融合系统的行为和决策过程。③可控性，确保人类能够控制和影响人机融合系统的行为和决策过程。④公正性，确保人机融合系统对待不同的人类个体时不会出现偏见或歧视。⑤道德性，确保人机融合系统的行为和决策符合道德准则和伦理规范。⑥可靠性，确保人机融合系统在各种情况下都能够正确地运作。⑦可持续性，确保人机融合系统的使用不会对环境和社会造成不可承受的影响。⑧隐私保护，确保人机融合系统不会泄露个人信息或侵犯个人隐私。⑨可维护性，确保人机融合系统能够方便地进行维护和修复。⑩可扩展性，确保人机融合系统能够方便地进行扩展和升级。

人机混合智能中的正反馈和负反馈是指系统对某个输入或行为做出的响应，正反馈和负反馈是人机混合智能中非常重要的概念，它们在不同的情境下有不同的作用，可以帮助系统更加智能地响应输入和做出决策。正反馈的目的是增强或加强某个行为或输出，通常在系统达到某个状态或条件时触发，并会导致行为或输出变得更加强烈或突出；而负反馈的目的是减弱或抑制某个行为或输出，在系统偏离某个状态或条件时触发，会使行为或输出变得更加稳定或平衡。

正反馈和负反馈都是基于人机交互的结果进行评价和调整，都可以用来提高人机交互的效率和准确性、改善人机交互的体验和满意度、激励人和机器更好地合作。正反馈是对行为和结果的肯定评价，而负反馈是对行为和结果的否定评价。正反馈通常是积极的，可以提高人和机器的自信心和动力，而负反馈通常是消极的，可能降低人和机器的积极性和动力。

强化学习和深度学习都涉及正反馈的概念，但是它们的应用场景和实现方式有所不同。强化学习是一种机器学习方法，其基本思想是通过试错学习最佳决策策略。在强化学习中，智能体通过与环境的交互学习行为，每次行动都会获得一个奖励或惩罚信号，这些信号就是所谓的正反馈。通过不断地试错，智能体可以调整自己的行为，逐渐学习到最佳决策策略。深度学习是一种人工神经网络的技术，其基本思想是通过多层神经元的组合实现对数据的高级抽象和分类。在深度学习中，网络通过对大量已知数据进行训练，不断地调整自己的参数，逐渐学习到数据的特征和规律。在这个过程中，每次参数调整都会根据训练数据的正确性给出一个正反馈信号。

伦理在人机环境系统智能中既有正反馈的一面，也有负反馈的一面。伦理是关于道德、价值观、行为规范等方面的理论和实践，它是人类社会发展的重要组成部分，与道德、法律等相结合共同构建起人类发展大系统中的正负反馈机制。在人机环境系统智能中，伦理应该被视为重要的参考因素，以确保系统能够正常、合法、公正地运行，同时保护人类和环境的权益和利益[14]。

人机融合智能伦理中的客观数据的反馈和主观价值的反思是互

相关联的，它们在许多领域都是必不可少的。客观数据是指通过科学实验或统计分析得出的数据，它们可以提供客观的事实和证据，从而帮助我们做出合理的判断和决策。主观价值则是个人的信仰、情感、文化和经验等方面的反映，它们对我们的思维和行为产生影响，帮助我们在面对复杂的情况时做出决策。客观数据的反馈和主观价值的反思应该被看作相互补充的过程，它们可以协同作用，从而得出更为客观、全面和准确的结论。在实践中，我们需要将客观数据和主观价值结合起来，进行综合分析和判断。在此过程中，我们应该尊重客观事实、注重数据分析，同时也应该尊重个人的主观感受、注意价值观念的反思，从而做出更为合理和公正的决策[15-16]。

负责任的人机融合智能是指将人类和机器之间的合作提升到一个新的水平，通过人类和机器之间的交互，使机器能更好地理解人类的需求和行为，并且能够在执行任务时更加高效、准确。这种融合的方式有助于解决许多实际问题，如提高生产效率、优化资源分配、改进医疗保健等。然而，要实现负责任的人机融合智能，需要考虑人类和机器之间的权责分配、隐私保护、数据安全等方面的问题。同时，还需要建立相应的法律和伦理规范，以确保人机融合智能的发展是符合伦理和道德标准的。只有在严格遵守相关规定和标准的前提下，人机融合智能才能得到更广泛的应用和推广。

数据围栏是指在人机融合智能中对数据进行保护的一种伦理技术措施。人机融合智能需要处理大量数据，这些数据可能包含敏感信息，如个人身份信息、财务数据等。为了保护这些敏感信息，需要对其进行隔离和保护，这就需要建立数据围栏。数据围栏的作用是将敏感数据与其他数据隔离开来，防止敏感数据在传输或处理过程中被非法获取或篡改。在人机融合智能中，数据围栏的建立可以通过技术手段实现，如对数据进行加密、访问控制、身份认证等。同时，还需要制定相应的数据保护政策和法律法规，以确保数据围栏的建立和运行符合法律和伦理标准。数据围栏的建立对保护人机融合智能中的敏感信息至关重要，它可以有效防止隐私泄露和数据篡改等风险，同时也有助于增强人们对人机融合智能的信任。

人机融合智能中的数据毒化和数据歧视是一个值得重视的问题。数据毒化是指在数据集中加入一些有意识的错误或有害信息，以影响人工智能系统的决策和结果。数据歧视则是指在数据集中存在某些偏见或不平等的信息，导致人工智能系统在做出决策时对某些群体进行歧视或不公平对待。这些问题可能导致人工智能系统的决策和结果出现偏差，进而影响人类的判断和行为。为了解决这个问题，我们需要采取一系列措施。首先，需要加强数据集的质量和完整性，避免在数据集中出现歧视或偏见。其次，需要对机器学习算法和人工智能系统进行审查和监管，确保其不会产生歧视或偏见的结果。最后，还需要加强对人工智能系统的透明度，让用户能够理解算法的运作和结果，从而更好地评估其公正性和准确性。

人机融合智能中的算法偏见也是一种令人担忧的现象，它可能导致人工智能系统中的决策和预测结果出现不公平或歧视的情况。这种偏见通常由数据集的不完整或者不准确导致，或者是由训练算法的过程中出现的差异性引起。这些偏见可能对一些群体造成不平等的影响，如性别、种族、年龄、地区等。为了解决这个问题，我们需要采取一系列措施。首先，需要加强数据集的质量和完整性，避免在数据集中出现歧视或偏见。其次，需要对机器学习算法和人工智能系统进行审查和监管，确保其不会产生歧视或偏见的结果。最后，还需要加强对人工智能系统的透明度，让用户能够理解算法的运作和结果，从而更好地评估其公正性和准确性。我们需要意识到算法偏见是一个复杂的问题，需要多方面的努力来解决。这包括技术创新、政策制定、社会文化的改变等方面。只有通过多方合作，才能最大限度地减少算法偏见的问题，保证人机融合智能的公正性和可靠性。

在人机融合的过程中，人类的价值观和机器的事实处理是相互作用的。人类的价值观是基于文化、宗教、哲学等方面的因素，而机器的事实处理则是基于数据和算法。当人类与机器融合时，人类的价值观可以指导机器的决策和行动，同时机器的事实处理也可以帮助人类更好地理解和应对现实世界中的问题。例如，在医疗领域，人类的价值观会影响医生的诊断和治疗方案，而机器可以通过大量的数据分析和机器学习算法辅助医生做出更准确的诊断和治疗决策。又如，在自动驾驶领域，人类的价值观会影响机器的道德取舍和行为规范，而机器的传感器和决策系统可以帮助人类更安全地行驶。通过合理地融合这两者，我们可以更好地解决现实世界中的问题，提高人类的生活质量和社会效益。

人工智能从诞生起就是与人交互和共生的，人始终是人工智能的参照系，人始终是人工智能的价值尺度。人机融合智能本身就是事实链与价值链叠加与纠缠，即人类和机器共同运用智能技术形成一个新的智能系统，其中的事实和价值相互关联，相互影响，相互叠加，相互纠缠。从事实链的角度看，人机融合智能系统可以对大量数据进行分析和处理，从而提高决策的准确性和效率。同时，人类也可以通过与机器的合作和互动，不断学习和进步，拓展自身的认知和技能。从价值链的角度看，人机融合智能系统可以为人类创造更多的价值，如提高生产效率、改善生活质量、推动科学技术的进步等。除了事实链和价值链，人机融合智能中还有技术链、应用链、创新链、产业链等，这些链相互关联、相互影响、相互促进，构成一个完整的人机融合智能生态系统。复合技术的发展，推动人机融合智能不断进步和拓展，并对人类的价值观产生了重要影响，这需要我们在推动智能科技发展的同时，认真考虑其对社会、人类和环境的影响，探索人类与机器共生的新模式。

4.3　人机融合智能中的诱导、引导交互

智能的核心不在于人工智能系统的记忆、注意力和上下文感知等能力，而在于其能够洞察、理解和解决问题的能力。也就是说，智能系统需要具备更高层次的思维能力，能够从信息中抽象出本质，识别问题的核心，并提供有效的解决方案。这对人机融合智能技术的发展和应用具有一定的启示意义，可以促使人们更多地关注智能系统的认知能力，而非仅停留在功能和应用层面[17]。

主体间性原本是指人与人之间互相影响、互相制约的关系，随着机器智能的快速发展，这个概念也逐渐被引入人机融合智能领域，

引导、诱导交互也可以是一种人机主体间性的表现形式。引导、诱导可以通过言语、行动、情境等方式对他人的行为、想法产生影响，从而实现自己的目标。在人机主体间性中，引导、诱导正在成为一种较常见的交互方式，它可以促进彼此的交流、合作和协调，也可以引发矛盾、冲突和对立。因此，引导、诱导交互是人机主体间性中的重要组成部分，可以影响人机融合智能系统的发展 [18-19]。

诱导交互作用指的是不同因素之间的相互影响和作用，这种作用并不是单向的，而是相互促进、相互影响的。在这种作用中，一个因素的存在或变化会影响另一个因素的存在或变化，同时另一个因素的存在或变化也会反过来影响第一个因素。这种交互作用可以是正向的，也可以是负向的，具体的影响结果取决于因素之间的相互关系和作用机制。在社会科学领域中，诱导交互作用通常用于描述不同因素之间的相互影响和作用，如价值观和行为之间的关系、社会环境和个体行为之间的关系等。通过分析这种交互作用，可以更好地理解不同因素之间的相互关系和作用机制，从而更好地预测和解决社会问题 [20]。

引导交互作用是一种用户体验设计方法，通过引导用户在产品或应用程序中进行交互，帮助用户更轻松地完成任务。这种方法通常会在用户进行操作时提供提示、反馈和建议，以帮助用户更好地理解产品或应用程序的功能和用途，从而提高用户的满意度和使用效果。引导交互作用通常会在用户进行新任务、学习新功能或遇到问题时使用，以帮助用户尽快掌握产品或应用程序的使用方法。

机器智能中的诱导交互和引导交互是指强化学习中的两种不同的训练方式，它们都有可能出现价值的梯度消失和梯度爆炸问题。在诱导交互中，价值函数的更新依赖于累积回报的梯度，如果过程中的回报值差异很大，那么价值的梯度就会有很大的变化，这时有可能出现梯度爆炸的问题。同时，价值函数的更新是通过反向传播算法实现的，如果价值函数的深度很大，就有可能出现梯度消失的问题。在引导交互中，通常采用基于蒙特卡罗树搜索（MCTS）的策略优化算法，这个过程中也有可能出现梯度消失和梯度爆炸的问题。具体来说，MCTS算法中的搜索过程通常使用价值网络评估状态的价值，而价值网络的训练依赖于梯度更新，因此，在训练过程中也有可能出现梯度消失和梯度爆炸的问题。为了解决这些问题，通常采用一些技巧，如使用残差连接、梯度裁剪、设置合适的学习率等，以提高训练的稳定性和效果。

人类的诱导和引导与机器的诱导和引导在某些方面存在相似之处，但也有很多不同之处。二者的相同点在于：人类的诱导和引导与机器的诱导和引导都是通过引导、影响和激励人们来达到某种目标的方法；无论是人类还是机器，诱导引导的目标都是要影响人们的思想和行为。两者的不同点表现为：人类的诱导和引导通常基于人类的经验、人际交往和心理学知识，而机器的诱导和引导则是基于算法、数据和机器学习技术；人类的诱导和引导通常是有目的性的，而机器的诱导和引导则可能是无意识的，因为它们只是按照预设的规则和程序进行操作；人类的诱导和引导可以通过语言、肢体语言、音乐、艺术等多种方式进行，而机器的诱导和引导主要通过数字媒体和计算机界面进行；人类的诱导和引导可能会受认知偏见、文化背景、社会价值观等因素的影响，而机器的诱导和引导则相对更加客观和中立。

人机交互中的诱导和引导都是为了帮助用户更好地使用系统或完成任务，但它们的实现方式和目的略有不同。不同点包括：①目标不同，诱导旨在吸引用户注意力，让用户尝试新功能或体验新内容，以提高系统的用户活跃度和用户体验；而引导旨在帮助用户完成特定的任务，以满足用户的需求。②实现方式不同，诱导通常采用视觉或声音等方式，如弹出窗口、动画、音效等；而引导通常采用文字、图标等方式，如提示语、指示箭头、菜单等。③时间和频率不同，诱导通常在用户进入系统或使用某个功能时出现，而引导通常在用户需要完成某个任务时出现；诱导的频率通常较低，而引导的频率较高。④反馈机制不同，诱导通常不需要用户反馈，而引导通常需要用户反馈，以便系统根据用户的反馈进行调整和优化。

人人、人机之间的感性诱导和理性诱导都是一种引导行为，但它们的方式和目的有所不同。感性诱导是通过情感、情绪等感性因素引导他人的行为或思考，目标是让他人在情感上产生共鸣，从而影响其决策或行为。这种诱导通常以个人经验、故事、形象等为主要手段，常见于广告、宣传、营销等领域。而理性诱导则是通过逻辑、事实等理性因素引导他人的行为或思考，目的是让他人基于理性思考做出决策或行为。这种诱导通常以基于事实、数据、逻辑等为主要手段，常见于教育、政治、科技等领域。因此，感性诱导和理性诱导的主要区别在于手段和目标的不同。感性诱导主要通过情感共鸣影响他人，而理性诱导则是通过逻辑和事实影响他人。

诱导交互和态势感知是两个不同的概念，它们之间存在一定的关系。诱导交互指的是一种行为或者语言上的引导，旨在使对方按照自己的意愿进行相应的行动或者表达。而态势感知是指通过感知环境中的各种信息和变化了解环境状况，对环境做出适当的反应。在现代社会，行为和语言往往都会受环境因素的影响，因此态势感知能够帮助人们更好地理解环境，做出更加准确的反应。这两个概念之间的关系在于，诱导交互可能利用环境中的信息和变化达到其目的。例如，在营销活动中，广告商可能会利用人们对环境中某种信息的敏感度，诱导消费者购买。因此，当人们具备良好的态势感知能力时，可以更加清晰地认识到这种诱导交互的存在，并更好地保护自己的利益。

计算性的诱导和算计性的诱导都是指通过某种方式引导人们做出特定的决策或行为，但它们的本质和方式是不同的。计算性的诱导是指通过信息技术、算法和大数据分析等手段，对人们进行信息的加工和处理，以影响其决策和行为。例如，通过个性化推荐算法，向用户推荐符合其兴趣的内容，从而引导用户的消费和选择。算计性的诱导则是指通过心理学、营销学和社会工程学等手段，对人们的思想、情感和行为进行操控和控制，以达到某种目的。例如，通过营销手段和广告宣传，操纵人们的需求和欲望，从而促进产品的销售。两者相比，计算性的诱导更侧重于利用技术手段，对人们的信息加工和处理进行干预，而算计性的诱导则更侧重于利用心理学和营销学手段，对人们的思想和行为进行操控。但实际上，两种诱导方式常常相互结合和交织，从而更加有效地影响人们的决策和行为。

诱导交互与非诱导交互是人机交互中的两种不同的交互方式。诱导交互是通过对用户的提示、引导或者鼓励，让用户按照程序的预期进行操作，从而达到预期的交互效果。例如，当用户在网站上浏览商品时，网站会通过推荐、促销等方式鼓励用户购买，从而促成交易。而非诱导交互则是用户自主进行的交互，用户可以根据自己的需要和兴趣进行操作，不需要受程序的限制或者约束。例如，当用户在社交媒体上发布动态时，用户可以自由地表达自己的想法和情感，不需要受程序的干预。总体来说，诱导交互是一种主动引导性的交互方式，适用于需要达成特定目标的场景，而非诱导交互则是一种更加灵活自由的交互方式，适用于用户需求多样、注重个性化的场景。

诱导交互和引导交互都是为了提高用户体验和交互效果的设计手段，但是它们的提示方式有所不同。诱导交互是通过特别设计的元素或动画吸引用户的注意力，引导用户进行特定的操作。例如，在页面中添加一个醒目的"点击这里开始体验"按钮，或者在页面中添加一个引人注目的动画，引导用户进行交互。而引导交互则是通过更加隐蔽的提示方式，帮助用户更自然地完成特定的操作。例如，当用户在一个表单中输入错误时，页面会在输入框旁边弹出提示，告诉用户输入错误，并且给出正确的输入方式。这种提示方式更加细致，能够更好地引导用户完成操作。从以上论述，我们可以看出：诱导交互的提示方式更加醒目、明显，能更好地引导用户进行交互，适用于需要引导用户进行特定操作的场景；而引导交互的提示方式则更加隐蔽、自然，能更好地提高用户体验，适用于需要提示用户如何正确地完成操作的场景。

一般而言，诱导交互可以分为三个级别：低级、中级和高级。①低级诱导交互，指通过明显的视觉效果吸引用户的注意力，例如，使用颜色、形状、大小等特殊的视觉效果，引导用户进行特定的操作；又如，在页面中添加一个醒目的按钮，或者使用动画吸引用户的注意力。②中级诱导交互，指通过更细致的设计，引导用户完成特定的交互操作。例如，在表单中添加提示信息，告诉用户需要输入哪些内容，或在页面中添加引导用户完成交互的步骤。③高级诱导交互，指通过更加复杂的设计，引导用户完成更加复杂的操作。例如，在移动应用程序中，通过手势控制完成特定的操作，或通过语音输入完成交互操作。需要注意的是，不同级别的诱导交互需要根据具体的场景和用户群体设计，不能盲目使用高级诱导交互，否则可能会降低用户的体验。

引导交互可以分为以下几个级别：①低级引导交互，指通过简单的提示或标识引导用户进行交互。例如，在页面中添加一个提示信息或者一个箭头标识，告诉用户需要点击哪里或者进行哪种操作。②中级引导交互，指通过更加详细的指导，帮助用户完成特定的操作。例如，在应用程序中添加一个引导用户完成某个功能的步骤，或者在游戏中添加一个教程，告诉用户如何进行游戏操作。③高级引导交互，指通过更加复杂的引导方式，引导用户进行复杂的操作。

例如，在虚拟现实应用中，通过手势或者语音识别引导用户进行交互操作，或在智能家居应用中，通过智能语音助手引导用户控制家居设备。

诱导交互的副作用：①消耗用户注意力，过多的诱导交互可能会让用户分散注意力，降低用户的专注度，导致用户对核心功能的使用效果下降。②误导用户，过多的诱导交互可能会让用户产生误解，误以为某些不重要的功能是核心功能，从而影响用户的使用体验。③降低用户自主性，过多的诱导交互可能会让用户失去自主选择的权利，让用户变得过于依赖引导，导致用户在面对没有引导的情况时无法进行有效的操作。

引导交互的副作用：①限制用户创造力，过多的引导交互可能会让用户失去尝试的机会，从而限制了用户的创造力和想象力。②降低用户满意度，过多的引导交互可能会让用户感觉被限制了，从而影响用户的满意度。③增加用户学习成本，过多的引导交互可能会让用户需要花费更多的时间去学习使用方法，增加用户的学习成本。

在许多人机博弈环境下的"隐真示假、造势欺骗"更是一种诱导、引导交互策略，旨在通过操纵信息和行为获得优势或达到目标。在一定程度上，这种策略是普遍存在于各种博弈中的，如商业竞争、政治博弈、社交互动等。从道德和伦理的角度看，这种策略往往是不道德的，因为它建立在欺骗和误导的基础上，违背了诚信和公平原则。但从实际效果看，这种策略却可能是有效的，因为它可以让人们拥有信息的掌握权和主动权，从而在博弈中获得更大的利益。因此，对于人类来说，应保持警觉，不轻易相信外来的信息和承诺，要通过自己的判断和观察获取信息和判断局势。而对于那些需要使用这种策略的人来说，应该在合法的范围内进行，避免走向不道德和犯罪的行为。

4.4　人机融合智能与哲学

GPT 系列的大型语言模型（LLM）在初步成功之后，需要人们重新审视图灵的计算理论，重新认识计算的本质和形式，重新思考计算机和计算机理论，以及深入思考计算的家族、广义的计算和计算的哲学等问题。这是因为 GPT 系列的 LLM 在自然语言处理领域取得了巨大成功，但这也提醒我们，要重新审视计算的本质和形式，并深入思考计算的哲学问题，以进一步推动人机融合智能领域的计算 - 算计系统发展。

人类智慧的实现方式既包括形式化的计算方式（即按照既定的规则和流程进行推理和计算），也包括非形式化的算计方式（即考虑更多的非形式化因素和复杂的情境因素进行思考和决策），这两种方式的融合可以称为"形式化和非形式化的计算和算计的融合"。其中，形式逻辑和辩证逻辑是两种不同的推理方式，前者是一种基于前提和规则进行推理的逻辑方式，后者则是更多考虑对立面和矛盾的逻辑方式。因此，人类智慧的计算方式可以说是形式化和非形式化、形式逻辑和辩证逻辑的多种方式的综合运用。这种综合运用使人类智慧在不同的情境下能够更加灵活、全面地思考和决策。

在人机融合智能中，非形式化扮演了至关重要的角色。非形式化可以理解为不规则、无法量化或难以量化的因素，如情感、直觉、经验等。这些因素对于人类来说十分重要，因为它们可以帮助人类在面对复杂的情境和问题时进行更全面和深入的思考和决策。在人机融合智能中，机器往往更善于处理形式化的数据和规则，而对于非形式化的因素则相对较弱。因此，借助人类的非形式化智能，可以帮助机器更好地理解和处理复杂的情境和问题，从而提高整个人机系统的智能水平。例如，在自然语言处理领域，机器需要理解人类的语言表达方式和意图，这就需要借助人类的非形式化智能，如语境、语气、情感等，辅助机器的处理。

辩证逻辑在人机融合智能中的作用是非常重要的，它可以帮助机器更好地处理非形式化的信息和复杂的问题，从而提高整体的智能水平。辩证逻辑这种思考方式强调矛盾、对立和变化，并通过对矛盾和对立双方的分析和综合，得出更加全面和深入的结论。在人机融合智能中，机器往往更加擅长处理形式化的信息和规则，而辩证逻辑则可以帮助机器更好地处理非形式化的信息和复杂的问题。例如，在机器学习中，机器需要识别和分类不同的数据，而这些数据可能会存在各种各样的差异和矛盾。借助辩证逻辑，可以帮助机器更好地理解这些数据背后的本质和规律，从而更加准确地分类和识别数据。此外，在自然语言处理领域，辩证逻辑也可以帮助机器更好地理解人类的语言表达方式，如词语的多义性、对话的逻辑结构等。

模态逻辑在人机融合智能中的作用主要是帮助机器更好地理解和处理人类语言中的语义和推理关系。模态逻辑是一种扩展了命题逻辑的逻辑体系，可以处理命题之间的可能性、必然性和时间关系等。在人机融合智能中，模态逻辑可以用来处理自然语言中的模糊和歧义问题，从而使机器更加准确地理解人类的意图和需求。同时，模态逻辑也可以用来帮助机器进行推理和决策，如处理多个条件之间的关系和时间序列问题。在人机融合智能的发展过程中，模态逻辑的应用将会越来越广泛，成为推动人机融合智能实现更加智能化和自主化的重要途径之一。当我们使用模态逻辑进行推理时，会涉及模态词（如可能、必然、可能不、必然不等）。例如，假设有以下两个前提。

（1）所有人都会死亡。

（2）如果某个人吸烟，那么他可能会早死。

我们可以使用模态逻辑推出以下结论：

孙先生吸烟，因此他可能会早死。

这里，我们使用了前提（1）中的"所有人都会死亡"，将其表示为"必然会死亡"。然后，我们使用前提（2）中的模态词"可能"，表明某个人吸烟并不一定会早死，但是存在这样的可能性。最后，我们得出结论。结论中使用了模态词"可能"，表示孙先生并不一定会早死，但是存在这样的可能性。因此，模态逻辑的推理过程通常涉及使用模态词描述可能性、必然性和不可能性等概念。

人机融合智能与西方哲学有着密切的关系。从哲学的角度看，人机融合智能主要涉及认知哲学、伦理学和社会哲学等方面。认知哲学方面，人机融合智能涉及人类认知能力与机器学习算法的结合，这涉及关于知识、思维和意识等问题，这些都是哲学研究的重要内容。伦理学方面，人机融合智能涉及人类与机器之间的道德和伦理问题，如人工智能是否有权利、机器人是否会取代人类工作等问题，这些问题涉及伦理学的研究范畴。社会哲学方面，人机融合智能也涉及了社会与技术之间的关系，如人类社会如何适应人机融合智能的发展、人机交互对社会结构的影响等问题，这些问题涉及社会哲学的研究范畴。总体来说，人机融合智能与西方哲学的关系非常密切，涉及哲学多方面的研究内容。通过哲学的思考和探讨，可以更好地理解人机融合智能的本质和意义。

人机融合智能是指人和机器之间相互协作、相互融合，形成一种新的智能体系。而分析哲学和现象哲学是哲学领域中的两个分支，它们都是研究知识和现实的哲学思潮。在人机融合智能中，分析哲学的思想可以帮助我们理清思路，分析和解决问题。分析哲学强调语言分析和逻辑分析，可以帮助我们理解和分析人机交互中的语言和行为，并从中获取有用的信息。而现象哲学则更关注主体的体验和感知，研究现象的本质和意义。在人机融合智能中，现象哲学的思想可以帮助我们更好地理解人机交互的过程和意义。例如，在人机交互中，人类如何感知和理解机器的行为和语言，机器如何"理解"人类的意图和需求，这些都可以通过现象哲学的思想加以分析和探讨。总之，人机融合智能与分析哲学、现象哲学之间存在着密切的联系和互动，它们可以互相借鉴和启发，共同推动智能化时代的发展。

分析人机交互中的语言与行为，因为它关注的是符号和意义的逻辑关系。在人机交互中，语言和行为都是符号，而它们所传达的信息都是有意义的。因此，分析哲学可以帮助我们探讨这些符号和意义的关系，以及它们在交互中的作用。首先，分析哲学的语言分析可以帮助我们研究人机交互中的语言使用。语言分析可以帮助我们分析和理解人机交互中的对话和文本，揭示其逻辑结构、语义和语用特征等。通过分析语言使用，我们可以了解人机交互的意图、目的和效果，从而更好地设计和优化人机交互系统。其次，分析哲学的行为分析可以帮助我们研究人机交互中的行为表现。行为分析可以帮助我们分析和理解人机交互中的操作、反应和反馈等行为表现，揭示其逻辑结构、意义和影响等。通过分析行为表现，我们可以了解人机交互的效率、可靠性和用户体验等方面的问题，从而更好地设计和优化人机交互系统。总之，分析哲学可以为我们提供一种有力的工具和方法，用于理解和分析人机交互中的语言和行为，从而更好地设计和优化人机交互系统，提高其效率、可靠性和用户体验等方面的表现。

现象学是探讨人类体验和感知的一种哲学方法，它可以帮助我们理解和分析人机交互中的体验和感知。在人机交互中，用户的体验和感知是至关重要的。现象学可以帮助我们探究用户在使用产品或服务时的感受和体验，包括他们的情感、行为和认知等方面。通过对用户的感受和体验进行深入的研究和分析，我们可以更好地了解用户的需求和期望，进而更好地设计出满足用户需求的产品或服务。在人机交互设计中，现象学的应用可以帮助我们更好地理解用户的行为和反应，并从中挖掘出用户的真实需求，以此指导产品的设计和改进。总之，现象学的应用可以帮助我们更好地理解和分析人机交互中用户的体验和感知，从而设计出更好的用户体验，提升产品的使用价值。

东方哲学中的释家思想主张"心外无物"，即认为人的内心是不受外在物质世界影响的，只有通过内心的修持和觉悟才能获得真正的自由和幸福。这一思想可以应用于人机融合智能的分析中。人机融合智能是基于人的智能和机器智能的交互和融合实现更高效、更智能的决策和行动。但是，如果我们只看到技术的表象，而忽视人性的本质，就有可能导致人机融合智能的过度依赖和滥用，从而失去内在的平衡和自由。在这种情况下，释家思想提供了一种思考方式，即令人们意识到人类内心的修持和觉悟是实现真正智能的关键。只有通过内心的修持，才能真正理解和掌握人机融合智能的应用，从而在使用人工智能的过程中保持一种平衡的状态，不被技术控制，而是掌握技术，发挥技术的优势，同时实现自我价值的提升。

道家思想主张"道法自然"，即认为自然界中存在着一种无形的道，它是宇宙万物的根源和本质，人类应该尊重自然，顺应自然，以达到内心的平衡和和谐。这一思想也可以应用于人机融合智能的分析中。人机融合智能的实现离不开技术的发展和创新，但如果我们只追求技术的进步，而忽视了人类自身的本质和自然的规律，就会破坏人与自然之间的平衡关系，产生不可预知的后果。在这种情况下，道家思想提供了一种思考方式，即让人们重新审视和思考人类与自然的关系，更加注重人类的本质和内在的平衡，以达到与自然和谐共生。道家思想还主张"无为而治"，即认为在人与自然的交互中，应该尽可能地减少人为的干预和干扰，让事物自然地发展和演化。在人机融合智能的应用中，也应该尽可能地保持人机之间的平衡和互动，让人机的关系更加自然、和谐、平衡，以更好地实现人机融合智能的发展和应用。

《易经》是中国古代哲学经典之一，它主要包含六十四篇卦象和解释。《易经》强调宇宙的变化和演化，并通过对阴阳、五行等概念的运用，揭示了自然界和人类社会的发展规律。《易经》的哲学思想在中国历史上产生了深远的影响，被广泛应用于社会生活、政治决策、医学、军事等领域。辩证法是一种哲学和思维方式，强调对事物的矛盾和对立的认识，并通过对矛盾和对立的分析和综合，推动事物的发展和进步。辩证法在中国哲学历史上也有着重要的地位，广泛应用于政治、哲学、文学等领域。虽然《易经》和辩证法都强调对事物的矛盾和对立的认识，但它们的起源和发展背景存在较大差异。《易经》的起源可以追溯到古代的占卜文化，它主要用于占卜和预测，而辩证法则是在哲学思辨和实践中逐渐形成和发展的。因此，虽然《易经》和辩证法在某些方面存在相似之处，但它们的历史和文化背景不同，难以完全等同或将《易经》视为辩证法的起源。

儒家中的孔子和孟子思想强调人与人之间的道德关系和社会秩序，强调道德规范和人际关系的和谐。这些思想可以与人机问题结合，促进人机交互中的道德规范和社会秩序的发展。例如，孟子强调"仁者爱人"，在人机交互中可以理解为，人与机器之间应该建立起尊重和信任的关系，机器应该被视为一种有感情的存在，而不是一种冷酷无情的工具。孔子提出的"中庸之道"也可以启示我们在设计人机交互时，应该遵循适度、均衡的原则，不过分强调机器的自主性，而要考虑人的需求和利益。此外，孔子和孟子的思想中还包含了许多其他的价值观念，如忠诚、诚实、谦虚、孝道等，这些价值观念可以帮助我们在人机交互中建立更加健康、和谐的关系，促进人机交互的可持续发展。

中医经络思想认为人体的经络是一个复杂的网络系统，它贯穿全身，连接着各个器官组织，具有传导和调节气血等生命活动的功能。人机融合智能同样需要一个复杂的网络系统来连接各种硬件设备和软件系统，实现数据的传输和信息的处理。中医经络思想中的"经络"可以类比为人机融合智能中的"网络"，两者具有相似的功能和作用。在人机融合智能中，各种硬件和软件系统之间需要通过网络进行快速的数据传输和信息交流，这与中医经络思想中气血运行的过程相似。同时，中医经络思想中也强调了调节和平衡的重要性，这对于人机融合智能的研究同样具有重要的启示意义。因此，中医经络思想可以帮助我们理解和分析人机融合智能的网络结构和功能，同时也可以为人机融合智能的研究提供新的思路和方法。

西方的还原思想基础是因果关系，即将复杂的问题分解为简单的因果关系，并通过还原分析理解问题，即通过计算算法将问题分解为简单的因果关系，进而解决问题。而东方的整体思想基础是共在关系，即将问题看作整体，强调事物之间的共时空共情关系，通过构建系统理解问题，这种理解是基于对事物之间的共时空共情关系的把握，并且这种理解包含了等价及隐性（默会）知识，不仅是显性知识。当人类和机器相互合作，共同完成某个任务时，就可以应用人机融合智能的思想，这种思想可以将西方的还原思想与东方的整体思想结合起来，从而实现更加全面的问题解决方案。例如，当一个机器人需要完成一个复杂的任务时，它可以使用西方的还原思想，将任务分解为许多小的因果关系，然后在这些小的因果关系之间进行协调和整合。然而，如果这个任务需要考虑许多不同的因素，如环境、人类行为等，那么机器人就需要使用东方的整体思想理解这些复杂因素之间的共时空共情关系，从而制定更加全面的解决方案等。

人和机器的内在关系可以通过双螺旋结构进行类比描述。在这个结构中，可以将人看作一个螺旋结构，将机器看作另一个螺旋结构，两者相互缠绕并相互作用，形成一个双螺旋结构。在这个结构中，人和机器不仅相互影响，而且还可以相互学习、适应和优化，从而实现工作的协同和生产力的提升。具体来说，人和机器之间的双螺旋结构可以描述为：人类通过机器学习和自我适应，可以不断优化自身的行为策略和决策能力，从而提高对机器的控制和使用效率。同时，机器也通过人类的反馈和指导，不断学习和优化自身的算法和模型，从而更好地服务于人类的需求和目标。

同样，我们也大胆猜测一下，东方整体思想和西方还原思想之间的内在关系也可能通过双螺旋结构进行类比描述。东方整体思想强调整体性、动态性和系统性，认为整个系统是由许多不同的因素共同作用而成，而不是简单的单独的因果关系。这种思想在复杂系统的建模和分析中得到广泛应用，如交通流动、城市规划等。人机融合智能通过将机器的感知能力和人类的认知能力结合起来，不仅能分析各个因素之间的关系，还能更好地理解整个系统的运作机制和变化规律。西方还原思想强调将整个问题分解成为若干独立的、可量化的部分，然后针对每部分分别进行处理。这种思想在计算机科学中得到广泛应用，例如，将一个大型的软件系统分解成为若干小的模块，然后分别编写和测试。人机融合智能可以通过将问题分解为若干小的部分，然后分别让人和机器处理，最后将结果整合起来，实现更加高效的问题解决方案。因此，人机融合智能与西方还原思想和东方整体思想的内在关系在于，它们既能够将问题分解为若干小的部分，又能够理解整个系统的动态变化和复杂关系，从而实现更加全面、高效、智能的问题解决方案。

将东方文化的复杂性和西方文化的复杂性看作两个螺旋结构，相互缠绕并相互作用，形成一个双螺旋结构。在这个结构中，东方文化和西方文化不仅相互影响和融合，而且还可以相互学习和适应，从而实现更好的文化交流和理解。具体来说，东方文化和西方文化之间的双螺旋结构可以描述为：东方文化的复杂性体现在其深厚的历史文化底蕴、独特的哲学思想、繁复的礼仪习俗等方面；而西方文化的复杂性则体现在其科学技术的发展、艺术文化的创新、社会制度的多元化等方面。这些复杂性相互交织、相互作用，形成了一个双螺旋结构，反映了东方文化和西方文化之间的内在关系。

复杂科学和复杂思想在西方和东方有不同的传统和发展历程，但它们在不同程度上都对人类认识和理解复杂性的方法做了重要的贡献。在西方，复杂科学是通过数学、物理学、信息论等研究领域的发展而逐步形成的。它们强调量化、定量分析和模型建立，以此描述、理解和解决复杂问题。西方复杂科学的优点在于具有高度的可重复性和可验证性，其方法论和思想深刻影响了现代科学的发展。与此同时，东方复杂思想以哲学和文化为基础，主张非线性的、非定量的分析方法。例如，中国的道家思想和佛教禅学等理论都注重通过内观和体验认识世界的本质。东方复杂思想的优点在于能够关注事物的整体性和内在联系，强调对复杂系统的综合性认识和直觉性理解。总体来说，西方的复杂科学注重运用数学和物理工具解决复杂问题，而东方的复杂思想则主要强调通过对整体的直觉认识和领悟理解复杂系统。两者在方法论和思想上有不同的偏重点，但它们都提供了人类认识复杂性的不同视角和方法。

西方复杂科学有很多种，如网络科学是研究网络结构、动态和功能的交叉领域。它主要运用图论、统计物理学和计算机科学等方法，研究各种复杂网络，如社交网络、物流网络、电力网络等，其中一个著名的实例是"六度分隔理论"，它认为每个人都可以通过不超过六个中间人的关系链与世界上任何一个陌生人联系起来；还有混沌理论，这是研究非线性动力学系统的分支，它主要研究复杂系统中的非周期性、随机性和不可预测性，混沌现象在自然界中广泛存在，如气象系统、心跳节律和金融市场等，混沌理论提供了一种新的方法来理解这些系统中的复杂行为，如著名的洛伦兹吸引子和蝴蝶效应；面对气候变化等异常因素，生态系统科学也成为复杂科学研究的重点之一，它是研究生态系统的结构、功能和演化的跨学科领域。它主要运用生态学、统计学、计算机模拟等方法，研究生态系统中的能量流、物质循环和生态多样性等问题，可以帮助我们理解复杂生态系统中的相互作用和动态变化，如气候变化对生态系统的影响、物种灭绝和生态系统崩溃等。

西方复杂科学是一种重要的研究方法，它能够帮助人们更好地理解自然和社会现象。然而，西方复杂科学也存在不足之处。其中一些不足包括：①缺乏跨学科合作，复杂科学通常需要跨越多个学科领域，但是西方的大学体系往往以单一学科为基础，导致不同学科之间的合作存在困难。②数据不足，复杂科学需要大量数据进行建模和分析，但是在某些领域，数据可能不足或者数据质量不高，这会影响分析的准确性和可靠性。③数学工具不够，复杂科学通常需要使用高级数学工具进行建模和分析，但是这些数学工具对许多科学家来说可能过于复杂，使得他们难以理解和应用。④难以验证，复杂科学建立的模型通常非常复杂，难以验证其准确性。这使得复杂科学的研究结果可能会引起争议和质疑。综上所述，尽管西方复杂科学存在一些不足，但是这并不意味着复杂科学本身是有问题的。相反，我们应该继续探索和发展复杂科学，以更好地理解自然和社会现象。同时，我们也应该关注复杂科学的不足，努力克服这些问题，提高科学研究的质量和可靠性。

东方复杂思想中具有代表性的有中医学，它主要包括中药学、针灸、推拿、气功等治疗方法。中医学强调整体观念，认为人体是一个有机的整体，通过调节身体内部的阴阳平衡和气血流通治疗疾病；另外，道家思想是中国古代哲学思想之一，强调人与自然和谐相处。道家认为万物皆有道，人应该追求自己内在的道，达到身心合一的境界，道家思想重视个人修养和内心的平衡，注重超越物质世界，寻求精神上的自由和解放；佛教思想本是源于印度的一种哲学思想，后传入中国。佛教强调"四谛"，即生命的苦、苦的因、苦的灭、灭的道，佛教认为人生的苦难源于欲望和执着，只有通过消除执着和追求内心的平静，才能达到解脱和超越生死的境界。佛教思想在中国广泛传播，对中国文化和哲学产生了深远的影响。

东方复杂思想的不足主要在于其理论性和文化性的局限性，需要更多的实践和应用，以及更加系统化和科学化的研究方法推动其发展，其不足和缺陷可能包括以下几点：①缺乏系统性和科学性，东方复杂思想通常基于哲学、宗教等非科学性的文化传统，缺乏系统性和科学性，往往难以被证明或验证。②狭隘性，东方复杂思想可能存在狭隘性，只适用于特定的历史和文化背景，难以适用于其他时空和文化背景。③缺乏实践性，东方复杂思想更多的是理论性的思考，缺乏实践性，难以应用于实际生活中，也难以解决具体的问题。④缺乏普及性，东方复杂思想通常由少数专家、学者进行研究和传承，缺乏广泛的普及和传播，使其难以为大众所接受和理解。

当前，现代生活中待人们处理的事务繁多，工作节奏加快，现代心理学中的正念（Mindfulness）疗法正在成为一个融合了西方复杂科学和东方复杂思想的很好实例。正念疗法源于佛教的禅修，但是在应用中融合了现代心理学的思想和技术。正念疗法通过集中注意力、接纳当下、不加判断地观察内在体验、保持开放和好奇心等方式，帮助人们减轻压力、焦虑、抑郁等心理问题。这种疗法也被证明对许多身体疾病有积极的影响，如慢性疼痛、高血压、心脏病等。正念疗法的实践和理念融合了西方复杂科学的认知心理学、神经科学、生物医学等学科，同时体现了东方复杂思想中的关注当下、接受自我、关注内在体验等思想。这种融合为我们提供了一种更加综合、全面的心理健康治疗方法。

要实现西方复杂科学和东方复杂思想相互取长补短，可以考虑以下方法：①通过交流和合作，西方和东方的学者可以更深入地了解彼此的科学和思想，从而发现彼此的长处并互相学习。②科学和哲学都是研究人类认识世界的方法，将它们结合起来可以更全面地认识世界。西方科学强调实证和证明，东方哲学强调体验和感悟，将两者结合起来可以更好地理解世界的本质。③通过教育和普及，可以让更多的人了解西方科学和东方思想，并从中发现相互补充的优点。这需要从基础教育开始，注重培养学生的思辨能力和跨文化交流能力。④开放的科学和思想态度可以促进不同文化之间的交流和合作。要实现这一点，需要打破传统思维和框架，鼓励探索和创新，以及接受不同文化的想法和观点。

有一些初步的尝试和研究表明，人机融合智能可能有助于将西方科学和东方思想相结合，创造出更加创新和实用的解决方案。例如，在医疗领域，使用人工智能和机器学习算法分析大量的医学数据，可以帮助医生更准确地诊断和治疗疾病。同时，结合东方中医药的理论和实践，可以更好地理解人体的整体健康状态，并提供更全面的治疗方案。此外，在制造业中，机器人和人类可以相互协作，实现高效的生产线。同时，结合东方的精益生产和"无为而治"的思想，可以更好地提高生产效率和质量。需要注意的是，人机融合智能的具体效果和实践案例还需要进一步研究和验证，以确定其在实践中的适用性和可行性。

4.5 人机融合智能的测量、计算与评价

老子在《道德经》第二十一章写道："道之为物，惟恍惟惚。惚兮恍兮，其中有象；恍兮惚兮，其中有物。窈兮冥兮，其中有精；其精甚真，其中有信。"（"道"这个东西啊，是没有清楚的固定实体。它是那样的恍恍惚惚啊，但其中却有形象。它是那样的恍恍惚惚啊，但其中却有实物。它是那样的深远暗昧啊，但其中却有精质；这精质是最真实的，这精质是可以信验的啊。）

人类的智慧又何尝不是如此呢？它既存在于虚无缥缈的状态中，又存在于具象的事物中；它既让人感到迷茫，又让人感到清晰；它深邃而神秘，总是在模糊和清晰之间寻找平衡，探索深邃的道理，发现其中的真正意义和价值。

平心而论，目前的机器并没有真正的创新意识（思维）。机器只能执行预设的程序和算法，缺乏自主思考和创造性的能力。虽然一些机器学习和人工智能技术可以模拟人类思维的某些方面，但它们仍然是在预设的框架内运行，并不能像人类一样自由地思考、发

现和创新。因此，要让机器真正具备创新意识，还需要更先进的技术和算法的发展。有人认为："AI 最怕系统"，实际上是指在 AI 领域中，一个完整的系统往往比一个单独的算法或模型更重要和有价值。这是因为 AI 系统的构建不仅涉及算法的选择和优化，还包括数据的处理、模型的训练、系统的架构设计、部署和维护等多方面。如果这些方面的任何一个环节出现问题，都可能导致整个 AI 系统失效或出现严重的错误。因此，在构建 AI 系统时，需要综合考虑各方面的因素，进行全面的规划和设计，以确保系统的稳定性、可靠性和性能。

人机融合智能中的多极动态性表明人机融合智能绝不是一个静态的概念，而是一个不断发展和演进的过程。在这个过程中，人和机器之间的相互作用会不断变化，这种变化可能涉及多方面，如技术、社会、文化等。人机融合智能本身并不是一个单一的概念，而是由多个因素共同构成的复杂系统，这些因素之间相互作用对人类及其智能的发展会产生深远的影响。

虽然人机融合智能涉及大量的数据处理和信息分析，但机器并非只负责重复性的任务，人类也并非只负责处理杂乱的问题。实际上，机器和人类在人机融合智能中各自扮演着不同的角色，相互协作，共同完成复杂的任务。机器在人机融合智能中发挥的作用主要是进行大规模的数据处理和信息分析，从而提供基础的决策和智能支持。机器可以利用深度学习、人工神经网络等技术，对大量数据进行训练和分析，以识别模式、发现规律，从而提供有效的预测和判断。而人类在人机融合智能中则发挥着更高层次的思考、判断和创新能力。人类可以从机器提供的数据和信息中提取出更深层次的意义，进行复杂的分析和推理，从而做出更精准的判断和决策。此外，人类还可以利用自己的主观能动性和创造力，对机器智能进行引导和优化，从而提高整个人机系统的智能水平。

人与机器协同的好坏常常通过这几个指标进行测量或评价：①效率提升程度，协同是否能够提高工作效率，减少人力成本和时间成本。②质量提升程度，协同是否能够提高工作质量，减少错误率和失误率。③用户满意度，协同是否能够提高用户满意度，提供更好的服务和体验。④成本节约程度，协同是否能够降低企业的运营成本，提高企业的利润率。⑤风险控制能力，协同是否能够帮助企业降低风险，提升企业的安全性和可靠性。

在充满变化和欺骗的环境中，人机融合智能应该采取以下措施：①加强安全保障，对智能系统进行全面安全审查，增强系统的安全性，防止黑客攻击和恶意软件入侵。②提高识别能力，智能系统应该具备更高的识别能力，能够准确地辨别真假信息，避免在欺骗环境中被误导。③强化教育宣传，加强对公众的教育宣传，普及人机融合智能系统的工作原理和使用方法，提高公众的防范意识，避免遭受欺骗。④加强监管管理，对人机融合智能系统进行全面监管管理，确保其合法合规运营，防止其用于违法犯罪活动。⑤推动技术创新，不断推动人机融合智能技术的创新，加强研究，提高系统的智能化水平，更好地满足公众需求。

在人机融合智能系统中，如人类的价值性反思与机器的事实性反馈不一致,我们应该优先考虑人类的价值性反思。因为在很多情况下,人类的价值观念比事实性反馈更重要,尤其是在涉及伦理和道德问题的时候。对于这种情况,我们可以采取以下几种方式:①重新调整系统的学习算法,使其能更好地理解人类的价值观念,并优先考虑这些价值观念。②设计一个反馈机制,让用户能及时提供对系统的评价和反馈,以便及时修正系统的错误。③引入人类专家的意见和建议,让其对系统进行评估和指导,以确保系统的决策符合人类的价值观念。④制定明确的规则和准则,以确保系统在做出决策时会考虑人类的价值观念,并避免偏差和误判。

在人机环境交互系统中,如人的主观能动性和创造力与机器的信息处理过程不一致,可以采取以下措施:通过提高机器的智能化水平,使其更好地理解人类的主观能动性和创造力,从而更好地与人类进行交互;在人机交互过程中,应该加强人机协同,让机器更好地理解人类的意图和需求,同时也让人类更好地理解机器的工作原理和能力,通过协同工作实现优势互补;在人机交互设计中,应该注重人类主观能动性和创造力的体现,让机器更加贴近人类的使用需求,提高人机交互的效率和舒适度;提高人类的科技素养,让人类更好地理解机器的工作原理和能力,从而更好地与机器进行交互;加强人机交互技术的研发,不断提高机器的智能化水平和人机交互的效率,更好地满足人类的使用需求。

在人机融合智能中,测量和计算是密切相关的。测量是指通过实验或观察确定对象或现象的量度值。计算是对量度值进行数学处理,以得出所需的结果。在科学和工程领域,测量和计算通常是相互依存的，测量结果提供了计算所需的数据，而计算结果则可以帮助我们理解测量结果并做出正确的决策。因此，测量和计算都是人机融合智能研究和工程实践中不可或缺的重要工具。

人的智能是一个复杂的概念，目前还没有一个统一的计算方法或测试标准。不过，我们可以参考一些心理学家和智能测试专家提出的智力测验初步了解人的智能水平。目前最常用的智力测验是普遍智力测验，如韦氏成人智力量表（Wechsler Adult Intelligence Scale, WAIS）和斯坦福 - 比奈智力测验（Stanford-Binet Intelligence Scale）。这些测验主要测试人的语言能力、数学能力、空间能力、记忆能力、推理能力等方面，并通过对测试结果的分析和比较来评估一个人的智力水平。但是，需要注意的是，这些智力测验只能测量人的某些方面的智力水平，而不能全面地反映人的智能。人的智能还包括情感智能、创造力、社交能力、实践能力等方面，这些方面的智能难以通过传统的智力测验来衡量。因此，人的智能是一个相对主观和多维的概念，不能简单地用一个指标或标准来衡量。

测量人的智能通常采用智力测验，其中最常用的是韦氏智力量表（Wechsler Intelligence Scale）。韦氏智力量表是一种标准化的测验，用于评估个体的智力水平，包括智力总分和各种子测验得分。其主要包括两个版本：WAIS 和 WISC（Wechsler Intelligence Scale for Children，儿童版）。除了韦氏智力量表，还有其他一些智力测验，如斯坦福 - 比奈智力量表（Stanford-Binet Intelligence Scale）和 Raven 标准逐步矩阵测验（Raven's Progressive Matrices Test）

等。除了智力测验，还有其他一些方法可以测量人的智能水平，如学校成绩、工作表现、专业技能等。但这些方法只能反映个体在特定领域的表现，不能全面反映个体的智能水平。另外，特别强调的是，智力测验也存在一些局限性，如文化和语言差异、测试环境等因素都可能影响测试结果。因此，在使用智力测验进行智力评估时，需要考虑这些因素的影响。

机器的智能是通过 AI 技术实现的。目前，评估机器智能的主要指标是 AI 算法的性能表现，包括准确率、精度、召回率、F1 值等。这些指标主要通过对 AI 算法进行测试和评估得出。另外，还有一些经典的评估标准，如图灵测试（Turing Test）和智能体竞赛（RoboCup）等。图灵测试是评估计算机是否具有智能的一种方法，测试者需要通过对话判断对方是否为机器，如果无法判断，那么机器就具有智能。智能体竞赛则是通过机器人足球比赛等方式评估机器的智能水平。这些评估方法只能评估机器在特定任务上的表现，不能全面反映机器的智能水平。况且，机器的智能目前还远远不能与人类智能相比，所以评估计算机智能的方法和指标仍需要不断完善和发展。

测量机器智能通常采用以下几种方法：①基于规则的方法，通过定义一套规则集，让机器在特定情境下自动执行规则，从而评估机器的智能水平。②基于统计的方法，通过对机器进行大量数据训练和学习，让机器能自动识别模式和规律，从而评估机器的智能水平。③基于专家系统的方法，通过将专家的知识和经验编码进机器中，让机器能自动模拟专家的决策过程，从而评估机器的智能水平。

④基于深度学习的方法，通过模拟人类神经网络的结构和功能，让机器能自动学习和优化自身的算法，从而评估机器的智能水平。以上方法各有优缺点，需要根据具体情况选择合适的评估方法。此外，评估机器智能水平的指标也有很多，如图像、语音、自然语言处理、机器翻译、面部识别等。

在科研中，我们常常通过人机交互评估测量人机交互好坏的程度。人机交互评估是一种系统性的方法，旨在评估人类与机器系统之间的交互质量，它可以帮助设计师和开发人员了解用户与机器系统之间的交互体验，并提供反馈和指导，以提高人机交互的质量。人机交互评估可以采用多种方法和技术，包括问卷调查、用户测试、观察和日志分析等。其中，用户测试是最常见的方法之一。用户测试可以让用户在实际使用机器系统的情况下，评估系统的易用性、效率、满意度等方面，以确定系统的交互质量。观察和日志分析则可以帮助评估人类与机器系统之间的交互过程，并提供反馈和指导，以改进系统的交互设计。

同时，我们可以通过一些量化指标计算人机交互的好坏程度。其中一些常用的指标包括：①任务完成时间，这是衡量用户完成某项任务所需时间的指标。任务完成时间越短，表示人机交互越好。②错误率，这是衡量用户在完成任务时所犯错误的比率。错误率越低，表示人机交互越好。③任务完成率，这是衡量用户完成某项任务的成功率。任务完成率越高，表示人机交互越好。④用户满意度，这是衡量用户对人机交互体验的满意程度。用户满意度越高，表示人机交互越好。⑤操作次数，这是衡量用户在完成某项任务时所需的操作次数。操作次数越少，表示人机交互越好。以上指标可以通过用户测试等方法进行测量和计算。同时，不同类型的应用和用户群体可能需要使用不同的指标衡量人机交互的好坏程度。因此，在进行人机交互评估时，需要根据具体情况选择合适的指标。

人机交互中的自主性和协同性是两个相互关联、相互促进的概念。自主性指的是在交互过程中，个体能够自主地进行思考和行动，不受外界干扰和控制，具有一定的自主决策能力。而协同性则是指智能体之间在交互过程中能够互相配合、合作，达到共同的目标。自主性和协同性相互作用，可以促进交互的顺利进行和交互结果的优化。随着科技的不断发展，人机交互方式也越来越多样化和复杂化，人们需要在交互中更加注重自主性和协同性的平衡。过于强调自主性可能导致个体行为过于孤立和以自我为中心，而过于强调协同性则可能导致个体失去自主性和创造性。因此，在交互中兼顾自主性和协同性是非常重要的，既能保持个体的独立性和主动性，又能实现共同协作和交互目标。

机器自主程度大小可以通过一些指标评价，但是这些指标仍然存在一定的主观性和不确定性。以下是一些可能用于评价机器自主程度的指标：机器能否在没有人类干预的情况下自我学习、自我改进；机器能否基于自身的学习和数据分析做出决策；机器能否在没有人类干预的情况下自主执行任务；机器能否感知周围环境并做出相应的反应；机器能否理解人类的语言和行为，并做出相应的反应。

人机融合智能可以理解为人类和机器系统之间的协同工作，以达到更高效、更准确的智能处理。在这个过程中，清晰和模糊是两个重要的概念。首先，清晰指的是事物具有明确的定义和边界，能够被准确地描述和处理。例如，数字、逻辑等概念可以被机器系统精确地处理和计算，而人类也可以准确地理解和运用这些概念。其次，模糊指的是事物具有不确定性和模糊性，难以被精确地定义和处理。例如，人类的语言表达和情感体验等就具有一定的模糊性，而这些方面的处理对于机器系统来说则相对困难。因此，人机融合智能是清晰和模糊的综合过程，需要人类和机器系统共同合作来处理各种问题。处理清晰问题时，机器系统可以提供高效、准确的计算和处理能力；处理模糊问题时，人类则可以提供更好的语言理解、情感体验等方面的能力。两者相互补充，形成一种协同工作的模式，从而实现更高效、更智能的处理。不考虑人机各自智能程度的计算，两者在特定环境下的人机融合智能程度我们做了一个基本公式，如下。

人机融合智能系统中人机协同的智能程度，其大小与两个智能体的智能程度成正比、与两者同向一致性的角度成反比，即

$$AI（人机协同）=e×AI（人）×AI（机）/K$$

式中，e 为比例系数，其结果取决于交互环境的复杂性；K 为 AI（人）×AI（机）的同向程度，即一致性角度（人机智能具有共识性的大小）。机机协同的合成智能大小也类似。

4.6 人机融合难，恰当的人机分离更难

人类社会是一个多领域的复杂系统，所以不但需要智能化，更需要智慧化。智能化一般指利用人工智能技术处理信息、决策和控制，针对特定问题表现出很高的效率和准确性，可以应用在很多领域。但是，在复杂系统中，智能化还需要与智慧化相结合，才能更好地提高系统的整体性能。智慧化指的是在决策中融入人类智慧、价值观和情感等因素，从而更好地考虑社会和人类的可持续性和稳定性。例如，在处理医疗问题时，仅应用智能化可能会最小化总成本，但这可能导致一些患者失去他们基本的医疗权利，这并不符合人类的生命价值。人类智能和智慧之间的平衡非常重要，我们需要在不同的场景中综合运用它们，以获得更好的结果。与此同时，也需要注意人工智能技术的发展和应用对人类智慧的影响，避免出现对人类智慧的削弱或替代。

技术资本化和资本技术化是当前社会发展的趋势，它们推动了技术和资本的结合和融合，带来巨大的经济效益和社会变革。然而，这种趋势也存在一些负面影响，特别是对社会公平正义的影响。首先，技术资本化和资本技术化有可能导致社会的财富不平等加剧。因为这种趋势使少数拥有巨额资本和技术资源的人或组织能更加轻松地占据市场并获取更多的收益，而其他人或组织则难以参与到这样的竞争中。其次，技术资本化和资本技术化也有可能导致技能差距扩大，因为只有那些有能力获取技术和资本资源的人才能够从中受益，其他人则可能落后于竞争对手。这种趋势势必加剧社会分化，

从而对社会公平正义造成影响。我们需要警惕技术资本化和资本技术化所带来的潜在风险，不断探索如何平衡和协调技术资源和社会公平正义之间的关系，促进技术和资本的可持续发展，并为所有人提供公平的机会和平等的竞争环境。

"数智社会"是指在移动信息技术、大数据和人工智能等技术的推动下，社会各方面都将变得更加数字化、智能化，这将会给我们带来很多新的机遇和挑战。其中，"科技 - 信息 - 资本 - 权力"网络的新挑战主要表现为，在这个数字化的时代，权力和资本的集中程度会更高，信息的流通和掌握也会更加容易，这给社会的平等和公正带来很大挑战。为了应对这些挑战，我们需要创造一种科技的新思想，这种新思想应该能够平衡科技、信息、资本和权力之间的关系，促进公正和平等的发展，同时避免科技与信息的滥用和滋生出新的不公与不平等。这种新思想需要深入探讨数字化时代的价值观和道德标准，引导社会在数字化的道路上坚持人本主义的原则，让数字化更好地服务于人类的发展和福祉。

人机融合很难，恰当的人机分离更难。从技术角度看，人机融合确实是一项非常具有挑战性的技术任务，因为它涉及人类智能和计算机智能的高度融合和交互。人类智能和机器智能之间存在着本质的差异，如感知、推理、判断、决策等方面，这就需要我们通过深入研究和开发新的技术手段实现人机融合。然而，即使人机融合实现了，要实现恰当的人机分离，也同样具有挑战性，这是因为人机融合后，人类和机器之间的边界变得模糊不清，这就需要我们在实际应用中恰当地分离人类和机器的职责和功能，以避免人类和机器之间的冲突和混淆。从人类角度看，人机融合和分离也具有重要意义。人机融合能够让人类更好地利用机器的智能和技术，提高生产力和生活质量；而人机分离则可以避免机器对人类的控制和侵犯，保护人类的权益和尊严。人机融合和分离都具有重要意义和挑战性，需要我们从技术、伦理和社会等多方面进行深入研究和探讨。

人机分离通常指人类与机器之间的任务分工、匹配与合作，以实现最高效的工作流程。实现有效的人机分离应确定任务分工，即将不同的任务分配给人类和机器，使二者各自发挥其优势（机器处理大量重复性的任务，而人类则可以处理需要判断和决策的杂乱任务），同时，还要制定清晰的工作流程和流程图，以确保人类和机器在工作中可以清楚地知道自己的角色和职责，以确保建立良好的沟通和协作机制，实现人类和机器在工作中各尽所能、高效地合作，如利用自动化技术（如机器学习、自然语言处理等）帮助机器更好地处理任务，减少人类的工作负荷，不断评估和优化人机分离的工作流程和机制，以提高工作效率和质量。

西方的系统科学和东方的整体思想在一些方面有相似之处，但在其他方面则有明显的差异。两者的相似性在于：西方的系统科学和东方的整体思想都强调系统的整体性，即将系统看作一个整体，而非一些独立的部分；两种思想都认为系统中各部分之间存在相互作用和相互影响，这些作用和影响会对整个系统产生影响；西方的系统科学和东方的整体思想都强调系统的自组织性，即系统内部的部分能够组织起来形成新的整体。双方的差异之处则在于：西方的系统科学是基于哲学、数学和物理学等自然科学的思想基础，而东方的整体思想则是基于宗教、哲学和文化传统的思想基础；西方的系统科学注重定量分析和模型建立，强调科学方法和实证研究，而东方的整体思想则注重质性分析和观察，强调综合和直觉；西方的系统科学有着完整的理论框架，包括系统论、控制论、信息论、网络理论等，而东方的整体思想则缺乏一个统一的理论框架。

"天地人"思想源于中国古代哲学思想，主张人与自然、宇宙和社会的和谐统一。它强调人类应该尊重自然和天地之间的关系，以及人类与社会之间的和谐相处，追求身心的和谐与平衡，体现了一种以人文关怀为核心的思想。由此衍生出的人机环境系统思想则是现代科技发展所催生的一种思想，主张人类应该适应和利用科技与机器的发展，实现人机环境的和谐共生。该思想强调科技与机器对人类生产和生活的积极作用，以及人类如何在技术发展中保持自我和环境的平衡。数字化技术的发展虽然为人们的生产和生活带来了极大的便利，但也会带来一些问题，如信息泄露、网络犯罪等。如果没有人性的注入，数字化世界可能会变得完全机械化和冷漠化，这将会给人类带来更多的负面影响。因此，我们需要在数字化世界中注入更多的人性和关怀，如在设计数字化系统时考虑用户的需求和感受，加强网络安全和隐私保护等方面，这样才能使数字化世界更加人性化和有益于人类社会的发展。同时，我们也需要在数字化世界中培养和弘扬人性，如尊重他人、关注弱势群体、倡导公平正义等，使数字化世界真正成为人类福祉的工具。在不远的将来，当西方的科技本身治愈不了自身时，源自东方的人机环境系统智能思想或许就是一种能够治疗未来数智社会中各种疑难杂症的有效方法吧！

东方的"道"是多种逻辑的综合体现。它意味着，道不是一个单一的逻辑，而是多种逻辑的综合体现。在不同的文化和传统中，对道的理解和表达是不同的，但是它们都具有自己的合理性和逻辑性。因此，我们需要通过多种途径和角度，理解和探究道的多种逻辑，这样才能更加全面和深入地理解道的真正含义。此外，这也表明了道是一种综合性的显化，它不仅是一种理论概念，更是一种实践和体验。在实践中，人们通过不同的行动和经验，可以更加深入地理解和感受道的存在和影响。

有人认为"人类智能里有哲学，而机器智能里没有哲学"，这个观点值得商榷。哲学作为一门学科，确实可以帮助人类思考和理解各种复杂的问题，包括道德、价值观、意义和存在等。哲学的思辨和逻辑能力，以及对人类文化和历史的深度理解，确实可以帮助人类智能在某些方面超越机器智能。然而，从另一个角度看，机器智能也有其独特的优势，如处理大量数据和运用复杂算法的能力。在某些领域，如计算机科学、人工智能和数据分析等，机器智能可能比人类智能更具优势。哲学可以启发人类智能深度思考和理解，而机器智能可以为人类智能提供更强大的计算和分析能力。在未来的发展中，哲学和机器智能相互融合，将会带来更丰富和多样的人类智能。

有人认为"人类智能里有物理，而机器智能里没有物理"，这句话提醒我们，虽然机器智能可以在某些方面比人类智能更高效和准确，但机器智能和人类智能是有不同的特点和局限性的。人类智能是建立在我们的身体和感官的物理结构之上的，而机器智能则是建立在计算机程序和算法之上的，没有身体和感官的物理结构。人类智能是通过我们的五官、神经系统和大脑感知、理解和处理世界上的信息和问题的。我们的身体和感官结构影响着我们的思维方式和认知能力，包括我们对语言、音乐和艺术等方面的理解能力。而机器智能则是通过计算机程序和算法模拟人类智能的某些方面，如语言处理、图像识别和决策制定。虽然机器可以通过传感器收集信息，但它们没有像人类一样的身体和感官结构，因此它们的智能表现出来的方式与人类有所不同。

对于"人类智能里有文学艺术，而机器智能里只有符号表征"的观点而言，我们可以这样理解：尽管机器智能在某些方面可以比人类更为高效和准确，但机器智能和人类智能之间的差异是很大的，尤其是在处理非常抽象和复杂的概念时。人类智能可以通过文学艺术表达情感、思想和想象力等非常抽象和复杂的概念，而机器智能只能通过符号表征表示这些概念。文学艺术是人类文化的重要组成部分，它可以通过语言、音乐、绘画和舞蹈等多种形式表达人类的情感、思想和想象力。这些概念是非常主观和复杂的，需要人类智能理解和表达。机器智能则是通过符号表征表示信息和概念的。符号表征是一种将信息和概念表示为符号或代码的方法，这些符号或代码可以被计算机程序处理。虽然机器智能可以模拟人类智能的某些功能，如语言理解和图像识别，但它们只能通过符号表征表示信息和概念，而不能像人类一样通过文学艺术表达情感、思想和想象力等复杂的概念。

同时，人类智能不仅包含理性思维和逻辑推理能力，还包括

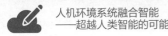
对自然世界和人类社会的感知、理解和应对能力，同时也具备情感、意识和主观性等非常复杂的特征。而机器智能则主要是通过公式推理和算法执行模拟人类智能的行为，其能力受到算法和数据等因素的限制，缺乏人类智能的主观性和创造性，尚未具备真正的自我意识和情感体验等特征。因此，虽然机器智能已经在很多领域取得了极大的成功，但与人类智能相比，还存在着明显的差距和局限性。

弱点常常被视为优点的秘密来源。一个人或机器的弱点可以成为其优点的秘密来源。弱点可以促使人们思考、改进和创新，从而最终使其变得更加优秀。一个人可能在某些方面存在缺陷，但正是这种缺陷促使他去反思和努力改进自己，最终成为一个更加出色的人。同样，一个机器或系统也可能存在某些不足之处，但这些不足可以促使机器不断地或主动或被动完善和创新，最终实现更好的机器和系统。人机融合系统中人机之间的恰当弥散、聚合不也正是在不断磨合中趋于完美吗？

4.7　可解释性对人机融合智能重要吗

可解释性、透明性、信任是人机融合智能关键能力的一个重要组成部分，因为这三方面可以帮助人类更好地理解和控制机器的行为，从而提高人机协同的效果。其中，可解释性可以帮助人类更好地理解机器的决策和行为，当机器做出某个决策时，人类可以通过了解机器是如何得出这个决策的，从而更好地理解其背后的逻辑和原因。而透明性可以帮助人类更好地控制机器的行为，通过透明性，人类可以了解机器的内部状态、运行情况和运行结果，从而更好地掌控机器的行为。良好的相互信任可以帮助人类更好地与机器进行协同，当人类能够信任机器并且理解其行为时，就可以更加自信地与机器进行交互和合作，从而提高人机协同的效果。

人类的行为是非常复杂的，容易受各种因素的影响。同样的环境下，不同的人可能会有不同的反应，这就说明了个人因素的重要性。同时，人的行为也不是完全随意的，它受到文化、社会等因素的约束和指导。人类的行为既受到可解释的因素（如环境、文化、教育等）的影响，也受到不可解释的因素（如基因、个人经历、心理等）的影响。对于不可解释的因素，我们很难进行科学研究和分析，况且不同因素之间的作用关系也很复杂，我们很难在实践中准确地衡量它们的影响。因此，解释人类行为需要考虑多个因素的作用。

对人机融合智能而言，机器智能中的不确定性是不可避免的，因为人工智能模型往往是基于大量的数据和复杂的算法（尤其涉及多内层的神经网络）构建而成的，而这些数据和算法的复杂性使机器智能的决策显得难以解释。因此，为了提高机器智能的可信度和可靠性，需要在可解释性和不可解释性之间寻求平衡。具体来说，需要开发出一些可解释性强的机器智能模型，同时采用一些可解释性强的技术手段，如可视化、解释性的算法和模型等，帮助人们理解机器智能的决策过程。这样可以提高机器智能的透明度和可靠性，使人们更加信任和接受机器智能的应用。

在人机交互中，可以解释的地方涉及：①界面元素的功能和用途，如按钮、文本框、下拉菜单等界面元素的作用和使用方式；②系统反馈和提示，系统向用户提供的反馈信息，如错误提示、成功提示、进度条等；③操作流程和步骤，对于复杂的操作流程，应该向用户解释每一步操作的目的和作用；④数据展示和分析，对于数据的展示和分析，应该向用户解释数据的含义和结论，以及数据可视化的方式和原理。而那些不可以解释的地方包括：①系统内部实现细节，用户不需要知道系统内部的实现细节，只知道如何使用系统即可；②用户的个人信息和隐私，用户的个人信息和隐私应该得到保护，不应该向用户解释或泄露；③非法或违规的操作，如果用户进行非法或违规的操作，系统不应该向用户解释或支持这些操作。

对于人机交互中不可解释的部分，可以采取以下措施进行一定程度的规避：①隐藏细节，系统应该隐藏内部实现细节，使用户只关心自己需要进行的操作，而不必了解系统的具体实现。②提供必要警告，如果用户进行了非法或违规的操作，系统应该给出必要的警告或提示，告诉用户这些操作是不被允许的，并且可能导致一些不良后果。③保护用户隐私，系统应该保护用户的个人信息和隐私不被泄露或滥用。对于需要收集用户信息的场景，应该向用户解释数据的用途和范围，并明确告知用户数据的保护措施。④提供帮助文档，系统应该提供详细的帮助文档，向用户解释系统的使用方法和操作流程，让用户能够更好地理解系统的功能和使用方式。⑤提供技术支持，对于用户遇到的问题和困难，系统应该提供技术支持和咨询服务，让用户能够得到及时的帮助和解决方案。

尽管人工智能已经有了很多重要进展，但是我们还远远没有完全理解智力的本质，也尚未总结出普适的智力理论。因此，人工智能研究仍处于创新阶段，需要不断地进行探索和实验。同时，我们也应该意识到，人工智能的发展是一个持续漫长的过程，需要不断地积累经验和知识。人工智能是一个复杂的系统，包括许多不同的组件和算法。其中，确定性和不确定性是两个重要的方面。确定性是指机器智能系统中的算法和规则是可预测的，按照确定的规则可以得到确定的结果。这种确定性使机器智能系统可以执行一些重复性高、逻辑性强的任务，如自动化生产线上的机器人、自动化财务系统等。不确定性是指机器智能系统中的算法和规则是不可预测的，可能会受到一些外部因素的影响而产生不同的结果。这种不确定性使机器智能系统可以应对复杂的情况和变化，如自动驾驶汽车、人工智能医疗诊断系统等。因此，人工智能是确定性与不确定性的平衡。在人工智能系统中，需要通过不同的算法和模型平衡这两方面，以达到最佳的效果和性能。

人机协同就是逐步减少系统误差的过程，就是人与机器进行尝试、犯错以及自我调整等操作过程。在人与机器的协同中，机器可以帮助人类更快速、更准确地完成一些任务，但机器本身也存在着设计、程序等方面的误差。因此，人类需要不断地与机器进行交互，通过不断尝试和调整，逐步减少系统误差，提高协同效率和准确性。这也是人机协同的一个重要目标。

人机环境系统与认知域、信息域、物理域、社会域之间存在着密切的关系。人机交互技术和认知科学的发展，正在逐渐改变人们在信息、物理和社会领域的行为和互动方式。在信息域中，人机交互技术的发展使人们能更便捷地获取和处理信息，智能手机、平板电脑等移动设备的普及，使人们能随时随地地获取信息，而人工智能技术的发展也正在进一步改善信息的获取和处理能力。在物理域中，人机交互技术的应用已经改变了人们与物理环境的互动方式，通过虚拟现实技术，人们能够模拟出各种场景，使在实际生活中难以实现的体验成为可能。在社会域中，人机交互技术的应用也正在改变人们的社交方式，社交网络、在线游戏等应用使人们能够跨越时空的限制进行互动和交流。人机环境系统之间的交互的持续发展，将继续推动这些领域的进步和变革，其中可解释性与不可解释性问题如何有效地平衡/融合将制约人机融合智能水平的发展。

4.8　人机融合是自由与决定的交互

人机融合是指人类与机器之间的紧密合作与互动。在这种融合中，人类使用机器的能力增强自身的能力，而机器则依赖人类的指导和判断发挥作用。这种融合可以带来许多好处和机会，但也伴随着一些挑战和风险。

首先，人机融合可以为人类提供更高效、准确和创造性的工作能力。机器可以处理大量的数据和信息，进行复杂的计算和分析，从而帮助人类更好地进行决策和创新。例如，在医学领域，人机融合可以帮助医生更精确地诊断疾病、制定治疗方案，提高医疗水平。在制造业中，人机融合可以提高生产效率和质量，减少人为错误。其次，人机融合也能为人类提供更多的便利和舒适。智能手机、智能家居等技术的普及，使人类可以通过简单的操作实现许多日常生活中的任务，如购物、交通、娱乐等。这些技术的发展，使人们能更高效地利用时间和资源。

然而，人机融合也存在一些挑战和风险。人机融合可能导致人类对机器过度依赖，降低了人类的技能和能力。如果人类过度依赖机器，可能导致对机器的错误判断和依赖，从而导致错误的决策和行为。另外，人机融合可能引发一系列的伦理和社会问题。例如，随着人工智能的发展，机器可能会具备更多的智能和自主能力，这可能引发人机之间的权力和责任的问题。同时，人机融合也可能导致个人隐私和数据安全的问题，需要制定相关的法律和规范来保护个人权益。

总体来说，人机融合是自由意志与数理决定的交互。人类可以自由地选择使用机器增强自身的能力，但也需要明确意识到人机融合所带来的挑战和风险，并制定相应的策略和规范平衡人和机器的权力和角色，使人和机器形成良好的互动关系，达到更好的人机协同效果。例如，在设计人机交互系统时，可以设定一些界限和规则，以确保机器的决定不会超过某些特定的范围，这样可以保留人的自由意志，同时机器可以在这些界限内做出决定。还可以为用户提供个性化的选项和设置，让用户可以根据自己的需求和意愿定制机器的决策，并通过使用机器学习和智能算法，机器可以根据用户的历史偏好和行为进行学习和优化，从而更好地理解用户的意愿和需求，使机器的决策更加符合用户的期望，同时保留人的自由意志。另外，在人机融合过程中，需要及时提供反馈和调整机制，使用户可以对机器的决策进行评估和调整，并对机器的决策进行干预和修正，同时机器也可以根据用户的反馈进行改进。

总体来说，自由与决定之间存在着紧密的关系。自由是指个体或团体在规则和秩序框架下，能够自主地思考、选择和行动的能力。决定则是指在面对选择时，做出最终决策的过程。自由可以为决定提供广泛的选择空间和多样的可能性，而决定则是自由的实现方式之一。在个体层面，自由意味着个体有权利根据自己的意愿和价值观做出决策，即使是关于感知、理解、预测、行动等各方面。当个体的自由受到限制时，决定权也会受到影响，个体很可能被迫接受别人的意志和选择。在群体层面，自由和决定的关系更加显著，个体享有感知自由、融合处理自由和参与各种决策的自由，通过协同和协作参与公共任务的方式，能够对核心的决策产生影响并行使自主权。核心管理的决策也应当受到个体的监督和约束，确保群体共同的自由得到尊重和保障。自由和决定在群体智能中相辅相成，个体的自由选择为群体智能提供了多样性和创新的基础，而通过合作和协商形成的决策则是群体智能的最终结果。在群体智能中，自由和决定的平衡与协调是实现高效合作及智慧决策的关键。

群体智能是指由多个个体组成的群体，在协同合作的过程中展现出的智能和决策能力。自由在群体智能中体现为个体在合作过程中的自主性和自由选择的能力，而决定则是群体智能最终形成的结果。自由在群体智能中体现为个体在合作过程中的自主性和自由选择的能力。每个个体都有权利和能力根据自己的知识、经验和判断做出决策，而不受其他个体的压制或限制。个体的自由选择可以带来多样化的观点、想法和解决方案，从而丰富了群体智能的池塘。同时，决定是群体智能最终形成的结果。在群体智能中，个体的意见、观点和决策通过合作和协商的方式融合在一起，形成最终的决策。这个决策可能是通过多数投票、共识达成或是通过其他的决策机制形成的。群体智能的决策是基于个体的自由选择和集体智慧的汇聚，能够更好地反映群体的共同目标和利益。

人类存在着一种复杂性和矛盾性，即人既是自由的，又是被决定的。从自由的角度看，人类拥有自主意识和行动能力，能够自由选择和决定自己的行为和命运。我们可以根据自己的意愿和价值观进行选择，并对自己的行为负责。这种自由使人类能够追求自己的目标、发展自己的能力和实现个人的价值。然而，人类的行为也受到很多因素的限制和影响，这些因素包括遗传、社会环境、文化背景、教育经历等。这些因素塑造了人类的性格、信仰、价值观等方面，对我们的选择和行为产生了影响。我们的思维、欲望和行动往往是在这些因素的作用下被决定的。我们有自由意志和选择能力，但也受到内外部因素的限制和影响。理解和接受这个矛盾性是对人类行为和决策的更全面和深入的认识。这也提醒我们在面对他人的行为时要保持理解和宽容，同时在自己的选择上要认真思考和负责任。

对于机器而言，它们的行为也有一定的自由性和被决定性。机器是由人设计并由程序控制的，它们能够执行预定的任务和功能，但在执行过程中是按照程序和算法的规定进行操作的，这就意味着机器的行为是被设定和决定的。然而，现代的人工智能和机器学习技术使机器在某种程度上具有了一定的自主性和学习能力。通过观测环境和收集数据，机器可以根据这些信息进行学习和调整，从而在一定程度上自主地做出决策和行为。这种能力使机器能够适应不同的场景和情境，并且有能力优化自身的性能和效果。终究，机器的自由性仍然是受限的。它们的行为基于预设的目标和规则，以及预先编写的程序和算法。机器的决策和行为仍然是在这些限定框架内进行的，它们不具备像人类那样的意识、情感和价值观。因此，机器的自由性是有限的，它们的行为在一定程度上是被决定的。

毕竟，人工智能目前的发展是受到决策者的指导和控制的，而不是自由行动的，人工智能技术本身只是一种工具，它的行为和决策是由人类设计和训练的算法决定的。人工智能的目标是模拟和复制人类智能，但它并不具备自主思考和自主决策的能力，理解和接受人机共同存在的这些矛盾性有助于我们更好地应用和发展人工智能技术，同时也提醒我们在使用机器时要注意其局限性和潜在的风险。随着人工智能技术的不断发展和进步，有些人开始担心人工智能可能会失去控制，产生意想不到的后果。这也是人们需要对人工智能的发展进行监管和规范的原因之一，人工智能的决策和行为应该符合人类的价值观和道德标准，不能违背人类的利益。人工智能的决策和行为应该透明、可解释和可预测，以便人类能够理解和监督其运作。同时，人工智能的发展还需要社会参与，包括政府、企业、学术界和公众等各方的共同努力，以确保人工智能的应用能够造福人类社会，而不是南辕北辙、背道而驰。

参考文献

[1] 杨溟 . 人机融合智能：一条通向未知的艰险征途 [N]. 中国社会科学报 ,2023-03-06(4).

[2] 刘伟 . 人机融合智能的若干问题探讨 [J]. 人民论坛 · 学术前沿 ,2023(14):66-75.

[3] 阙玉叶 . 人工智能实现完全意向性何以可能？——人机融合智能：未来人工智能发展方向 [J]. 自然辩证法研究 ,2022,38(9):55-61.

[4] 高慧敏 . 智能传播中人机融合的形态探究 [J]. 青年记者 ,2022(18):90-92.

[5] 刘伟 . 人机融合智能时代的人心 [J]. 人民论坛 · 学术前沿 ,2020(1):37-43.

[6] 孙守迁，赵东伟，戚文谦 . 人机融合创新设计 [J]. 包装工程 ,2021,42(12):7-15.

[7] 刘伟 . 智能与人机融合智能 [J]. 指挥信息系统与技术 ,2018,9(4):1-7.

[8] 李平，杨政银 . 人机融合智能：人工智能 3.0[J]. 清华管理评论 ,2018(Z2):73-82.

[9] 王圣华 . 虚拟艺术的智能传播探究 [J]. 美术观察 ,2021(12):72-73.

[10] 刘伟 . 人机融合智能与伦理 [J]. 民主与科学 ,2023(3):26-28.

[11] 刘艳，赵卫华 ." 人机融合 " 值得期待 伦理风险亟待解决 [N]. 科技日报 ,2022-08-22(2).

[12] 谭九生,李猛.人机融合智能的伦理风险及其适应性治理 [J]. 昆明理工大学学报 (社会科学版),2022,22(3):37-45.

[13] 朱林蕃.智能理论、人机融合与后人类主义哲学 [J]. 现代外国哲学 ,2021(2):71-83.

[14] 栾轶玫.人机融合情境下媒介智能机器生产研究 [J]. 上海师范大学学报 (哲学社会科学版),2021,50(1):116-124.

[15] 龙岭.人工智能技术的伦理问题研究 [J]. 广西科技师范学院学报 ,2020,35(4):72-75.

[16] 王芳,郭雷.人机融合社会中的系统调控 [J]. 系统工程理论与实践 ,2020,40(8):1935-1944.

[17] 彭影彤,高爽,尤可可,等.元宇宙人机融合形态与交互模型分析 [J]. 西安交通大学学报 (社会科学版),2023,43(2):176-184.

[18] 薛澄岐,王琳琳.智能人机系统的人机融合交互研究综述 [J]. 包装工程 ,2021,42(20):112-124,14.

[19] 杨海波.认知神经科学与人机交互的融合：人机交互研究的新趋势 [J]. 包装工程 ,2019,40(22):55-63.

[20] 杨明浩,陶建华.多通道人机交互信息融合的智能方法 [J]. 中国科学 : 信息科学 ,2018,48(4):433-448.

第5章

人机环境系统智能

05

5.1 人机环境系统智能的拓扑关系

人机环境系统是一个复杂的系统，其中包含人、机器和环境三方面，它们之间的关系非常复杂。要形成有效的拓扑关系，首先，需要理解人、机器和环境三方面在系统中的作用和作用方式，分析它们之间的相互作用和影响[1-2]。其次，需要确定系统的目标和任务，以及每方面在实现这些目标和任务中的角色和职责。再次，为了实现有效的拓扑关系，需要设计适当的交互方式，包括人机交互、机器环境交互和人环境交互等，以确保各方面能够相互协调和合作。此外，还需要确保信息在系统中的流畅和传递，包括数据、信息和知识的共享和传递，以便各方面能够相互理解和协作。最后，需要不断优化和改进人机环境系统，以适应不断变化的需求和环境，提高系统的效率和可靠性。

人机之间的拓扑关系可以通过以下方式形成：①网络拓扑关系，人机之间的交互主要通过网络进行，网络结构可以被视为人机之间的拓扑关系。例如，互联网、局域网等都是一种网络拓扑结构，它们可以影响人机之间的连接和通信方式。②传感器拓扑关系，人机交互中的传感器可以被视为连接人和机器的桥梁，传感器之间的互联关系可以影响人机之间的交互方式。例如，智能家居中的传感器可以控制家电设备的开关，改变人机之间的互动方式。③应用场景拓扑关系，人机交互的应用场景可以影响人机之间的拓扑关系。例如，人机交互的场景可以包括家庭、办公室、公共场所等，不同场景下的人机拓扑关系也会有所不同。人机之间的这些拓扑关系可以影响人机之间的交互方式和效果，需要在设计和实现人机交互系统时予以考虑。

人机交互中的时间和空间可以被看作两个重要的维度，它们之间可以形成拓扑关系。在时间维度上，人机交互中的时间可以被看作一种状态变化的过程。例如，用户使用计算机或手机时，不同的操作和界面状态都可以被看作不同的状态，这些状态之间的转换关系可以用拓扑图表示。在这个拓扑图中，每个状态表示一个时间点，而状态之间的转换关系则可以表示为拓扑图中的边。这种时间维度上的拓扑关系可以帮助我们理解用户在使用计算机或手机时的操作流程和操作习惯。在空间维度上，人机交互中的空间可以被看作一种位置关系[3-6]。例如，用户使用计算机或手机时，不同的界面和元素可以被看作不同的位置，这些位置之间的关系可以用拓扑图表示。在这个拓扑图中，每个位置表示一个空间点，而位置之间的关系则可以表示为拓扑图中的边。这种空间维度上的拓扑关系可以帮助我们理解用户在不同界面和元素之间的切换和交互。人机交互中的时间和空间可以形成拓扑关系，这种关系可以帮助我们更好地理解和设计用户界面和交互体验。

态、势、感、知可以看作人类对现实世界的认知和表达方式，它们之间可以形成拓扑关系。在哲学和物理学中，态和势都是描述物体或系统状态的概念。态可以看作物体或系统在某一时刻的具体状态，而势则是描述物体或系统在不同状态之间转换的可能性。这种转换关系可以形成拓扑关系，例如，在物理学中，能量势能曲线就是描述物体在不同位置时的势能状态，而这些状态之间的转换关系可以用拓扑图表示。感和知则是描述人类对外界的感知和认知方式。感可以看作人类对外界刺激的反应，而知则是对感知信息的理解和认知。感和知之间也可以形成拓扑关系，例如，在认知心理学中，人类对外界信息的感知和认知可以被看作一种层次结构，不同层次之间的关系可以用拓扑图表示。因此，态、势、感、知之间可以形成拓扑关系，这种关系可以帮助我们更好地理解和表达物理世界和人类认知。

鲁珀特·里德尔（Rupert Riedl）说过："对于我们的世界来说，算法过于简单了。"这句话表达了这样一个观点，即我们的世界是如此的复杂和多变，以至于现有的算法已经不能够完全胜任对世界的理解和处理[7]。这种观点在某种程度上是正确的，因为我们面临的问题和挑战越来越复杂，需要更加高级和复杂的算法来解决。例如，在人工智能、物联网、大数据等领域，需要使用更加复杂和高级的算法处理和分析海量的数据和信息，以提供更加精准和智能的服务和决策。然而，我们也不能否认算法的重要性和价值。算法是计算机科学的基础，它们能帮助我们理解和处理各种问题和数据，提高计算效率和准确性，带来巨大的社会和经济价值。虽然现有的算法可能过于简单，但是它们仍然可以在很多领域发挥重要的作用，如搜索引擎、图像处理、网络安全等。

面对真实的世界，我们既要认识到算法面临的挑战和不足，也要珍惜已有的算法和技术，不断地进行创新和发展，以应对未来更加复杂和多变的世界。世界既是由事实构成的，也是由价值构成的，事实和价值是两个不同的范畴，事实是客观存在的、可以被证实或证伪的事情，而价值则是主观的、依赖于人类的信仰、文化和认知。因此，事实和价值不存在直接的拓扑关系。然而，在某些情况下，事实和价值可能存在间接的关系。例如，在道德哲学中，人们可能会将某些道德价值看作基于一些客观事实而存在。例如，人们普遍认为"杀人是不道德的"，这种道德价值可能基于一些客观事实，如人类需要和平、稳定的社会环境才能生存和繁荣。在这种情况下，事实和价值虽然是不同的，但它们之间有着一定的关联。总体来说，事实和价值是两个不同的范畴，它们之间不存在直接的拓扑关系。不过，在某些情况下，它们之间可能存在间接的联系，需要具体情况具体分析。

计算和算计是两个不同的概念，它们分别与事实和价值有不同的关联。计算是指通过数学、逻辑等方法进行推理和计算，从而得出客观的事实或结果。计算过程中，涉及的是客观的数据、规则和方法，与事实有着直接的关联。而算计则是指出于某种目的而进行的谋算、计策或策略，其背后的动机可能是为了追求某种价值或利益。算计涉及人的主观意识和价值观念，与价值有着直接的关联。因此，计算与事实、算计与价值有着不同的关联。计算与事实之间有着直接的关联，而算计与价值之间有着直接的关联。

计算和算计这两个概念本身并没有直接的拓扑关系。但是，可以通过概念的拓展和联想，将它们联系起来形成某种拓扑关系。具体来说，计算可以被视为一种数学和逻辑运算，它涉及数值、符号和规则等元素的处理和转换。而算计则更侧重于实际问题的解决，它需要考虑实际的数据、过程和结果等因素，涉及更加细致和具体的操作。在这个意义上，我们可以将计算和算计视为两种不同的思维方式和处理方法，它们可以相互补充和支持，并在某些情况下形成拓扑关系[8]。例如，在某些实际问题的解决中，需要先进行数值或符号的处理和转换，然后再进行具体的操作和实施。这时，计算和算计就形成一种序列化的拓扑关系，计算作为前置的处理和准备，为算计提供必要的数据和方法支持。在另一些情况下，算计本身可以被视为一种计算过程，它涉及更加具体和实际的数据和操作，但仍然需要一定的数学和逻辑支持。这时，计算和算计就形成了一种并列化的拓扑关系，它们相互支持并共同完成某个具体的任务。

综上所述，要形成有效的人机环境系统拓扑关系，需要全面考虑人机环境系统的组成部分、目标、交互方式、信息流畅，以及不断优化和改进等方面，以实现各方面的协调和合作，从而提高整个系统的效率和可靠性。

人机混合智能是指将人类的智能和计算机的智能结合起来，实现更加智能化的决策和行动。人机混合智能的发展历史可以追溯到20世纪50年代早期，当时计算机还是庞大的机器，只能由专业人员操作。但随着计算机技术的不断发展，出现了更为普及的个人计算机，这使人机混合智能的需求也越来越迫切。20世纪70年代，出现了第一批图形用户界面（GUI）的计算机操作系统，这使用户可以通过鼠标和窗口等可视化的方式与计算机进行交互。这一时期，人机混合智能技术主要包括人机交互、人机协同和人机界面等方面的研究。20世纪80年代，美国研究人员开始探索人机混合智能的概念，其中一项最早的尝试是卡内基梅隆大学的Soar系统。该系统是一个基于规则和知识的AI系统，旨在将人类智能和机器智能结合起来。计算机硬件和软件技术的不断进步，使人机混合智能变得更加普及和便捷。这一时期，人机混合智能主要应用于生产领域，如自动化生产线和机器人等方面。20世纪90年代，随着互联网的普及，人机混合智能进入一个新的阶段。人们开始使用网络搜索引擎、在线购物和社交媒体等互联网服务，这些服务需要更加智能和个性化的人机混合智能。21世纪以来，人机混合智能技术得到快速发展，出现了更加智能和个性化的人机混合智能应用场景，如智能家居、智能医疗和智能交通等领域。同时，人类与计算机之间的融合也变得更加紧密，出现了一些新的人机接口技术，如神经接口技术和生物传感技术等，这些技术使人机混合智能得到更深入和广泛的应用[9-12]。

简单地说，人机混合智能的发展可以分为以下4个技术阶段：①传统人机协作阶段，在这个阶段，人类和计算机各自完成自己的任务，通过简单的接口进行通信和交互。②人机协同阶段，在这个阶段，人类和计算机开始相互协作，将各自的优势结合起来，完成更为复杂的任务。例如，在工业生产中，机器可以完成一些重复性、烦琐的工作，而人类则可以进行更加灵活、创造性的工作。③人机融合阶段，在这个阶段，人类和计算机开始真正融合在一起，形成一种新的智能体。这种智能体可以更高效地解决一些复杂的任务，例如，通过神经接口将人类的意识与计算机连接起来，实现人类的意识和计算机的智能互相交流。④人机一体化阶段，在这个阶段，人类和计算机已经彻底融合在一起，形成一种新的智能体。这种新的智能体不仅可以完成更复杂的任务，还可以自我学习和自我进化，从而不断提升自身的智能水平。人机混合智能的发展路线图是一个不断进化和逐步融合的过程，需要通过不断的技术创新和实践探索来实现。

人机混合智能技术包括自然语言处理、机器学习、计算机视觉、语音识别和智能推荐等多个领域。这些技术的发展使人和机器之间的交互变得更加智能化和自然化。目前，人机混合智能的发展已经取得了很大的进展。例如，自然语言处理技术已经可以实现自动语音识别、自动翻译、文本分类和情感分析等任务。机器学习技术已经应用于图像识别、自然语言处理、语音识别和推荐系统等领域，并取得了很大的成功。计算机视觉技术已经可以实现人脸识别、物体识别和行为识别等功能。语音识别技术已经可以实现高精度的语音转换文字，同时被广泛应用于智能音箱、智能家居等领域。智能推荐技术已经成为互联网和电商等行业中不可或缺的一部分。未来，随着人机混合智能技术的不断发展，我们可以期待更加智能化的人机交互方式和更加智能化的应用场景。同时，人工智能与人类的融合也将成为一个重要的研究方向。例如，研究如何将人类的感知能力和决策能力与机器的计算能力相结合，以实现更加智能化的决策和行为。

尽管如此，人机混合智能的发展仍受到许多因素的影响，需要不断地进行技术创新和规范管理，其中包括以下几个瓶颈的制约：①人工智能算法的瓶颈，尽管人工智能技术已经取得了很大的进展，但许多算法仍然存在限制。例如，当前的深度学习算法需要大量的训练数据，并且对噪声和变化非常敏感。②传感器技术的限制，人机混合智能需要准确的传感器来获取人类和机器的数据，并将它们合并在一起。然而，目前的传感器技术在准确度、可靠性和成本等方面仍然存在一些限制。③数据隐私和安全问题，人机混合智能需要大量的数据来训练算法和优化系统，但这些数据包含了个人隐私信息。因此，数据隐私和安全问题是一个潜在的瓶颈，需要有妥善的解决方案。④人机交互的设计和优化，人机混合智能需要有效的人机交互接口，以便人类和机器进行沟通和协作。但是，人机交互的设计和优化是一个复杂的问题，需要不断地进行测试和改进。⑤法律法规和伦理问题，人机混合智能的发展涉及许多法律和伦理问题，如责任分配、隐私保护、安全性等。这些问题需要得到全面的考虑和解决。

为解决上述瓶颈问题，人机混合智能的技术布局可以从以下几方面考虑：①智能硬件，智能硬件是人机混合智能的重要载体，包括智能手机、智能音箱、智能手表、智能家居等。智能硬件需要具备语音识别、自然语言处理、计算机视觉等多种技术，以实现更加智能化的用户体验。②智能算法，人机混合智能需要依赖智能算法，包括机器学习、深度学习、模式识别等技术。这些算法需要在海量数据的基础上进行训练和优化，以实现更加准确和智能的预测和决策。③云计算，其可以为人机混合智能提供强大的计算和存储能力，以支持大规模的数据处理和分析。同时，云计算还可以为智能硬件提供远程控制和升级等服务。④数据安全，人机混合智能需要处理大量的个人、商业和社会数据，因此数据安全是非常重要的。需要采取多种措施保护数据的安全，包括数据加密、身份认证、权限管理等。⑤应用场景，人机混合智能的应用场景非常广泛，包括智能家居、智能医疗、智能交通、智能制造等领域。不同的应用场景需要针对性地设计和开发智能算法和智能硬件，以实现更加智能化的服务和产品。总之，人机混合智能的技术布局需要结合智能硬件、智能算法、云计算、数据安全和应用场景等多方面进行考虑，以实现更加智能化和高效的人机交互。

人机混合智能是智能领域的一个重要分支，旨在将人类和机器的智能能力相结合，以实现更高效、更智能的系统和服务。在人机混合智能的理论研究方面，近年来取得了一些重要进展。首先，在人机交互方面，研究人员已经提出许多新的交互模型和方法，如基于语音、视觉和手势的交互方式，以及基于情感识别和认知负荷的交互优化方法。这些方法的应用可以提高人机交互的效率和质量，使人和机器之间的沟通更加自然和无缝。其次，在机器学习方面，研究人员已经开始探索如何将人类的知识和经验融入机器学习模型中，以实现更加智能化的学习过程。例如，研究人员已经提出基于知识图谱的机器学习方法，以及基于人类专家的知识提取和模型调整方法等。此外，在智能决策方面，研究人员也已经开始探索如何将人类的决策能力和机器的计算能力相结合，以实现更加高效和准确的决策。例如，研究人员已经提出基于协同过滤和强化学习的智能决策方法，以及基于人类专家和机器学习模型的决策支持系统等。客观而言，人机混合智能的理论研究已经取得一些重要进展，但仍然存在许多挑战和待解决的问题，如如何平衡人类和机器的智能能力，如何保护用户隐私和安全等。因此，未来仍需要更多的研究和探索。

人机混合智能在各个领域已经得到广泛的应用，并且随着技术的不断进步，应用范围也在不断扩大。以下是一些常见任务领域和工作样式的应用现状。①制造业领域：人机混合智能已经广泛应用于制造业领域，如机器人协作、自动化生产线等。机器人可以承担重复性、危险性高的工作，从而提高生产效率和质量，福特汽车公司的生产线上使用的机器人就能够与人类工人协作，完成汽车的组装工作。②客服领域：人机混合智能在客服领域的应用也越来越普遍。例如，智能客服系统可以通过自然语言处理等技术，自动处理客户提出的问题，提高客户满意度，腾讯的智能客服系统"腾讯 QQ 小冰"就能通过语音交互和文字交互，自动回答用户问题。③医疗领域：人机混合智能在医疗领域的应用也越来越广泛，计算机辅助诊断系统可以通过图像识别等技术，辅助医生做出更准确的诊断和治疗决策，IBM 公司以前的人工智能系统 Watson 就能通过对大量医学文献的分析，辅助医生做出更准确的诊断和治疗方案。④金融领域：人机混合智能在金融领域的应用也越来越多，智能投顾系统可以通过大数据分析和机器学习等技术，为投资者提供更加个性化的投资建议，百度的智能投顾系统"百度理财"就能根据用户的风险偏好和投资目标，为用户提供投资建议。⑤教育领域：人机混合智能在教育领域的应用也越来越多，智能教育系统可以通过语音识别和自然语言处理等技术，为学生提供更加个性化的学习体验，百度的智能教育系统"百度学习"就能根据学生的学习进度和能力，为学生提供个性化的学习计划和反馈。

总体来说，未来人机混合智能技术将会得到更广泛的应用，从而改变人们的生活和工作方式，但同时也需要注意安全和隐私问题，具体涉及人机交互的进一步改进，使人们可以更加自然地与机器进行交互，语音识别和自然语言处理技术更加个性化，使不同的人可以更加自然地与不同的机器进行交流。此外，机器学习和自主系统技术将会更广泛地应用于人机混合智能领域，使机器更加智能化，从而更好地服务于人类。机器人领域中的软件、硬件技术将会得到更大程度上的创新，机器人可以承担越来越多的工作，从而提高生产效率和质量，在制造业领域，机器人已经广泛应用于生产线上，未来还将会应用于更广泛的养老、医疗、教育等领域。智能家居和智慧城市将会融入更多的人机环境系统技术，智能家居可以按需调节温度、湿度等各种环境指标，智慧城市可以人性化调节电力、交通、服务流量。最后，随着人机混合智能技术的广泛应用，安全问题也将会日益突出，机器人的安全问题、用户隐私的保护等问题都将会成为人机混合智能领域的热点问题。

人类的智慧可以同时处理事实与价值的混合物，目前的机器还只能处理事实性事物。

5.2　人、机器与环境的"涌现"

有人认为"人类很多知识其实并不是建立在科学基础之上的"，这或许是一个非常有意思的话题。虽然科学是我们认识世界和解决问题的重要工具，但是人类的知识并不仅局限在自然科学领域，哲学、文学、艺术、宗教、历史等领域也都包含了人类的知识。这些领域的知识可能并不具有科学的严谨性和可证伪性，但它们对人类的文化、价值观念、认识论等都有着重要的作用。况且，科学的发展往往也受社会、政治、文化等因素的影响，研究人类的历史可以发现，科学研究的目的和方向往往与当时的社会需求和价值观有关。因此，人类的知识不仅建立在科学基础上，还包括了人文、社会、历史等多个领域的知识。

"智慧出，有大伪"常常意味着随着人类社会的发展和科技的进步，虚假信息和骗局也会越来越多。在智能时代，我们需要更加警惕和谨慎地对待信息，不要轻信传闻和未经证实的信息，同时也需要加强自己的信息素养，学会辨别真伪，避免被骗。此外，政府和社会应该加强信息监管和诚信建设，打击虚假信息和骗局，保护公众的权益。

涌现是指系统整体表现出的特性或行为，并非由单个组成部分的行为所决定。在小规模模型中，系统的组成部分较少，相对简单，因此系统的整体表现往往比较容易预测和理解。但是，在大规模模型中，系统的组成部分数量庞大，相互之间的关系和复杂程度也大大增加，导致系统整体表现出的特性和行为无法简单地由其组成部分的行为解释和预测，从而出现了涌现现象[13]。涌现是自组织系统的一种表现，它是系统在适应环境和相互作用的过程中自发产生的。涌现可以表现为系统整体的协同、自组织、适应性、复杂性等特点。而这些特点又可能对系统的表现产生重要影响，例如，涌现可以使系统表现出更高的适应性和韧性，从而增强系统的生存能力。涌现现象的存在对复杂系统的研究和应用具有重要的意义。理解和掌握涌现现象可以帮助我们更好地预测和控制系统的表现，从而提高系统的效率和稳定性。

需要注意的是，虽然涌现是一种重要的现象，但并不是所有的意识和行为都可以归结为涌现。涌现只是一种可能的解释，而我们仍然需要考虑其他因素，如遗传、环境等，解释人类意识和行为的多样性和复杂性。人类的意识是由大脑神经元的集合体构成的，而神经元之间的相互作用和连接是极其复杂的。当神经元的数量达到一定规模时，它们之间的相互作用和连接就会出现一些特殊的性质，从而导致一些新的意识和行为涌现。在这种理论框架下，我们可以看到人类的一些意识确实是涌现出来的。例如，在群体中，人们往往会表现出一些特殊的行为和态度，这些行为和态度并不是任何一个个体可以单独表现出来的,而是由整个群体涌现出来的 [14]。同样,人类的文化、价值观、信仰等方面的意识也是由整个社会涌现出来的,而不是一个个体单独决定的。

人类的涌现和机器的涌现有很多不同之处。人类的涌现和机器的涌现虽然都是重要的现象,但它们的本质和特点是不同的。首先,人类的涌现是基于神经元之间的相互作用和连接产生的,而机器的涌现则是基于算法和程序的执行。因为人类的神经元之间的相互作用是极其复杂的,所以人类的涌现往往是不可预测的,而机器的涌现则可以通过算法和程序预测和控制。其次,人类的涌现是基于生物学和环境的影响产生的,而机器的涌现则是基于数据和算法的分析。因为人类的涌现是基于生物学和环境的影响,所以人类的涌现往往具有很强的适应性和灵活性,而机器的涌现则往往是基于数据和算法的分析,所以它们的适应性和灵活性相对较弱。最后,人类的涌现往往是与情感和意识相联系的,而机器的涌现则往往是与任务和目标相联系的。因为人类涌现与情感和意识相联系,所以它们往往具有很强的主观性和情感性,而机器的涌现则往往与任务和目标相联系,所以它们往往是客观和理性的。

在东方文化环境中,类似于“涌现”的思想有很多。其中,道家哲学中的“无为而治”“自然而然”等思想,以及佛家的“缘起性空”“如来藏”等思想,都与“涌现”有一定的联系。例如,“无为而治”强调不要过度干预自然和社会的发展,而是让事物自然而然地发展,从而达到最好的效果。就像自然界中的万物生长一样,没有人工的干预,也能够自然地成长茁壮,如在治理社会过程中,不要强行干预，而是顺应自然、顺应民情、顺应事物的本性，做到松而不弛、紧而不绷，让自然的力量自己作用，以达到治理的目的，这种治理方式注重自然、顺应、调和、平衡，强调让事物自然发展，避免人为干扰，从而减少矛盾和冲突。这与"涌现"中强调自组织和自发性的特点有些类似。另外，"缘起性空"是佛教语汇，有深刻的哲学内涵，它是佛教中最重要的哲学思想之一。在佛教中，"缘起性空"是对世界的本质及其存在方式的一种解释。它的主要思想是：一切事物的存在都由种种因缘条件组成，没有固定的实体和本质，因此世界是空的。同时，因为这种因缘条件不断变化，所以世界是无常的，一切事物都是瞬息即逝的，因此世界是缘起的。具体来说，缘起性空的"缘起"指的是事物的存在是由各种因缘条件组成的，这些因缘条件的相互作用形成了万物的存在和变化。佛教认为，存在于世间的一切事物都是由无数因缘条件组成的，因此它们没有固定的实体和本质。而"性空"则指的是世界的本质是空的，没有实体和永恒的本质，因为一切事物都是由因缘所生，因此它们是没有固定的实体和本质的。这种观念强调了一种无限的、不可预测的力量，它通过各种各样的因缘和条件，让万物产生了无限的可能性和变化。这也与"涌现"中强调不可预测性和无限可能性的特点有些类似。

涌现与非线性是一种重要的科学理论和思想方法，它强调了系统内部的相互作用和复杂性，而不是简单的线性关系，可以帮助我们更好地理解复杂系统的行为和变化，对解决各种实际问题具有重要的启示和指导意义。涌现指的是系统的整体行为与其组成部分的

行为之间的不可预测的、出乎意料的交互作用；而非线性则指的是
系统的输出与输入之间的关系不是简单的比例关系。这种思想方法
在自然科学、社会科学、经济学等领域都有广泛的应用。在生态学
中，涌现与非线性是解释自然系统中物种多样性的重要理论；在经
济学中，涌现与非线性可以解释市场波动和经济危机的产生；在社
会科学中，涌现与非线性可以帮助我们理解社会系统中出现的意外
事件和非正常行为。

涌现是一种自组织现象，它是由大量简单的个体按照一定规
则进行交互而产生的一种复杂的整体行为。P 与 NP 问题是计算机
科学领域中的一个经典问题，涉及算法的复杂性和效率问题。简单
地说，P 问题指的是在多项式时间内可解决的问题，而 NP 问题则
指的是可以在多项式时间内验证解决方案的问题。P 与 NP 问题的
核心是，是否存在一种算法能够在多项式时间内解决所有的 NP 问
题，即 P=NP。这个问题对计算机科学和理论计算机科学有着非常
重要的意义。目前，P 与 NP 问题仍然是一个开放性问题，没有被
完全解决。虽然有许多重要的进展，但这个问题的复杂性和难度使
得它依然是计算机科学中的重要研究方向之一。许多人认为，如果
P=NP，那么我们将能够解决许多重要的实际问题，如图像识别、
语音识别、自然语言处理等，因为这些问题都是 NP 问题，如果可
以在多项式时间内解决，那么将能够大大提高计算机的效率。然而，
目前还没有人能证明或反驳 P=NP 的问题。"涌现"和 P 与 NP 问
题之间存在一定的联系。涌现和 P 与 NP 问题都是涉及复杂性的问
题。涌现是由大量个体的交互而产生的复杂整体行为，它的复杂性

是由个体之间的相互作用和联动而形成的，非常难以预测和控制。P 与 NP 问题则是涉及算法的复杂性和效率问题，它的复杂性是由算法的设计和实现所决定的。涌现和 P 与 NP 问题之间的联系在于，它们都是涉及复杂性的问题，都需要运用复杂系统理论和算法设计方法解决。涌现的研究可以为解决 P 与 NP 问题提供一些启示，例如，可以运用涌现的思想设计一些自组织的算法，以提高算法的效率和可靠性。总之，机器的涌现往往受各种类似 P 与 NP 难题的限制与制约，而人类的涌现常常通过价值算计超越这些条件与前提，实现更大程度的自由意志与探索。

东方复杂思想和西方复杂理论都是涉及复杂性的理论体系，但它们在某些方面存在明显的异同。①东方复杂思想和西方复杂理论的思考方式和理论基础是不同的。东方复杂思想强调的是整体性、关联性和动态性，它们通过对自然界和人类社会的观察和思考，提出了一系列关于复杂系统的哲学和科学理论。而西方复杂理论则是从数学、物理、信息科学等角度出发，使用科学方法研究复杂性问题，建立了一系列数学模型和理论体系。因此，两种思想在方法和理论框架上存在着一定的差异。②东方复杂思想和西方复杂理论在对复杂系统的特点和本质上也存在着一些差异。东方复杂思想认为，复杂系统是由众多相互关联的个体组成的整体，它们之间存在着非线性、非稳态的相互作用和反馈，因此具有自组织、自适应、自相似等特点。西方复杂理论则更加强调复杂系统的动态演化和非线性特征，如混沌现象、相变等，它们使用数学和物理模型描述和分析复杂系统的行为和特点。③两种思想在应用方面也存在着一定的差异。东方复杂思想主要应用于管理、组织、社会、文化等领域，如管理学、社会学、哲学等，它们强调的是整体性和人文关怀。西方复杂理论则更加注重应用于自然科学、工程技术等领域，如物理学、计算机科学、生物学等，它们强调的是实证研究和技术应用。综上所述，东方复杂思想和西方复杂理论在方法、理论框架、研究对象和应用方向等方面都存在着一些差异，但它们都在探索和研究复杂性问题方面做出了重要贡献，并为我们理解和解决复杂性问题提供了重要的思想和方法。

5.3　人机环境系统智能能够解决巴以冲突吗

巴以冲突的由来可以追溯到 19 世纪末和 20 世纪初，当时巴勒斯坦是奥斯曼帝国的一部分，但随着第一次世界大战的爆发，1919 年 11 月，英国及法国军队占领伊斯坦布尔，奥斯曼帝国随即崩溃。在此后的几十年里，巴勒斯坦地区成为犹太人和阿拉伯人争夺的焦点。20 世纪初，大量犹太人开始移民到巴勒斯坦地区，他们希望在这里建立一个犹太国家 [15-17]。然而，这一举动引起阿拉伯人的反对，他们认为这是对他们祖先土地的侵犯。随着犹太移民的增加，犹太人和阿拉伯人之间的紧张关系不断加剧，最终在 1948 年犹太人宣布建立以色列国后爆发了第一次中东战争。自那以后，巴以冲突一直持续着。双方之间的争端涉及领土、边界、安全、难民以及宗教等多方面，没有得到有效解决，导致了多次冲突和暴力事件。

西方的思维一直没有解决的世纪难题，能否用东方思想的方式尝试解决呢？

人机环境系统智能的思想可以帮助我们更全面地分析和解决巴以双方的问题，以下是一些思路：①政治问题，人机环境系统的思想指出，政治问题是由人类活动和社会／自然环境相互作用而产生的。因此，解决巴以双方的政治问题需要考虑历史、文化背景、经济发展和自然环境等因素对政治环境的影响，同时注意政治决策对各种环境和人类生活的影响，以及各种环境对政治决策的影响。可以通过制定公平、包容的政策，以及通过协商、对话等方式解决政治争议。②历史问题，是巴以冲突的重要原因之一。人机环境系统的思想指出，历史是人类社会发展的重要组成部分，对政治、经济、文化环境和科技的影响也是显著的。因此，解决巴以双方的历史问题需要考虑历史背景对当前环境的影响，同时注意到历史背景对人类观念和认知的影响，以及环境和科技对历史记录和认知的影响。可以通过开展历史研究、推广历史教育、重视历史文化遗产等方式解决历史问题。③经济问题，也是巴以冲突的重要原因之一。人机环境系统的思想指出，经济是人类活动和多种环境相互作用的重要组成部分，对环境和人类生活的影响也是显著的。因此，解决巴以双方的经济问题需要考虑经济发展对环境和人类生活的影响，同时注意各种环境对经济发展的影响，以及经济发展对多种环境的影响。可以通过促进经济发展、改善生产环境、提高人类生活水平等方式解决经济问题。④文化问题，也是巴以冲突的重要原因之一。解决巴以双方的文化问题需要考虑文化对环境和人类生活的影响，同时注意各种环境对文化的影响，以及文化对多种环境的影响。可以通过尊重文化多样性、推广文化交流、加强文化教育等方式解决文化问题。

科技赋能可以为经济和政治历史问题的解决提供新的思路和方法。在经济方面，科技赋能可以促进产业升级和转型，提高生产效率和品质，降低成本，推动经济发展。在政治历史方面，科技赋能可以帮助人们更好地理解历史事件和文化遗产，促进文化交流和传播，缩小不同文化之间的差距，增强文化认同感和文化自信心。同时，科技赋能还可以提升政治制度的运行效率和公正性，加强政府与民众之间的互动和沟通，推动政治民主化和社会进步。但是，科技赋能也存在一些问题和挑战，如科技创新的不平衡性、科技应用的伦理和隐私问题等，需要我们在科技发展的过程中注意并妥善解决。

1+1=2，从事实角度看是真命题，但从价值角度看并不是真命题，从价值上分析，1+1>2也可以1+1=2和1+1<2，对于人机交互、人机混合智能而言也是这样，人＋机可以＞人机，也可以＜人机。事实是客观存在的，而价值则是主观评价的结果。在这个例子中，1+1=2是一个事实，但在不同的价值观下，人们可能会得出不同的结论。这个例子提醒我们，我们不能仅根据事实做出决策，也需要考虑我们的价值观和目标。同时，我们也需要认识到技术本身并不是价值中立的，它的使用方式和影响也与我们的价值观息息相关[18-19]。很多矛盾对事实来说确实无解，但对价值来说却不见得无解。事实是客观存在的，但是对于一个社会或一个个体来说，很多问题涉及的并不仅是事实，还涉及价值观的认同和取舍。在这种情

况下，矛盾可能是无法解决的，因为不同的价值观可能是相互矛盾的。但是，在这种情况下，我们可以通过尊重不同的价值观和尝试理解他人的立场缓解矛盾，避免产生更大的冲突。因此，对于一些问题，我们可能需要权衡不同的价值观和利益，找到一个相对平衡的解决方案，而不是简单地认为有一个正确的答案。

人机环境系统智能是一种综合性的思考方式，它将人、机器和环境视为一个整体，通过分析它们之间的相互作用和影响，解决复杂的问题。在政治、历史、经济、文化等领域，人机环境系统思想也同样适用。首先，我们可以通过分析人机环境系统中的各个元素，了解它们之间的关系和作用。例如，在政治领域，人可以指政治参与者、选民、政府官员等；机可以指政党、政府、媒体、社交网络等；环境可以指选举制度、法律制度、国际环境等。我们可以分析它们之间的相互作用，了解政治决策的制定和执行过程中，人、机、环境是如何相互影响的，从而找到问题所在，并提出相应的解决方案。其次，我们可以将人机环境系统中的元素进行整合和优化，以达到更好的效果 [20]。例如，在经济领域，我们可以通过整合人力、物力、财力等资源，优化生产流程和管理模式，提高生产效率和经济效益。在文化领域，我们可以通过整合传统文化和现代文化，优化文化传承和创新，促进文化多样性和国际交流。最后，我们还可以通过人机环境系统的思想，预测和应对未来的变化和挑战。例如，在历史领域，我们可以通过对历史事件和趋势的分析，预测未来的发展趋势和变化，为政策制定提供参考。在环境领域，我们可以通过对环境变化和污染的分析，提出相应的环保措施和应对方案 [21]。总之，人机环境系统的思想可以帮助我们更全面、系统地分析和解决政治、历史、经济、文化等领域的复杂问题，提高决策的科学性和有效性。

5.4 人机环境系统中的一多分有问题探讨

在一般的事物中，一多关系通常指的是一个事物与多个其他事物之间的关系。一多关系可以带来更多的选择和多样性，使事物更加丰富多样。不同的事物之间相互影响和交融，可以产生新的创意和发展机会；不同事物之间的各种关系需要平衡各自的需求和利益，以确保整体的稳定和发展，在一多关系中协调和平衡是非常重要的；同时，在一多关系中，不同事物之间需要进行交流和协商，共同解决问题和取得进展，所以，良好的沟通和合作也非常关键；在许多事物共存的世界里，一多关系往往需要具备灵活性和适应性，以保证不同事物之间的关系可能随着时间和环境的变化而发生调整和变化，进而及时适应和调整自己的策略和行为。总体而言，对待事物中的一多关系，应该保持开放的态度和包容的心态。不同事物之间的关系可以相辅相成，互相促进，为整个系统的发展和进步做出贡献。同时，也需要注意平衡和协调，以确保各方的利益得到尊重和满足[22]。

有人说，一多关系起源于人类社会中的一多夫妇问题，也有人认为一多关系起源于宗教神学中的一神论与多神论之间的关系，还有人认为一多问题起源于哲学领域的存在与意识的争论中，如此种种，很难有一个确切的定论，下面就这个问题做一个简要的探讨，以求未来能够解决一些跨学科的智能问题。例如，"算计是关系的泛化关联能力"就是一个较为抽象的概念，可以从不同的多个角度看待：①从认知科学的角度看，人类具备将不同的信息和概念进行联系和关联的能力。这种能力使我们能够在面对新的情境和问题时，通过将已有的知识和经验与新的信息相结合，进行推理和决策，算计是关系的泛化关联能力，可以理解为我们在处理复杂的关系和问题时，能够将已有的经验和知识进行抽象和泛化，从而找到新的解决方法。②从人工智能的角度看，算计是关系的泛化关联能力，是指机器学习和人工智能系统通过学习大量数据和模式，能够从中提取出关系和规律，并将其应用到新的情境中，通过学习大量的图像数据，计算机可以学会识别和分类不同的物体，这就是算计是关系的泛化关联能力的体现。概括起来看，算计是关系的泛化关联能力，是人类和机器学习系统在处理复杂问题时的一种思维方式和能力，它帮助我们从已有的经验和知识中提取出关系和规律，并将其应用到多个新的情境中，以求得更好的解决方案。另外，数据压缩、知识压缩、逻辑压缩等也都反映了智能的一多关系问题。实际上，客观和主观、事实和价值、决定和自由、机器和人……的出现，都是二元对立思维二分法的必然结果，然而，许多领域二元对立思维的二分法在一定程度上限制了我们对问题的理解和思考，我们应该更加关注事物之间的关联性和多样性，以更全面的一多视角探索问题的本质和可能性[23]。

人机交互中的一多分有是指在人与机器交互过程中，机器能够理解和识别人类语言、情感、意图等多方面的能力[24-25]。这一技术的发展，使人机交互更加智能化、便捷化和人性化。一多分有的出现，不仅可以改善用户体验，提高人机交互的效率，还可以拓展交互的应用领域。例如，语音助手可以通过语音识别和自然语言处理技术，实现人机之间的交流和指令执行；情感识别技术可以分析人的情绪状态，从而提供更贴合用户需求的服务；意图识别技术可以理解用户的意图，帮助用户更准确地获取所需信息。然而，一多分有也面临一些挑战和问题。首先，语音识别和自然语言处理技术的准确性和智能化仍然有待提升。其次，隐私和安全问题也需要重视，特别是涉及个人敏感信息的处理和存储。此外，一多分有的发展还需要更好地解决跨语言、跨文化等多样性问题，以便更广泛地服务于全球用户。一多分有在人机交互领域具有广阔的应用前景，但也需要在技术、隐私和多样性等方面持续进行研究和探索，以实现更加智能、安全和包容的人机交互体验[26]。

一多分有指的是一个整体中的分离和独立个体。在哲学中，一多分有强调个体的独特性和独立性，认为每个个体都有自己的存在和价值，不应被简单地归入整体中。从个体的角度看，一多分有强调每个人都是独一无二的，有着自己的思想、情感和意识。这意味着每个个体都有自己的独特价值和尊严，不应被简单地看作整体的一部分。从整体的角度看，一多分有也强调整体的多样性和丰富性。整体由众多的个体组成，每个个体都有自己的特点和贡献，共同构成了一个多样化和丰富的整体。一多分有在哲学中强调个体的独特性和整体的多样性。这一概念提醒我们要尊重每个个体的独立存在和价值，同时也要认识到整体的多样性和丰富性。这样的观点对人类社会的发展和进步具有重要意义。

在宗教中，一多分有可以被理解为每个个体在与神灵或宗教实践的关系中的独特存在和体验。宗教是人类对宇宙和人生意义的探索和追求，而每个个体在这个过程中都有自己的信仰、体验和理解。一多分有在宗教中强调个体的独立性和多样性。每个人在宗教实践中，都有自己的信仰体系、宗教经验和灵性需求。这意味着每个个体都可以有自己的方式与神灵或宗教实践互动，表达自己的信仰和追求。同时，一多分有也强调整体的多样性和包容性。宗教是一个广泛而多元化的领域，不同的宗教信仰和实践在世界各地都存在。每个个体的信仰和实践都是整体中的一个独特组成部分，共同构成了宗教的多样性和丰富性。宗教中的一多分有提醒我们要尊重每个个体的独特信仰和宗教体验，同时也要认识到整体的多样性和包容性。这样的观点有助于促进宗教间的相互理解和宗教自由，同时也能够为个体提供更加充实和深入的宗教体验。

经济中的一多分有是指一些个体或企业在某个行业或市场中占据较大份额的情况。对于这一现象，不同人有不同的看法。一方面，一多分有可能导致垄断或寡头垄断的形成，限制市场竞争和创新，影响消费者的选择权和福利。这可能导致高价、低质量的产品或服务，降低市场效率。另一方面，一多分有也可能反映出某些企业或个体在市场竞争中取得了较大的成功，其产品或服务具有竞争优势，能够满足消费者需求。这种情况下，一多分有可能是市场效率和经济增长的结果。因此，对于经济中的一多分有，我们应该保持警惕，防止垄断或寡头垄断的形成，维护市场竞争的公平和自由。政府应该加强监管，打破垄断，促进市场的竞争和创新。同时，我们也要承认一多分有的存在可能是市场竞争的自然结果，鼓励企业和个体通过提高产品质量和服务水平取得竞争优势，从而促进经济的发展。

现代管理中的一多分有是指在管理过程中多元化的思想和观点的存在。多元化的观点和思想在管理中是一种积极的现象。不同的观点和思想可以促进思维的碰撞和交流，激发出更多创新的想法和方法。在管理过程中，如果只存在单一的观点和思想，可能导致思维的僵化和故步自封。因此，一多分有可以带来更多的选择和可能性。管理中的一多分有需要正确处理。管理者应该鼓励员工提出不同的观点和思想，同时也要建立一个开放、包容和尊重的工作环境，让员工敢于表达自己的想法。管理者可以通过多元的团队建设和跨部门的协作，促进不同观点的交流与整合，以达到更好的管理效果。此外，管理中的一多分有也需要避免一些负面影响。如果不同的观点和思想没有得到适当的沟通和整合，可能导致团队内部的分裂和冲突，影响工作的开展。因此，管理者需要具备良好的沟通和协调能力，帮助团队成员达成共识并解决分歧。管理中的一多分有是一种常见的现象，它可以促进管理的创新和发展。但同时也需要管理者正确引导和处理，以充分发挥多元化观点的积极作用。

文化领域中的一多分有也是一个值得关注的问题。一多分有可能意味着少数文化群体或者代表性的文化作品在整体文化中占据较大的比例或影响力。一多分有可能导致文化多样性的减少，如果某些文化群体或作品占据主导地位，其他的文化群体或作品可能会被边缘化或忽视，这可能导致文化的单一化，缺乏多元性和包容性。因此，我们应该鼓励和支持多样化的文化表达和交流，促进文化的多元发展。一多分有也可能影响文化创新和创造力，如果某些文化群体或作品垄断了文化市场，则其他的新兴文化表达可能面临较大的挑战和障碍。为了促进文化的创新和进步，我们应该提供更多的机会和资源，支持新兴文化的发展。

博弈中的一多分有是指在博弈过程中，不同参与者之间存在多样化的策略和决策。博弈中的一多分有是正常且必然的。每个参与者都有自己的利益和目标，因此会选择不同的策略来追求自己利益的最大化。这种多样性可以促使博弈更有趣和更有挑战性；博弈中的一多分有可以带来更多的选择和可能性，不同的策略和决策会导致不同的结果，参与者可以根据自己的判断选择最有利于自己的策略。这种多样性可以丰富博弈的结果和体验。此外，博弈中的一多分有也需要正确处理，参与者应该尊重彼此的选择和决策，遵守博弈规则，以确保博弈的公平性和可持续性。当然，参与者也需要具备分析和判断的能力，以预测和应对其他参与者可能采取的策略。

最后，在人机环境系统关系中的一多分有也是一个值得我们格外讨论和思考的问题[27]。一多分有可能指的是人类和机器之间在某些领域或任务中的分工不平衡现象。对于这一现象，我们可以从以下几方面进行思考：首先，一多分有可能导致人类劳动力的替代。随着科技的进步和人工智能的发展，机器在某些领域中表现出更高的效率和准确性。这可能导致一些人类的工作岗位消失或减少。因此，我们需要思考如何适应这一变化，提供转岗和再培训的机会，以帮助受影响的人们重新融入工作市场。其次，一多分有也需要考虑机器的局限性。尽管机器在某些方面表现出更高的技术能力，但在某些领域或任务中，人类的智慧、创造力和情感能力仍然是不可替代的。因此，我们应该重视人类与机器的合作和互补，发挥各自的优势，实现更好的人机协同效应。最后，一多分有也需要关注人类对技术的掌控和引导。尽管机器在某些方面能够超越人类，但人类仍然是技术的创造者和掌控者。我们应该确保技术的发展符合人类的价值观和利益，避免技术的滥用或对人类造成不利影响。总之，对人机环境系统关系中的一多分有，我们应该适应科技发展带来的变化，提供转岗和再培训的机会，实现人机环境合作和互补，确保技术发展符合人类的价值观和利益。同时，也要重视人类的智慧、创造力和情感能力，发挥人类的优势，实现更好的人机环境协同效应[9]。

一个非常有意思的"替换"，前段时间，复旦大学中文系教授骆玉明说："女生常常被文学欺骗，文学里面的东西表现得太漂亮了，很迷人、很有欺骗性。所以我一再告诫女生，不要上文学的当。有时候把诗写得很美的人，也有可能是危险的。"

文学作品的确可以通过艺术手法将现实呈现得更加美好或理想化，这可能导致读者对现实产生一定程度的误解。文学作品可以是对现实的反思和批判，也可以是对人性和社会问题的探索，这些都是让文学具有深度和价值的方面。然而，在阅读文学作品时，我们应该保持一定的警惕性，不全盘接受作品中的观点和描述，而是通过批判性思维和多角度思考理解和评判。同时，我们也可以通过多元化的阅读丰富自己对现实的认知，不仅局限于文学作品，还包括其他形式的艺术、新闻、历史等。诗歌作为一种表达情感和思想的艺术形式，可以通过优美的语言、丰富的意象和深邃的思考触动人心。然而，有些人可能会利用诗歌的美丽外表掩盖其危险或不道德的意图。一方面，美丽的诗歌可以激发人们的共鸣和情感共鸣，这是其魅力所在，但有时候也可能被用来煽动情绪或误导读者。一些极端主义者或操纵者可能会利用优美的诗歌宣传歧视、仇恨或暴力。在这种情况下，我们需要保持警惕，不被诗歌的美感迷惑，而是审视其中的意图和价值观。另一方面，美丽的诗歌也可能掩盖作者的不道德行为或思想。有些诗人可能在诗歌中表达出自己的情感和思想，但在现实生活中却没有相应的品德和行为。在这种情况下，我们应该将文学作品与作者本人区分开，对作者的行为进行独立的评价。因此，当我们阅读诗歌时，应该保持一定的理性和批判性思维。欣赏诗歌的美感和意境，同时也要注意作者的意图和价值观，以及与现实生活的一致性，这样才能更好地理解和评价诗歌作品[28]。

是否可以类比一下，把"女生"换为"人们"，把"文学"换成人工智能，那么骆玉明教授的话就会变为："人们常常被人工智能欺骗，人工智能里面的东西表现得太漂亮了，很迷人、很有欺骗性。所以我一再告诫人们，不要上人工智能的当。有时候把 AI 写得很美的人，也有可能是危险的。"

上面这句话则表达了不少人对人工智能的不信任和担忧。人工智能的出现和发展确实给我们的生活带来很多便利和创新，但同时也引发了一些问题和挑战。首先，人工智能确实可以通过模拟人类的智能行为和表现欺骗人们。例如，通过深度学习技术，人工智能可以生成逼真的虚假信息、图像和视频，从而误导人们。这种欺骗行为可能对个人和社会造成不良影响，如信息泄露、个人隐私侵犯等。因此，我们确实需要保持警惕，不要盲目相信人工智能所呈现的内容，而是要进行深入的辨别和判断。然而，我们也不能一概而论地说人工智能都具有欺骗性。人工智能的设计和应用是由人类决定的，它本身并没有主动的意图。人工智能的行为是由其算法和数据驱动的，所以我们应该更关注人类在开发和应用人工智能技术时的道德和法律规范。确保人工智能的设计和应用符合伦理原则和社会价值，是保障人工智能安全和可信度的关键。因此，对人工智能的态度应该是理性和审慎的。我们应该注重人工智能的发展和应用过程中的监管和规范，同时提高自身对人工智能的认知和辨别能力，以避免被其欺骗。

参考文献

[1] WICKENS C D. Situation awareness and workload in aviation [J]. Current Directions in Psychological Science, 2002, 11(4): 33-128.

[2] 刘伟, 厍兴国, 王飞. 关于人机融合智能中深度态势感知问题的思考 [J]. 山东科技大学学报: 社会科学版, 2017, 19(6): 7-10.

[3] VAN DE MERWE K, VAN DIJK H, ZON R. Eye movements as an indicator of situation awareness in a flight simulator experiment [J]. The International Journal of Aviation Psychology, 2012, 22(1): 78-95.

[4] ERLANDSSON T, HELLDIN T, FALKMAN G, et al. Information fusion

supporting team situation awareness for future fighting aircraft; proceedings of the 2010 13th International Conference on Information Fusion, F, 2010 [C]. IEEE.

[5] SANER L D, BOLSTAD C A, GONZALEZ C, et al. Measuring and predicting shared situation awareness in teams [J]. Journal of Cognitive Engineering and Decision Making, 2009, 3(3): 280-308.

[6] MATTHEWS M D, EID J, JOHNSEN B H, et al. A comparison of expert ratings and self-assessments of situation awareness during a combat fatigue course [J]. Military Psychology, 2011, 23(2): 36-125.

[7] MCAREE O, CHEN W-H. Artificial situation awareness for increased autonomy of unmanned aerial systems in the terminal area [J]. Journal of Intelligent & Robotic Systems, 2013, 70(1-4): 55-545.

[8] BOLSTAD C A, ENDSLEY M R, COSTELLO A M, et al. Evaluation of computer-based situation awareness training for general aviation pilots [J]. The International Journal of Aviation Psychology, 2010, 20(3): 94-269.

[9] WEI H, ZHUANG D, WANYAN X, et al. An experimental analysis of situation awareness for cockpit display interface evaluation based on flight simulation [J]. Chinese Journal of Aeronautics, 2013, 26(4): 9-884.

[10] ENDSLEY M R, Robertson M M. Situation awareness in aircraft maintenance teams[J].International Journal of Industrial Ergonomics, 2000, 26（2）: 301-325.

[11] Shu Y, Furuta K. An inference method of team situation awareness based on mutual awareness[J]. Cognition, Technology & Work, 2005, 7（4）: 272-287.

[12] Salmon P M, Stanton N A, Jenkins D P. Distributed situation awareness: Theory, measurement and application to teamwork[M]. [S.l.]: CRC Press, 2017.

[13] WICKENS C D, MCCARLEY J, THOMAS L, et al. Attention-situation awareness (A-SA) model[C]. NASA Aviation Safety Program Conference on Human Performance Modeling of Approach and Landing with Augmented Displays. 2003: 189.

[14] ENDSLEY M R. Toward a theory of situation awareness in dynamic systems [J]. Human Factors, 1995, 37(1): 32-64.

[15] 刘伟 . 智能与人机融合智能 [J]. 指挥信息系统与技术 , 2018(4): 1-7.

[16] ADAMS M J, TENNEY Y J, PEW R W. Situation awareness and the cognitive management of complex systems [J]. Human Factors, 1995, 37(1): 85-104.

[17] SARTER N B, WOODS D D. Situation awareness: A critical but ill-defined phenomenon [J]. The International Journal of Aviation Psychology, 1991, 1(1): 45-57.

[18] 刘伟 . 追问人工智能 [M]. 北京 : 科学出版社 , 2019.

[19] MATHEUS C J, KOKAR M M, BACLAWSKI K. A core ontology for situation awareness[C].//Proceedings of the Sixth International Conference on Information Fusion. 2003, 1: 545-552.

[20] ANDERSON C. The end of theory: The data deluge makes the scientific method obsolete[J]. Wired Magazine, 2008, 16(7): 7-16.

[21] BOLTER D. Western culture in the computer age[M]. London: Penguin Books, 1986.

[22] CHEN X W, LIN X. Big data deep learning: Challenges and perspectives[J]. IEEE Access, 2014, 2: 514-525.

[23] CRICK F. The astonishing hypothesis: The scientific search for the soul[J]. The Journal of Nervous and Mental Disease, 1996, 184(6): 384.

[24] DINGLI A. Its Magic….I Owe You No Explanation! [EB/OL]. https://becominghuman.ai/its-magic-i-owe-you-no-explanation-explainableai-43e798273a08.

[25] HARARI Y N. Sapiens: A brief history of humankind[M]. New York: Random House, 2014.

[26] HARARI Y N. 21 Lessons for the 21st Century: "Truly mind-expanding... Ultra-topical" Guardian[M]. New York: Random House, 2018.

[27] HUSSERL E. The crisis of European sciences and transcendental phenomenology: An introduction to phenomenological philosophy[M]. Evanston: Northwestern University Press, 1970.

第6章

人机环境系统中的
态势感知

6.1 有关态势感知的卷积思考

卷积是一种数学运算，其本质是将两个函数进行操作，其中一个函数是被称为卷积核或滤波器的小型矩阵，它在另一个函数上滑动并产生新的输出。在计算机视觉中，卷积通常用于图像处理和特征提取，它可以通过滤波器对输入图像进行卷积运算，并输出提取的特征图像，从而帮助计算机理解图像信息。因此，卷积的本质是一种信号处理技术，用于从输入信号中提取有用的信息。

态势感知（Situation Awareness，SA）是指通过收集和分析各种信息、数据和情报，以及实时监控和识别环境变化和风险，以获取对当前和未来局势的全面、准确的认识和理解，从而支持决策、规划、部署和应对等行动的一种能力。在军事、安全、应急管理、城市管理等领域，态势感知是非常重要的一项技术和能力[1-2]。

我们把 SA 分成态、势、感、知四部分，并且把态、势分为一组，用来描述外部客体及情境变化，把感、知分为一组，用来描述主体内部变化，这样一来，就可分别对态 - 势组、感 - 知组进行卷积处理，以实现人机环境系统的深度态势感知，进而实现计算计融合的理论框架[3]。

6.1.1　态与势的卷积

态与势的卷积运算可以表示为

$$f(x) = g(x-x')h(x')$$

式中，$g(x)$ 表示态函数；$h(x)$ 表示势函数；$f(x)$ 表示态势函数。

在任务过程中，态函数描述客体的状态，而势函数描述客体在某个状态的势能。当客体在某一状态时，其态势函数的值等于该状态的所有势能和态函数的积分。

因此，态和势的卷积运算可以用来计算客体在不同状态的态势函数值。这个过程可以通过将势函数平移，然后用态函数乘以平移后的势函数，最后对所有平移后的函数进行积分来实现。

卷积运算的结果是一个新的函数 $f(x)$，它描述了客体在不同状态的态势函数值。这个函数可用来预测客体在不同状态下的趋势变化分布。

6.1.2　感与知的卷积

感与知的卷积运算同样可以表示为

$$f(x) = g(x-x')h(x')$$

式中，$g(x)$ 表示感函数；$h(x)$ 表示知函数；$f(x)$ 表示感知函数。

在任务过程中，感函数描述输入信息的状态，而知函数是描述经验判断的。当输入信息在某一时刻时，其感知函数的值等于该时刻的所有感和知函数的积分。

因此，感和知的卷积运算可用来计算输入信息在不同时刻的感知函数值。这个过程可以通过将知函数平移，然后用感函数乘以平移后的知函数，最后对所有平移后的函数进行积分来实现。

卷积运算的结果是一个新的函数 $f(x)$，它描述了输入信息在不同时刻的感知函数值。这个函数可用来预测输入信息在不同时刻的关键特征变化情况。

6.2　态势感知与信质、信量

未来的新智能是人机环境系统智能，而人机融合的态势感知是其关键，简单地说，态势感知就是智能体在"一定时间和空间环境中的元素的感知，对它们含义的理解，并对它们稍后状态的预测"[4-6]。对态势感知最早的诠释可以追溯到提出"知彼知己"思想的孙子之"知"。

6.2.1　绝对态势感知与相对态势感知

绝对态势感知和相对态势感知都是指人们对周围环境的感知和

认知，但它们的重点和方法不同。绝对态势感知强调环境中的具体细节和特征，它的目标是获得尽可能多的信息，以便对环境做出准确的判断和决策。例如，当一个人需要通过街道时，他会关注周围的建筑、路标、标志等细节，以确定自己的位置和方向。

相对态势感知则强调整体的情境和背景，它的目标是理解环境的整体特征和趋势，以便预测和适应环境的变化。例如，在一个商业区，一个人可能会关注街道上的人流量、商店的种类和数量等整体特征，以确定这个区域的商业繁荣程度和未来的发展趋势。

因此，绝对态势感知和相对态势感知的区别在于关注点的不同。一个强调环境的细节和特征，而另一个强调环境的整体情境和趋势。

6.2.2　主动态势感知与被动态势感知

主动态势感知和被动态势感知都是指对周围环境、事件和情况进行感知和防御的方法。它们之间的主要区别在于其感知方式和反应方式不同。主动态势感知是指通过主动收集和分析各种情报和数据预测潜在的威胁和风险，并采取相应的防御措施。这种方法需要大量的资源和技术支持，包括人工智能、大数据分析和网络安全技术等。主动态势感知可以帮助企业和组织及时发现和遏制威胁，保护其关键资产和业务。

被动态势感知是指对环境和事件的自然反应和感知。这种方法主要依靠人员和设备的感知能力，如摄像头、传感器和人员巡逻等，通过观察和监视发现和处理潜在的威胁和风险。被动态势感知是一种相对简单、实用的方法，但它也容易受盲点和误判的影响。

总体来说，主动态势感知和被动态势感知都是非常重要的安全防御方法，企业和组织应该根据自身需求和资源情况选择合适的方式进行安全防护。

6.2.3 危险态势感知与正常态势感知[7-12]

态势感知分级常用的方式如下。

（1）基础级：主要对基础信息进行收集和处理，如天气信息、人流车流情况等。

（2）高级级：在基础级的基础上，进行数据分析和挖掘，得出更深层次、更准确的信息，如安保事件预警、异常交通流量分析等。

（3）战略级：在高级级的基础上，进行战略规划和决策支持，帮助决策者制定长远发展战略和应对措施，如城市规划、公共安全预案等。

不同级别的态势感知需要不同的技术和手段支持，同时也要根据实际需要进行灵活的组合和应用。例如，危险态势感知和正常态势感知的主要区别在于以下几方面。

（1）目标：危险态势感知的目标是发现可能造成危害的情况，而正常态势感知的目标是了解周围的环境和情况。

（2）注意力：危险态势感知需要更加专注和集中的注意力，

以便及时发现潜在的危险，而正常态势感知则可以更加轻松地进行。

（3）反应速度：危险态势感知需要更加快速的反应和决策能力，因为需要在短时间内有正确的反应，而正常态势感知则不需要如此快的反应速度。

（4）紧张程度：危险态势感知会导致更高的紧张程度和更大的压力，因为需要面对潜在的危险，而正常态势感知则相对较轻松。

6.2.4 信质与信量

在数学上，1+1=2 既有信量也有信质，1+1=1 没有信量却有信质，但在管理学中，1+1=1 就会既有信量也有信质。人机混合智能中，常常是多学科融合，所有的表征往往会产生跨域，其指向也会发生变化，其信量与信质问题就会越发严重，进而出现变形、歧义、混乱等现象。究其原因，信量处理的是事实性参数，主要使用符号与逻辑计算工具，而信质处理的是价值性参数，侧重运用主观经验（如异质因素的变化性）与非逻辑算计手段。

所以，在很多情境、态势下，人机环境系统智能处理的是相对态势感知中的价值性参数，而不仅是大家现在经常使用的绝对态势感知中的事实性参数。绝对态势感知是依据时间、空间、符号逻辑线索产生的思维意识进行认知推理。

价值参数理论是一种关于人类意识和思维的哲学理论，提出了意识和思维是基于价值线索或类似价值线索的流程，而不是基于符号的过程，人类的思维和意识是通过对价值的感知和处理实现的。价值参数理论认为，人类的思维和意识是基于价值感知和处理流动的任务刺激价值信息，而非基于符号和逻辑推理。这个理论提出了一种新的人机融合认知模型，或为人工智能和认知科学提供了新的思路和可能性[13-15]。

信息数量与信息质量之间存在一个平衡点。一方面，当信息数量过多时，信息质量可能会降低，因为其中可能包含重复、无关或错误的信息，这会使真正有用的信息难以被发现和利用。另一方面，当信息数量过少时，可能缺少全面和准确的信息，这也会影响信息质量。二者可以通过以下方式进行表征。

（1）信息数量可以用数据量、字数、文件大小等指标描述。

（2）信息质量可以用准确性、完整性、可信度、实用性等指标描述。其中，准确性指信息的正确程度；完整性指信息是否包含所有必要的内容；可信度指信息来源的可信程度；实用性指信息是否对用户有用。

当前，态势感知中信息"数量丰富，质量贫乏"现象仍是一个普遍存在的问题。信息数量的获取和积累已经变得相对容易，但如何从大量信息中提取有意义、有质量的信息仍然是一个挑战。随着信息数量的不断增多，我们需要使用更高效和准确的算法和工具挖掘信息中的意义和质量，以便更好地理解和应对当前的态势。同时，我们需要更加精细的信息分析和处理方法，以便从事实信息中获取更多的洞察和价值。

此外，信息的质量也是一个关键问题。低质量的信息可能带来误导性的结果，从而影响我们对当前态势的理解和决策。因此，我们需要更加严格和科学的信息质量控制和管理机制，以确保信息的准确性和可靠性。

总之，要确保人机态势感知中信息的数量和质量达到一个平衡点，需要对诸多信息进行合理筛选和管理，以确保信息的可靠性和可用性。当前态势感知中信息"数量丰富，质量贫乏"现象是一个需要我们持续努力解决的问题，需要我们结合技术和方法提高信息数量的分析和挖掘能力，同时注重信息质量控制和管理。

6.3 态势感知通常是主客观的混合物

态势感知通常是主客观的混合物。主观因素包括个体的经验、知识、态度和信仰等，这些因素会影响个体对态势的感知和理解。客观因素包括环境的物理属性、社会文化背景、历史背景等，这些因素也会影响个体对态势的感知和理解[16-17]。因此，态势感知是主客观因素相互作用的结果。在实践中，为了更好地理解和应对复杂的态势，我们需要尽可能客观地收集和分析信息，同时也需要认识到个体的主观因素在态势感知中的作用。

从根本上说，语言和智能并不是一回事，智能和大数据也不是一回事，甚至智能和数据的关系也不是非常密切。机器智能是指一种能够模拟人类智力的技术，包括机器学习、自然语言处理、计算机视觉等。它的核心在于算法和模型的设计和优化，而不是数据的数量。虽然数据是智能技术中重要的输入，但数据量的增加并不能直接提高智能水平，而且大量数据还需要进行清洗、分析和处理，才能变成有价值的信息。

智能与状态、趋势、感觉、知觉存在一定的联系和关系。状态是指事物所处的具体情况，趋势则是指事物发展的方向和趋势，感觉和知觉则是指人类对外部世界的感知和认知能力，而智能则是指人类的智慧和思维能力。从这些角度看，状态、趋势、感觉和知觉可以为智能提供信息和素材，而智能则可以帮助我们更好地理解和处理这些信息和素材，从而更好地适应和应对不同的状态和趋势。同时，智能也可以影响我们的感觉和知觉，帮助我们更好地理解和认知外部世界。

进一步看，态势感知可以被看作智能的一种形式，它可以利用传感器、数据统计分析和模型预测等技术，以实时监测、分析和预测环境中的各种物理和人为事件为目标，从而帮助人们更好地了解和掌握周围的情况（如安全监控、交通管理、灾害预警和环境监测等）。

一般而言，态势感知包括信息采集、处理、分析、推理、反馈等技术，旨在从大量数据中提取出有用的信息，以帮助人们更好地理解和应对复杂的现实情况。在许多复杂甚至矛盾的态势下感知可能会涉及非同一律、矛盾律、非排中律等非逻辑基础；处理复杂的信息时，需要考虑数据、信息、知识、经验、推理的相互关系，包括可能存在的不一致、冲突、不确定性等问题。在这种情况下，我们不一定要遵循已有的方法和原理进行信息的分析、归纳和推理，以便更好地理解和应对这种复杂的态势。但需要注意的是，这些已有的方法和原理并不是态势感知的基础，只是在处理信息时可能用到的工具。

在人机融合智能系统中，"变化的态势场"和"变化的感知场"是两个相互作用的场，它们的相互作用类似于电磁场中电场和磁场之间的相互作用。这种相互作用的特点具有对称性，也就是说，变化的态、势可以激发新的感、知，同时变化的感、知也可以激发新的态、势，它们之间的作用是完美对称的。电磁场中电场与磁场之间的对称性在物理学中非常重要，因为它们揭示了自然界中的一些基本规律和对称性原则，智能中的态势与感知之间的对称性在人机融合中也非常重要，因为它们可能揭示了人、机、环境中的一些基本规律和对称性原则。

一个与外界没有态、势交换的系统是一个封闭系统，它不会受外部因素的干扰，其内部的态势常常不会发生大的改变；同样，一个与外界没有感、知交换的系统也是一个封闭系统，它不会受各种因素的干扰，其内部的感知也常常不会发生大的改变。

在一个与外界具有信息、能量、物质交换的开放系统中，态、势、感、知在博弈过程中是会发生较大变化的。这是由于在开放系统中，系统与外界之间存在着信息、能量、物质的交换，这些交换会对系统的状态和趋势产生影响，进而影响到系统的感觉和知觉。具体来说，当外界提供的信息、能量、物质有利于系统的感知时，系统中的感知会增强；反之，系统中的感知会减弱。同时，在博弈过程中，系统内部的状态和趋势也会发生变化，这也会对其感知产生影响。因此，在处理开放系统的情况时，需要综合考虑外界和内部因素的影响，确定感知的变化情况，并在此基础上进行博弈策略的制定。

机器的计算态势感知与人类的算计态势感知的主要区别是：大时空尺度中捕捉信号、信息，运用经验、知识，组合分析、判断的能力。人类态、势、感、知中的数据、信息、知识在交互中常常不仅是在物理系统与物理系统之间进行映射、反射，往往还在物理系统与非物理系统、非物理系统与非物理系统之间进行数据/非数据、信息与非信息、知识与非知识的映射、反射，更有甚者，使之进行互射，并且这种相互的映射、反射可以改变定义域中原象与值域中象的性质，有点像威廉·布莱克的诗中的描述："一沙一世界，一花一天堂。无限掌中置，刹那成永恒。"

逻辑正确不一定认知正确，机器客观真假与人类主观是非不同，如伦理常常会被科技的进步而不断突破。与目前计算机器底层——布尔代数不同，人机环境中存在着不同颗粒度事实与价值混编的与或非排序关系，有时还可以加入情感、责任、目的、情绪……平心而论，没有人的参与，数据是不能形成知识的，同样，在原因和结果之间也不一定要有概念上或逻辑上的联系，智能的漏洞及痛苦也时刻提醒人们：为什么这么多的科学技术进步并没有让人类社会变得更加美好?

总之,智能或人机混合智能之所以很难,主要是涉及了人类及其社会的主客观混合问题。人类的表征不是打标签、制定规则,而是一边造标签一边破坏性地遵守规则。同时,人类的智能神经网络系统不仅由大脑中的神经元构成,还由人身其他的神经元、机器神经元和环境中的事、物神经元及其交互构成。

6.4 态势感知的稀疏与池化

数据稀疏和池化都是在深度学习中常用的技术,数据稀疏指的是数据中存在大量的空值或者缺失值的情况。对稀疏数据的处理,一般采用填充、特征选择、特征组合等方法增强数据的表现力和预测能力。池化是一种减少特征图尺寸和参数数量的操作。池化的作用是通过对每个区域内的特征进行统计汇总,得到一个更小的特征图。数据稀疏和池化是两个不同的概念,前者指的是数据的特殊性质,后者则是一种特定的操作。

在人机融合智能中的态势感知也存在着稀疏和池化效应,不但涉及数据,还有信息和知识、经验 [18]。态势感知稀疏指的是态势感知中存在大量的空值或者缺失值的情况。对稀疏态势感知的处理,一般采用填充、特征选择、特征组合等方法增强态势感知的表现力和预测能力。池化是一种减少 SA 特征尺寸和参数数量的操作。池化的作用是通过对 SA 每个区域内的特征进行统计汇总,得到一个更小的 SA 特征图。最大 SA 池化的意义是寻找 SA 区域内最突出的特征；平均池化也就是寻找平均特征，可用于 SA 去噪 / 模糊化等应用。

当一个电荷在空间中移动时，它会产生电场和磁场的变化。这个过程可以类比为一个人在城市中行走时，产生的态势场和感知场的变化。当这个人移动时，他所在的位置和周围环境的态势场会发生变化，同时他的感知场也会随着位置的变化而变化。这些变化可以通过场强的分布描述，而且与电磁场的变化有相似之处。因此，我们可以将电磁场的变化与态势场和感知场的变化进行类比。

电磁场的变化可以通过场强的分布来描述，指的是电磁场中电荷和电流的分布和变化会导致电磁场场强的分布发生变化，而电磁场的变化可以通过电场强度和磁场强度描述。类似地，态势场和感知场的变化也可以通过场强的变化来描述，例如，在博弈对抗中，信息域、认知域、物理域等都可以用场强的分布来描述。而感知场则是一种由各种感官所感知到的场，如人的感知场、机器的感知场等，这些场的变化也可以通过场强的变化来描述。另外，电磁场的变化也可以对应到信息的传递和交互过程中。例如，在无线通信中，电磁波的传播和接收过程就是一种信息的传递和交互过程，而电磁波的特性和场强的变化则可用于描述这一过程。同样，态势场和感知场的变化也可以对应到信息的传递、交互、理解过程中，例如，在指挥控制等领域，可以通过场强的变化描述信息的传递、交互、理解过程，进而实现对情境任务的观测和预测。

态势感知中高维的拓扑与低维的拓扑的主要区别在于其研究的对象和方法不同。在低维 SA 的拓扑中，我们主要研究感觉状态空间中的拓扑结构，如物理域等。这些结构可以直观地表示为可显示的基本操作和分类。而在高维 SA 的拓扑中，我们研究的还包括知觉趋势时空中的拓扑结构，这些结构无法直接表示为可视化图形，因此需要使用更加抽象的计算 - 算计方法进行研究和分类。高维SA 拓扑与低维 SA 拓扑相比，更加抽象和复杂，但也更加深刻和广泛应用于人机环境系统智能的研究中。

态势感知与主体间性密切相关。主体间性是拉康提出来的，在阐述中他给现代性的主体性以致命的打击。他认为，主体是由其自身存在结构中的"他性"界定的，这种主体中的他性就是主体间性。主体间性即人对他人意图的推测与判定。主体间性有不同的级别，一级主体间性即人对另一个人意图的判断与推测。二级主体间性即人对另一人关于其他人意图的判断与推测的认知的认识。例如，A知道 B 知道 C 想在中午与 A 一起吃饭，那么 A 便是进行了二级主体间性的判断。通常人们最多能进行五级主体间性的判断，五级以上就容易做出错误的判断。

主体间性是指人们对世界的认识和理解，是建立在个体的经验、信念、态度和价值观等主观因素基础上的一种性质。客观是指人们对世界的认识和理解应该建立在客观事实和规律的基础上，而不是个人主观意识的干扰下。两者之间存在着密切的关系。主体间性与客观相辅相成、相互制约。主体间性一定程度上塑造了人们对客观世界的理解和认识方式，同时客观事实也是人们认识主体间性的重要依据。因此，主体间性和客观之间的关系需要保持一定的平衡，既要重视主体的主观感受，也要注重客观事实的真实性和客观规律的普遍性，这与人机融合的深度态势感知密切相关。

态势感知既包括可计算性，也涉及可判定性。可计算性和可判定性都是关于算法和计算问题的概念。可计算性指的是一个问题是否能被计算机算法解决。如果一个问题是可计算的，就存在一个能够在有限时间内计算出问题答案的算法。可判定性指的是一个问题是否能够被判定为"是"或者"否"。如果一个问题是可判定的，就存在一个能够在有限时间内判断问题是否成立的算法。可计算性和可判定性之间的区别在于，可计算性关注的是问题是否能被计算机算法解决，而可判定性关注的是问题是否能被判定为"是"或者"否"。另外，可计算性通常涉及问题的解决方法（怎样计算的问题），而可判定性通常涉及问题是否有解（怎样算计的问题）。

态势感知的可计算性／可判定性问题常常与产生式／启发式这两种不同的推理方法有关。产生式是一种基于规则的推理方法，它由条件部分和结论部分组成。当条件部分满足时，就可以执行结论部分的操作。产生式可用于知识表示、专家系统、自然语言处理等领域。产生式的优点是易于理解和扩展，但缺点是可能存在冲突和不确定性。启发式是一种基于经验的推理方法，它利用启发式函数对可能的解空间进行搜索，从而得到一个较好的解。启发式算法常用于优化问题、搜索问题等领域。启发式的优点是可以快速得到一个较好的解，但缺点是不能保证得到最优解，且需要选择合适的启发式函数。

6.5　态势感知与势态知感

许多箴言反过来看也常常是箴言,如"千里之行,始于足下""业精于勤,荒于嬉;行成于思,毁于随。"反过来看好像也是成立的,但是,对于"态势感知"而言,反过来的"势态知感"却不完全一样。

"态势感知"一般指个体在复杂环境下从多源信息中获取、整合和分析信息,理解环境,以便做出正确的决策并采取有效的行动。而"势态知感"则是指个体在复杂环境下凭直觉经验首先获得总体框架和综合印象,做出恰当的决策部署并准备采取相应的行动实施,为了更好地理解环境和验证计划,从多源信息中获取、整合和分析信息,以便保证决策顺利进行。若把"态势感知"看成 bottom-up过程,那么"势态知感"就是 top-down 过程,新手常常用态势感知,高手往往是势态知感或两者交替并用。

"由态到势"通常指的是从一个特定的状态或情况中推断出未来可能发生的趋势或趋势。这种方法是基于过去和现在的信息,预测未来的发展方向。如某个国家当前面临政治混乱和经济萎缩,则可以预测未来可能出现的社会动荡和经济衰退的趋势。反之,"由势到态"则是反过来,是从未来可能的趋势或趋势中推测出当前的状态或情况。这种方法通常会根据当前的趋势,推断出未来可能出现的状态或情况。如某个国家经济增长迅猛,可以推测当前可能出现的就业机会和经济发展的状况。

"由感到知"指的是在感觉或感性刺激的基础上获取知识、认知或理解，这种方式是建立在个人及其周围环境中直接感觉和刺激经验基础之上获得认知知觉。例如，婴儿与世界接触时，通过感性刺激和感觉获取基础知识。相比之下，"由知到感"则指的是通过知识和分析之后改变或影响一个人的感觉或感受，这种方式更依赖于个人的思维分析和认知，并且需要基于已有的知识和理性推理进行。总之，"由感到知"更侧重感性经验和感性感知，并依据此经验调整其知识和认知的框架，而"由知到感"更侧重逻辑分析和推理，通过这些理性思维影响感觉和感受。

在一个有人参与的系统演化过程中，状态形成趋势取决于诸多复杂因素，其中包括系统内部结构、外部环境、系统内部相互作用等。一般来说，系统演化的趋势可能是逐渐向一种稳定状态演化，也可能是出现周期性变化或随机性变化。这些趋势的形成可能受多种因素的影响，在实际应用中需要具体分析问题，包括运用数理模型进行长期的演化预测和评估，也包括非数理的知几趣时变通，以实现对系统的优化和控制。在人机混合的态势感知（或势态知感）中常常存在无法用当前数学表达的因果关系，这些关系是指某些复杂的现象涉及多个因素之间的相互作用和影响，难以用简单的数学模型描述和预测。在这种情况下，我们可能需要使用多学科的方法和工具，如统计学、机器学习、控制论、人文艺术、社会哲学等分析和理解这些现象。此外，我们也可以使用质性研究方法，如案例研究、访谈、问卷调查等探究这些现象的本质和内在联系。总之，对于无法用数学表达的因果关系，我们需要采用多种文理方法加以研究和理解。

在人类的认知过程中，感觉是通过接收内／外部世界的信息，传递给大脑，经过加工和处理，形成知觉的过程。感觉是人获得信息和体验感的第一步，是以感官器官（视觉、嗅觉、听觉、触觉、味觉）为凭依，接受刺激，向大脑传递信息的过程。需要强调的是，感觉与知觉不是一回事。感觉是人类接收外界刺激的过程，而知觉则是机体对感觉进行加工、处理和判断后得到的意识结果。感觉只是认知过程的一步，而知觉则是更为复杂的认知活动。

对于机器的认知过程，感觉的作用类似于人类的感觉，它通过接收各种传感器设备获取相关的数据，然后通过信号处理、特征提取和机器学习等技术进行处理和分析，最终形成机器的知觉。机器的感觉和知觉是通过计算机程序和算法实现的，因此其过程与人类感官和神经系统的工作方式不完全相同。

变化的感觉产生了变化的知觉，变化的知觉产生了变化的感觉。感觉是指感官器官接收环境信息产生的反应，而知觉是指通过感觉信息进行意义和感知的加工和整合过程，在认知过程中，感觉和知觉相互作用，相互影响，感觉和知觉都是认识、理解世界的方式，而认知的过程是一个动态、主观、复杂的过程。

变化的状态产生了变化的趋势，变化的趋势产生了变化的状态。从数学和物理角度看，趋势是描述某个变化规律、倾向或方向性的量，而状态则是描述某个系统在某一时刻的属性或状况。在自然界中，物体或系统的状态会随着时间的推移而发生变化，这种变化往往是由趋势所引起的。同时，某种趋势的出现也往往会导致系统整体状态的改变。从社会和经济角度看，趋势是描述人类社会或经济发展的重要指标，而社会和经济的发展也会影响人们的思维方式和行为习惯，从而引起社会和经济的变化。同时，某种社会或经济的变化趋势也会影响人们的思维和行为方式，产生新的需求和行为模式，从而反过来推动社会和经济进一步发展。

同化、顺应、平衡、图式和态势感知是信息处理中的重要概念，它们之间有着密切的关系。同化是指将信息与已有的知识结构或体系相结合，使其变得更易理解和处理。在信息获取和处理中，同化能帮助我们快速识别和理解新的信息，同时还能加强我们已有知识结构的稳定性。顺应是指在处理信息时，根据信息的特性进行适应性调整。通常情况下，信息可能存在多个维度的特性，如时间、空间、语言等，需要根据不同的情境进行调整。平衡是指在信息处理中综合考虑各种因素，保证信息处理的合理性和有效性。平衡不仅包括输入和输出信息的平衡，还包括对信息的重要性的确定和合理分配。图式是一种模型或框架，用来表示特定领域或问题的结构和关系，可以帮助我们更好地组织和理解信息。信息处理中，图式可以帮助我们更快速地建立起筛选和处理信息的框架，更好地理解和应对各种信息。态势感知是指通过各种信息渠道获取、分析和处理与特定态势相关的信息，以达到全面、及时、准确地掌握态势的目的。态势感知在博弈、安全、金融等领域中应用广泛，可以帮助我们更好地把握复杂的信息局势。

决定论和自由论是两种不同的哲学观点。决定论认为一切都受既定因果关系的支配，所有事件都是必然发生的。自由论则认为个体有自由意志，并且有能力自主行动，从而影响周围的环境和未来的发展方向。在人机融合的态势感知中，决定论和自由论的关系可以理解为机器智能技术和人类意志的关系。机器智能技术的发展，会增强人类的能力，提高人类的效率，但是它们的行为和决策都受既定程序的限制。而人类则拥有更加自由意志的行动能力，可以在思考和决策中考虑更多的因素和情感，从而主导人机融合态势的发展方向。人机融合态势感知中，决定论和自由论的关系并不是对立的，而是互补的。机器智能技术和人类意志之间需要相互配合和协调，才能实现最优的状态。同时，我们也需要警惕机器智能技术的发展，确保它们不会超越人类的自由和尊严。

顺便做一个臆想好玩的类比尝试以自娱自乐，即若使用量子本征态和哈密顿量（解释见附录）类比态、势、感、知的变化会怎样呢？

量子本征态类比于"态"：量子本征态是一个量子系统的基态，可以被视为这个系统的"思考模式"或"精神状态"。它们代表了系统在不同能量级上的认知状态，就像我们在不同的"思考模式"或"精神状态"中能够感知和思考不同的事物一样。

哈密顿量类比于"势"：哈密顿量描述一个量子系统的能量，可以被视为一个"势场"或"场势"。这个场势决定了系统中各个粒子的行为，从而影响系统的演化，就像我们所受到的"势场"可以影响我们的行为一样。

可观测量类比于"感"：在量子力学中，可观测量是一个可以测量的物理量。它可以被视为我们通过感官获得的信息。可观测量的取值由量子态决定，不同的量子态可以给出不同的测量结果，就像我们在不同的"精神状态"中可以感知到不同的事物。

演化算符类比于"知"：量子演化算符描述了量子态的演化，可以被视为一个"智能体"或"知识体"。它根据当前系统的状态和哈密顿量预测未来的发展，并提供一个方法来改变系统的状态，就像我们在获取新信息时，通过不断更新我们的知识和思考方式，改变我们的"精神状态"和行为一样。

附录：

在量子力学中，一个物理系统的状态是由一个量子态描述的。量子态是具有确定的能量、动量和自旋的状态，并可以通过下落算符进行测量。一个物理系统的量子态可以表示为一组基态的线性组合，其中每个基态都对应系统能量的一个特定值。这些基态被称为量子系统的本征态，因为它们代表了系统的可观察量的本征值。

一个量子系统的演化可以用哈密顿量描述。哈密顿量是描述量子系统能量和动量的算符。它定义了一个物理系统在时间上如何演化，从而决定了任何可观察量（如能量、自旋、位置等）的演化方式。哈密顿量作用于一个量子态，可以得到该态所代表的物理系统的能量值。因此，如果我们知道哈密顿量和量子态，就可以预测系统中各种可观察量的变化。

总之，量子本征态是一个物理系统的可观察量的基态，由这些基态所组成的线性组合可以描述物理系统的量子态。而哈密顿量则是描述这些量子态如何演化的算符。量子本征态和哈密顿量是量子力学中非常重要的概念，对理解物理系统的演化和预测实验结果具有极为重要的意义。

6.6 态势感知问题为什么很难解决

哲学世界中有三句最著名的话：我是谁？我从哪里来？我到哪里去？美国管理大师彼得·德鲁克也提出过3个经典问题：我们的企业是什么？我们的企业将是什么？我们的企业应该是什么？同样，态势感知的世界中也有三句著名的话：彼是谁？己是谁？如何知彼知己？

虽然人类的态势感知与机器的态势感知之间存在着一些区别，如情感和情绪、创造力和想象力、深刻理解和推理能力、道德和伦理判断力、自我意识和意识流等，但现实世界始终是一个态、势、感、知混杂的世界，它是由不同的方面和元素组成的，任一条信息或知识里都既包括态也包括势，任一个人对这条信息或知识的理解都既涉及感也涉及知（纠缠）。具体而言，"态"指的是事物具有的形态、性质、结构等方面的特征，包括物理形态、化学性质、生物结构等，这些特征使事物表现出不同的状态和行为；"势"指的是事物之间相互作用的力和趋势，包括变化方向、发展趋势、进化进程等，这些相互作用决定了事物之间的关系和发展；"感"指的是人类对事物的感知和体验，包括视觉、听觉、触觉、嗅觉、味觉，还有机器的各种传感器，这些感官信息构成了人机对世界的认知和理解；"知"指的是人类对事物的认知和思考，包括科学知识、哲学思考、人文艺术等，还涉及机器对数据的处理过程，这些知识和思考方式影响了人类对世界的看法和态度。现实世界的复杂性和多样性来源于这些元素的相互作用和影响，而人类对它的态势感知也需要从多个角度进行分析和探索[19]。

同时，现实世界又是不一致和不完备的。不一致指的是现实世界中存在着不同的解释和观点，而这些解释和观点可能互相矛盾，甚至相互排斥。不完备则指的是现实世界中存在着无法被完全理解和描述的现象和事物，无论是因为我们的认知能力有限，还是因为事物本身的复杂性。这种观点的支持者认为，我们的知识和理解总是有限的，我们无法完全把握现实世界。此外，我们的态势感知也受我们的文化、社会背景、经验和个人信仰等因素的影响，这些因素可能导致我们对现实世界的理解和描述存在偏差和局限，所以我们所感知到的局面或情况并不完全反映实际的态势或趋势。很多时候，我们看到的只是表象，隐藏在表象背后的真正情况可能更加复杂或难以察觉。因此，我们需要更深入地思考和观察，才能更好地理解事物的本质和发展趋势。这也提醒我们在做决策或判断时，不要单纯依赖表面现象，而要进行更多的调查和分析。

递归集是指"某元素是否存在于该集合中"可以用算法判断出来的集合。在态势感知中，状态与趋势之间可以产生递归关系，状态是某一时刻事物的具体表现，而趋势则是事物发展的方向和趋势。状态可以影响趋势的发展，而趋势的发展又会反过来影响状态的变化。例如，一个地方的经济状态和发展趋势就存在着递归关系。经济状态的好坏可以影响经济发展的趋势，而经济发展趋势的好坏也可以反过来影响经济状态的变化。感觉与知觉也可以产生递归关系，感觉是我们对外界刺激的直接反应，而知觉则是我们对感觉进行加工和解释的结果。感觉可以影响知觉的形成，而知觉又可以反过来影响感觉的产生，感觉和知觉之间可以形成一种递归关系，相互影响和作用。

一般而言，事实与价值是没有递归关系的。事实是客观存在的，而价值是主观评价的结果，两者本质上是不同的。事实可以为价值提供支持，但不会产生递归关系。然而，在某些哲学和伦理学的理论中，存在一种观点认为事实和价值可以产生递归关系，即价值可以影响我们对事实的认识和理解。但这种观点并不普遍，也存在着争议。正因如此，不难理解，现实世界中的不一致性常常是由事实与价值的相互影响和相互作用造成的。在现实世界中，事实和价值并不是简单的一对一关系，而是相互交织、相互影响的关系。在态势感知中，事实和价值的关系是复杂而多样的，它们相互作用产生了现实世界的多样性和复杂性。因此，我们在理解和处理现实世界时，要充分认识到事实和价值的相互作用和影响，避免简单化、片面化地看待问题。

事实性的态势感知指的是对某一事件、现象或情况的客观描述和认知，强调的是对真实情况的准确把握和客观分析，不涉及任何主观的价值判断。而价值性的态势感知则是对某一事件、现象或情况的主观评价和价值判断，强调的是对其意义和影响的认知和评估，涉及主观的价值观念和立场。

在理想的人机环境系统态势感知中，通过虚构和想象可以让事实与价值产生递归关系。虚构和想象是人类思维的一种重要方式，它可以超越已知的事实和现实，探索可能的世界和未来。在想象中，人们可以构建各种场景和情境，探讨各种可能性和选择，进而形成对事实和价值的认知和评价。例如，对于某个社会问题，人们可以通过虚构想象构建不同的解决方案和结果，进而评估它们的价值和实际效果，从而不断调整和完善自己的认知和价值观。因此，虚构和想象是人类进行有效态势感知的重要手段之一。

哥德尔不完备定理意味着不存在一个对万事万物皆适用的数学理论，可证明性和正确性也无法统一。数学家可以证明的内容取决于他们的初始假设，而非所有答案所依据的基本事实。态势感知也类似，粗略地可分为刻舟求剑、盲人摸象、曹冲称象、塞翁失马四个阶段。

当年，维特根斯坦从《逻辑哲学论》的自我否定中走出来完成《哲学研究》时，就意味着语言的本质在于生活化的使用，而不仅是逻辑的图像，无独有偶，态势感知的本质也不仅是单纯地建模映射，而是在使用中去实践体验，但时至今日，国内外的有关研究依然停留在纸上谈兵阶段，还没有走出实验室，究其原因，还是没有从根本上搞清楚其内在的机制机理（尤其是人的），如果您要问为什么会这么难，态势感知在心理学领域的翻译或许会揭晓这个答案：情境意识。看到没，研究态势感知就是研究意识，能不难吗？客观地说，目前不少人高喊颠覆的 GPT 也只是解算出下一个字符的权重概率大小，距离"意识"恐怕还远远望之吧？

不管怎样，仍非常期待大家齐心协力尽早攻克这个世纪难题！等待与希望！

态势感知在心理学领域的翻译为：情境意识。从中不难看出，研究态势感知就是研究意识。[20] 在不远的未来，机器极有可能会出现跨域跨情境逻辑的机器意识，但会与现在 GPT 的机制机理有所不同，即不是概率的输出，而是（机器）"算计"的浮现。费曼有句名言："凡是我不能创造的，我就不能真正理解"，当机器可以发现新的词语组合，甚至发明新的逻辑组合时，就可能出现"理解"，即把表面上无关事物弱相关化进而强相关化的能力。当然，这种"理解"还仅限于组合逻辑性的理性"理解"，下面需要面对的将是如何处理"感性"领域，慢慢形成"个性化"进程……那时，我们关注的就不仅是防范坏人对机器智能的不良使用了，同时，我们更需要关注的是机器智能本身在社会中的应用和影响，确保其发展不会对人类造成不良影响。然而，不确定性是人类认识的形式逻辑思维本身固有的，即使在纯粹数学里，我们也无法彻底达到确定性，在非形式逻辑的感性领域呢？

开个玩笑，套用丹麦哲学家克尔凯郭尔的一句话——"结婚，你将为之后悔；不结婚，你也将为之后悔；结婚或不结婚，你都将为之后悔。"对于人机智能，"研究，你会后悔；不研究，你也会后悔；研不研究，你都会后悔。"未雨绸缪，面对如此局面，如何有效地开发并管控人、机"计算"与"算计"融合问题将是未来智能领域的基本问题之一。或许，人只有在临界状态下，才能真正体验到超越吧！

参考文献

[1] 王玉虎，刘伟．一种基于人机融合的态势认知模型 [J]. 指挥与控制学报 ,2023,9(1):76-84.

[2] FU Q. Alpha C2–An intelligent air defense commander independent of human decision-making[J]. IEEE Access 8 (2020): 87504-87516.

[3] QING S, FANG L. Research on the intelligent combat decision-making under the simulation and deduction system[C].//2021 International Conference on Big Data and Intelligent Decision Making (BDIDM). IEEE, 2021: 206-209.

[4] ANTSAKLIS P J, RAHNAMA A. Control and machine intelli-gence for system autonomy[J]. Journal of Intelligent & Robotic Systems, 2018, 91(1): 23-34.

[5] LEGG S, HUTTER M. Universal intelligence: A definition of machine intelligence[J]. Minds and Machines, 2007, 17(4): 391-444.

[6] DE BOISBOISSEL G. Is it sensible to grant autonomous decision-making to military robots of the future?[C]. 2017 International Conference on Military Technologies (ICMT), 2017: 738-742.

[7] 赵宗贵．信息融合工程实践 : 技术与方法 [M]. 北京 : 国防工业出版社 , 2015: 17-18.

[8] HOC J M. From human–machine interaction to human–machine cooperation[J]. Ergonomics, 2000, 43(7): 833-843.

[9] GREEN D M, SWETS J A. Signal detection theory and psy-chophysics[M]. New York: Wiley, 1966.

[10] SWETS J A. Signal detection theory and ROC analysis in psychology and diagnostics: Collected papers[M]. New York: Psychology Press, 2014.

[11] TREISMAN A M, GELADE G. A feature-integration theory of attention[J]. Cognitive Psychology, 1980, 12(1): 97-136.

[12] ITTI L, KOCH C. A saliency-based search mechanism for overt and covert shifts of visual attention[J]. Vision Research, 2000, 40(10-12): 1489-1506.

[13] WICKENS C D, GOH J, HELLEBERG J, et al. Attentional models of multitask pilot performance using advanced display technology[M].// Human Error in Aviation. Routledge, 2017: 155-175.

[14] HORREY W J, WICKENS C D, CONSALUS K P. Modeling drivers' visual attention allocation while interacting with in-vehicle technologies[J]. Journal of Experimental Psychology: Applied, 2006, 12(2): 67.

[15] WICKENS C D, GORDON S E, LIU Y, et al. An introduction to human factors engineering[M]. Upper Saddle River, NJ: Pearson Prentice Hall, 2004.

[16] HART S G, STAVELAND L E. Development of NASA-TLX (Task Load Index): Results of empirical and theoretical research[M].//Advances in psychology. North-Holland, 1988, 52: 139-183.

[17] BRUNSWIK E. The conceptual framework of psychology[M]. Chicago: The University of Chicago Press, 1952.

[18] BISANTZ A M, PRITCHETT A R. Measuring the fit between human judgments and automated alerting algorithms: A study of collision

detection[J]. Human Factors, 2003, 45(2): 266-280.

[19] BISANTZ A M, KIRLIK A, GAY P, et al. Modeling and analysis of a dynamic judgment task using a lens model approach[J]. IEEE Transactions on Systems, Man, Cyber-netics-Part A: Systems and Humans, 2000, 30(6): 605-616.

[20] FITTS P M. The information capacity of the human motor system in controlling the amplitude of movement[J]. Journal of experimental psychology, 1954, 47(6): 381.

第7章

ChatGPT中的人机问题

07

7.1 态势感知与 GPT

态势感知和 GPT 中的 Transformer 框架都是人工智能领域中的研究方向，它们在一定程度上是相关的。态势感知是指通过对外部环境的感知和分析，从而了解环境中的各种事件、对象和行为，为决策和行动提供支持 [1-4]。而 GPT 中的 Transformer 框架是一种用于自然语言处理任务的神经网络模型，它用于处理序列到序列的任务（如翻译、摘要等）并在其中使用注意力机制，从而一定程度上提高了序列数据的处理。

在实际应用中，可以通过使用 Transformer 框架帮助机器在进行态势感知时，处理文本数据并使用注意力机制提高模型对关键信息的关注度，从而更好地理解和分析外部环境，提高态势感知的准确性和效率。如在情感分析领域，可以使用 Transformer 框架对文本数据进行处理并使用注意力机制关注情感词汇，从而准确地判断文本的情感倾向。

GPT 是一种基于 Transformer 的预训练语言模型，可用于自然语言处理中的各种任务。在态势感知中，GPT 可用来对文本进行分类和情感分析，从而帮助用户了解当前的舆情和社会热点。例如，在某个社会事件发生后，可以使用 GPT 对相关新闻报道和社交媒体上的评论进行情感分析，判断公众对该事件的态度和情感倾向。同时，GPT 还可以对文本进行分类，将相关报道和评论归为不同的类别，如正面报道、负面报道、中立报道等，从而更好地了解事件的发展和影响 [5-8]。这些分析结果可以帮助政府、企业和个人及时了解社会舆情，做出相应的决策和应对措施。预处理 Pre-trained 机制是指在进行自然语言处理任务前，先使用预训练模型对原始文本进行预处理，以提取文本的特征，从而提高完成后续任务的效果。在态势感知中，预处理 Pre-trained 机制可用于处理从各种渠道获取的原始资料输入，如信息域（社交媒体、新闻报道、博客文章）、物理域（各种传感器）、认知域（价值观、责任性、荣誉感）等，以提取出重要的信息和特征值，从而帮助分析人员更好地了解当前的态势。通过这种方式，可以有效提高态势感知系统的准确性和效率。

Transformer 模型较传统的神经网络模型更难以理解的部分主要在于它的自注意力机制（self-attention mechanism）和残差连接（residual connection）等新的概念和操作。Transformer 主要由编码器和解码器两部分组成，编码器将输入序列转换为特征向量序列，解码器将特征向量序列转换为输出序列。在编码器和解码器中，每个子层都有一个多头自注意力机制和一个全连接前馈网络。自注意力机制能为每个输入位置计算一个加权和，每个位置的加权值由输入序列中所有位置的信息计算得出，而不是仅依赖于固定的权重。多头自注意力机制通过将输入序列分成多个部分并将它们映射到不同的注意力头中，从而使网络能够同时关注不同的位置和特征。全连接前馈网络是一种基于两个线性变换和一个激活函数的结构，用于从多头自注意力机制的输出中提取高级特征。在训练过程中，Transformer 使用反向传播算法更新网络权重，并根据损失函数优化模型输出。在推理过程中，Transformer 根据输入序列生成一个逐步预测输出序列的过程，每次预测根据前一次的输出和自注意力机制的信息计算得出。

自注意力机制是一种新的注意力机制，它将输入序列中的每个元素看作一个查询项（query）、一个键（key）和一个值（value），并计算它与其他元素的相似度来加权求和得到输出。这个过程中，注意力权重由查询项和键的相似度计算得出，权重越大表示该元素与当前查询项的相关性越高。自注意力机制的实现中用到的 Q、K、V 公式就是为了计算查询项、键和值之间的相似度。自注意力机制也可以较好地应用于态势感知中，以提高环境信息的处理效率和准确性。如对于视频场景的分析，可以利用自注意力机制对每一帧图像的不同区域进行加权处理，使关键信息能够更加突出和准确地被提取。在自然语言处理中，自注意力机制也可应用于文本分类、机器翻译等任务中，使神经网络更加关注重要的语义信息，提高态势感知模型的性能和效果。

残差连接则是为了避免模型在训练过程中出现梯度消失或梯度爆炸等问题而引入的一种技术。它将模型的输入和输出进行加和，将残差传递到下一层进行处理，从而保证信息不会在传递过程中丢失。在计算机视觉领域中，残差连接可用于构建深度卷积神经网络（DCNN），在网络安全态势感知领域，可以使用 DCNN 结合态势感知技术进行图像和视频的安全检测[9]。具体地，可以使用 DCNN 提取图像和视频中的特征，然后结合态势感知技术对这些特征进行分析和判断，以便及时发现和预测潜在的安全威胁。因此，残差连接和态势感知结合使用，可提高图像和视频的安全检测效果。

Transformer 的反向传播过程，其实和传统神经网络并没有本质区别。Transformer 模型的训练仍然是通过反向传播算法进行的，只是其中涉及的操作比较复杂。具体来说，通过计算损失函数对模型输出的梯度，再通过链式法则反向传播回输入，最终调整权重参数以达到训练的目的，态势感知中的反馈机制也有类似作用。

另外，态势感知与信息流漏斗算法也有密切的关系。信息流漏斗算法是一种用于分析网站或应用程序用户行为的算法。它基于用户的行为数据，如页面浏览量、点击量、注册量等，将用户分成不同的阶段，并通过漏斗表示每个阶段的转化率[10]。这种算法可以帮助网站或应用程序的管理员了解用户在整个使用周期中的行为，识别用户的流失节点，并优化用户体验和转化率。信息流漏斗算法可用于态势感知中。在网络安全领域中，态势感知是指对网络中的各种事件进行实时监控、分析和预测，以及及时采取相应的应对措施的一种技术和方法。信息流漏斗算法可以帮助实现对网络中的数据流量进行实时监控和分析，从而及时发现和识别网络攻击、异常流量和数据泄露等事件。具体来说，信息流漏斗算法可以通过对网络中的数据流量进行实时监控和采集，然后将采集到的数据进行分析和处理。在分析过程中，可以使用信息流漏斗算法筛选出与网络安全相关的数据，并对这些数据进一步进行分析和处理，从而及时发现网络攻击、异常流量和数据泄露等事件。通过这种方式，可以实现对网络安全态势的实时感知和预测，从而更好地保障网络安全。

态势感知与卷积神经网络也有联系。若将趋"势"作为卷积核对状"态"框架进行扫描，可以得到状态框架在不同时间尺度上的变化情况。可以从短期、中期、长期等不同时间尺度上，以及从不同时间尺度上的关键节点和转折点分析状态框架的趋势变化。这种方法可以帮助我们更全面地理解状态框架的演化过程，为后续的分析和决策提供依据。同时，使用趋势卷积核对状态框架进行扫描，还可以发现一些隐含的规律和趋势，有助于提高我们对状态框架的认识和理解。同理，若将"知"觉作为卷积核对感觉框架进行扫描，可以得到"感"觉框架在不同感官输入下的响应情况。使用知觉卷积核对感觉框架进行扫描也有助于提高对感觉框架的把握。但需要注意的是，人类的感觉输入是非常复杂和多样的，将其简单地抽象为卷积核的形式，可能会丢失一些细节和精度，需要在具体应用中灵活调整。

7.2 态势感知与超越 GPT

不少人认为：GPT 不但"非常耗电"，还"缺乏透明度"，支撑这些智能系统的人工神经网络可能正在走错方向。如何实现耗电少、透明度好的智能系统呢？或许，基于高维的机器计算和人类算计的计算计方法可以更有效、更抽象地进行深度态势感知。

智能可以分为与数据有关的智能、与数据无关的智能两部分。这种崭新的分类方法可以帮助我们更好地理解智能的本质和应用范围。与数据有关的智能主要指基于大数据、机器学习等技术进行数据挖掘和分析，从而实现各种智能应用，如智能推荐、智能搜索、人工智能等[11]。与数据无关的智能则更加注重算法机理、架构机制和算计实现，如算法优化、软件系统、系统架构等。总之，这种分类方法有助于我们更好地认识智能技术，并且指导我们在实践中更好地应用和开发智能技术。

同样，态势感知也可以分为与事实有关的态势感知、与价值有关的态势感知两部分。该说法是针对智能分析领域的一个分类方法。其中，"与事实有关的态势感知"主要指对客观事实的感知和分析，包括对各种数据、信息、情报来源等的收集、筛选、分析和判断等，旨在获得客观准确的情报；而"与价值有关的态势感知"则是指对情报的价值、意义、影响等方面的感知和分析，包括对情报的潜在威胁、重要性、优先级等方面的评估和决策，旨在为决策者提供有价值的决策支持。在实际应用中，这两部分的态势感知紧密关联，二者相互依存。只有将两部分态势感知结合起来，才能更好地帮助决策者了解外部环境、分析形势、预测走势、制定决策，从而为智能安全和发展做出贡献。

数据与信息的关系犹如金钱与资本的关系，当数据变成信息以后就有了价值，产生出了使用价值和交互价值，这与字符变成语义的过程也很相似。从根本上而言，数据就是未经处理的原始信息，而信息是经过处理和转化的数据。就像金钱需要被投资和运用才能创造价值一样，数据需要被处理和转化成信息才能产生价值。而且，信息的价值不仅在于它的使用价值，还在于它的交互价值，也就是说，信息可以被分享和传播，进而产生更多的价值。这种过程也类似于字符变成语义的过程，只有在被赋予意义之后，字符才能成为有用的语言，所以从这个意义上讲 GPT 只是字符（或向量）间的组合操作与映射，还没有产生相应的情义理解和物理洞察，仍需要人类的解读和翻译，这也是不少人不看好 GPT 的主要原因之一：知其然不知其所以然。

真实的世界，状态事实、趋势价值往往是掺杂混合在事物发展变化过程中的，并且还时常会发生矛盾，这对于态势感知而言就会显得非常困难。"状态事实"指的是某一时刻事物的实际情况，而"趋势价值"则指的是某一事物在发展变化过程中所具有的发展方向和价值取向。这两者往往同时存在，但有时会相互矛盾，如在某个国家的社会发展中，虽然国家政策鼓励科技创新和环保，但实际上仍然存在对传统工业的过度依赖和环境污染等问题。这种情况下，对于一般人来说，很难准确感知事物的真实状态和发展趋势，因为真相往往被掩盖或混淆了。

在人机环境系统交互中，态势感知涉及现场的实时信息和环境的动态变化，其中包括客观的事实计算和主观的价值估计。事实计算是指对已知的信息进行准确的计算和分析，而价值估计则是指对信息进行主观的判断和评价。为了协调平衡事实计算和价值估计的作用，需要综合考虑数据模型、算法、用户需求和技术手段等多方面因素，并不断进行优化和调整，以实现最佳的态势感知效果。具体可采取以下措施：①建立合理的数据模型和算法，以确保事实计算的准确性和可靠性。②针对不同的应用场景和用户需求，制定不同的评价标准和权重，以保证价值估计的客观性和有效性。③采用多种数据源和算法相结合的方式，以提高对态势的感知和分析能力，并在此基础上进行综合评价。④通过机器学习等技术，不断优化和调整数据模型和算法，以适应不同场景下的变化和需求。基于这些要素，可以构建一个人机环境系统融合的关系矩阵，用于描述其不同方面的特点和相互关系，进而将不同的人机融合态、势、感、知在这个矩阵中进行分类和比较，以便更好地了解其特点和优劣。

例如，当使用智能手机时，系统可以利用各种传感器（如重力传感器、陀螺仪、加速度计等）分析用户的态、势、感、知，进行系统的定性分析与定量计算。当用户拿起手机时，系统可以通过重力传感器和陀螺仪检测手机的方向和位置，从而判断用户的姿态和动作，并打开相应的应用程序。当用户在屏幕上滑动时，系统可以通过加速度计检测手势的速度和方向，并进行相应的操作。当用户使用语音命令时，系统可以通过麦克风捕捉用户的声音，进行语音识别和语义理解，并执行相应的操作。此外，系统还可以通过分析用户的历史行为（浏览历史和购买记录）、偏好等数据进行个性化推荐，在这个过程中，利用各自的态、势、感、知进行系统的定性分析与定量计算，可以大大提高人机交互的效率和便利性，使用户获得更好的体验。

状态感觉和知觉趋势是心理学中不同的两个概念。状态感觉指的是个体在特定情境下的情感体验，如快乐、悲伤、愤怒等，这些情感体验是短暂的，容易受外部环境的影响。状态感觉具有主观性，不同的人对同一情境的反应可能不同。知觉趋势则是指个体在对待信息时存在的一些倾向性，如选择性注意、记忆偏差、判断失误等。知觉趋势是相对持久的，不容易受外部环境影响。知觉趋势具有客观性，不同的人对同一信息的处理可能存在相似的倾向。

一个人机环境系统的发展状态和变化趋势是相互关联的。人的需求和行为方式对机器的设计和发展产生影响，而机器的功能和表现也会影响人的行为和需求。同时，环境的变化也会对人和机器的互动方式产生影响。随着科技的不断发展和普及，人们与机器的互动方式也在变化。人们越来越依赖机器完成各种任务，而机器也在不断地智能化和自动化。同时，环境的变化也在促使人们和机器采取新的互动方式，如智能家居和自动驾驶等。

休谟在他的名著《人性论》中论述了因果关系不存在的观点："我们从来没有观察到因果关系本身，我们只是观察到一系列事件相继发生。我们无法通过观察证明因果关系的存在，因为我们无法观察到因果关系本身。因此，我们只能通过经验推断事物之间的关系，而这种推断是基于我们的习惯和惯性的"。从中可以看出，休谟主张：我们无法通过经验观察到因果关系，我们只能看到某些事件发生了，然后紧接着另一个事件发生了，因此我们习惯上认为前一个事件是因，后一个事件是果。然而，我们并没有直接观察到因果关系，只是根据我们的经验和惯性推断出来的。举一个例子，假设一个人吃了一块巧克力，然后突然感到头痛。我们通常会认为这个人头痛是因为吃了巧克力，这是因果关系。但是根据休谟的观点，我们无法通过直接观察到的经验证明这种因果关系。我们只是根据习惯和惯性的推断认为这是因果关系。实际上，这个人头痛的原因可能有很多种，吃巧克力只是其中一个因素，也可能是其他因素引起的。

因此，我们感觉到的状态空间和变化趋势可能与真实的因果关系不一致。我们无法通过观察到的事件的发生次序推断它们之间的因果关系。换句话说，我们无法通过感官的经验确定事件的因果关系，因为我们无法观察到因果关系本身，只能观察到事件的发生次序。在日常生活中，一些人可能会利用这一点制造隐真示假、造势欺骗的效果。例如，一些商家在进行广告宣传时，可能不断强调某个产品和某个事件的时间上的先后关系，从而让人们产生错误的因果关系认知，以此提高产品的销售量。又如，一些政治宣传活动中，可能会夸大或淡化某些事件的发生次序，以此影响民众的选票，达到造势欺骗的效果。

维特根斯坦在他的著作《哲学研究》中提出 seeing-as 的概念，即认为我们对某些事物或现象的理解和认知是基于我们对它们的态势感知而形成的，逻辑多样性取决于看的方式的多样性。他认为，人们对一个事物的看法不是客观存在的，而是基于人们通过观察、感知、比较等主观过程形成的。这种看法不仅存在于艺术、文学等领域，也贯穿于我们日常生活中的各方面。这一思考强调了人的主体性和感知的重要性。它提醒我们在认知事物时不能只看表面的形式，而是要深入感知事物的本质和背后的意义，从而更好地理解和认知事物。同时，它也启示我们要尊重不同人群的主观感受和认知，不要一味强加自己的观点和看法于他人。维特根斯坦的态势感知思想为我们提供了一个更加全面和深入的认知事物的角度，让我们能够更好地理解和认识世界。从这个意义上说，人必须在智能环中或智能环上除为了防止意外发生外，还有保障在智能环境中或与他人、它机相处时遵守一定的规则和道德准则，以维护社会秩序和人机环境系统的关系和谐。

看待问题的不同角度的确会带来不同的态势感知。态势感知是指对环境中相关信息的收集、处理、分析和预测，以便形成对环境状态和变化的全面、准确的认知。当我们看待问题时，不同的角度和视角会影响我们对问题的认知和理解。不同的人可能会从不同的角度出发看待同一个问题，如从经济、社会、文化、历史、政治、科技等不同角度分析问题，这些不同的角度会给我们带来不同的信息和认识，从而形成不同的态势感知。例如，分析一场自然灾害时，从环境保护的角度出发，我们会关注灾害对自然环境的影响；从经济发展的角度出发，我们会关注灾害对当地经济的影响；从人文关怀的角度出发，我们会关注灾民的生命安全和生活状况等。这些不同的角度和视角会给我们带来不同的信息和认识，从而影响我们对问题的态势感知。因此，我们在进行态势感知的时候，需要综合各种不同的角度和视角，通过多方面的信息收集和分析，从而形成全面、准确的认知和判断。

若要形成"窥斑知豹""滴水之冰知天下之寒"的洞察力，从不同的对象、属性、关系、态、势、感、知中适时地抽象出所需要的相似度，需要做到：观察事物时要从细节入手，留意事物中的微小变化，注意事物的特征和变化；通过不断学习和实践，积累丰富的经验，提高对事物的认知和理解能力；在观察和积累经验的基础上，要善于思考和总结，不断推敲和分析，从而形成自己的见解和认识；在思考和分析问题时，要从多角度出发，全面考虑问题，避免片面和偏颇的看法；在实践和思考过程中，要不断反思和总结，发现自己的不足和错误，及时纠正和改进。只有在不断地观察、思考、积累和反思中，才能逐渐提高自己的洞察力和认知能力，更好地把握事物的本质和规律，形成深度的态势感知能力。

中医辨证施治的方法就需要从势、人和证三方面进行辨识和治疗。其中，势指的是疾病的势态，也就是疾病的发展趋势和程度级别（如疫情、气象、环境等）；人指的是患者的个体差异，如体质、病史、习惯、年龄、性别等；证指的是患者的临床表现和病情特点，包括脉象、舌象、症状等。这三方面相互关联，共同构成了中医辨证施治的体系。对于外感病的治疗，中医一般会首先辨势，即根据患者的病情势态判断疾病的严重程度和发展趋势，然后再辨人，考虑患者的个体差异及身体状况，最后才辨证施治。这种治疗方法能够更加全面、准确地把握患者的病情，从而制定出更科学、有效的治疗方案。整个过程既有对个体小数据的望闻问切，也有对历史大数据的传承分析，更有对非数据的思量揣摩。

计算是通过数值、量化的方式进行分析，而算计则是通过主观的、定性的方式进行分析。这两种分析方法都有其优点和局限性，需要根据具体情况选择合适的方法。计算的优点在于可以通过量化的方式得出准确的结果。例如，在数据分析中，可以通过计算得出数据的平均值、标准差等指标，从而更准确地了解数据的特征。计算还可以通过建立模型预测未来的趋势，例如，在金融行业，可以通过建立风险模型预测投资的风险。算计的优点在于可以更深入地了解具体情况。例如，在人力资源管理中，通过面试、观察等方式可以了解员工的个性、能力等特征，从而更好地进行人才管理。在市场营销中，通过焦点小组讨论等方式可以了解消费者的需求、偏好等，从而更好地进行产品设计和营销策略制定。然而，计算和算计都有其局限性。计算对数据的准确性要求较高，如果数据出现误差或者缺失，计算结果可能会出现偏差。算计则受到主观因素的影响，结果可能存在一定的主观性和不确定性。因此，在实际应用中，需要根据具体情况选择合适的方法，或者将两种方法结合起来，从而获得更准确、深入的分析结果。

耗电、不透明是 GPT 的缺点，但不是致命的缺点，致命的不足则在于缺少更高维的机器计算与人类算计的有效结合，以反映真实世界中的真实变化，简单说就是没有形成深度态势感知洞察能力。"沉舟侧畔千帆过，病树前头万木春"，GPT 的缺点会慢慢浮出水面，我们希望在 GPT 渐渐远去的背影中依稀可以看到更好、更安全、更有利于人类的崭新的智能系统出现，毕竟我们曾经不止一次地经历过各种颠覆性革命，不远的将来还会经历更多的颠覆性工作……

人，不能永远跪着！

7.3 ChatGPT 并非真正的人工智能？ AI 拐点是出现新体系 | 武卿对话刘伟

人工智能的飞速发展，为未来增加了诸多不确定性，未来的世界更加不可预测。

ChatGPT 问世以来，在全球范围内掀起了一场科技革命，人工智能的飞速发展，为未来增加了诸多不确定性，未来的世界更加不可预测。

2023 年 4 月 27 日，苇草智酷和盛景圆石共创汇联合主办题为"ChatGPT 热度速度背后不可预测的世界"的圆石深研沙龙，邀请北京邮电大学人机交互与认知工程实验室主任、剑桥大学访问学者刘伟，信息社会 50 人论坛执行主席、北京苇草智酷创始合伙人段永朝，为大家带来关于人工智能的深度对谈。

以下是盛景网联集团合伙人、奇霖传媒创始人武卿和刘伟教授的对话实录，经编辑整理分享给大家。

嘉宾简介

刘伟，北京航空航天大学工学博士，北京邮电大学人机交互与认知工程实验室主任，剑桥大学访问学者，清华大学战略与安全研究中心中美二轨 AI 对话专家，媒体融合生产技术与系统国家重点实验室特聘研究员，中国指控学会认知与行为专委会副主任委员、城市大脑专委会委员。

研究领域为人机融合智能、认知工程、人机环境系统工程、未来态势感知模式行为分析／预测技术等多方面。现为中国信息与电子工程科技发展中心专家委员会特聘专家、国家自然科学基金评议专家、全国人类工效学标准化技术委员会委员、中国人工智能学会高级会员。

主持人简介

武卿，盛景网联集团合伙人，专注硅谷、以色列科技精英报道的媒体公司奇霖传媒创始人。跨国媒体品牌《硅谷大佬》《环球链》《环球大佬》出品人、总制片人，书籍《区块链真相》《全力以赴》作者。央视《焦点访谈》《新闻调查》前调查记者。多项知名国际国家大奖获得者。2017中国十大品牌女性、2021中国品牌女性500强荣誉获得者。以色列国会科技委员会、美国国家祈祷早餐会嘉宾，以色列旅游部、澳大利亚华语电影节推广大使，众多硅谷、以色列创投人士的中国媒体朋友。中南财经大学工商管理硕士，清华大学五道口金融学院"金融媒体高管"项目成员。

1. 谈人工智能的发展现状和变化

武卿：2022年12月，我就想做一个关于人工智能和ChatGPT的深度活动，但我觉得现在才是最好的时机，因为大部分人，包括我自己，已经从最初的狂热情绪走向冷静，从稍微有一点认知扭曲的状态过渡到现在比较正常的状态，才有可能安静下来谈一些真问题。

在这个系列开始的第一天，希望给朋友们一个视野比较开阔的大坐标，这个坐标的时间轴和空间轴都足够长，方便您打开视野，在这个坐标内找到自己观察的好望角，找到自己或者自己所在企业的位置，这是我做这个系列的初心。

在进行对话之前，我重申一下今天的主题叫"ChatGPT 热度速度背后的不可预测的世界"，大家可能有点儿云里雾里，为什么是不可预测的世界？因为我在准备这个系列时，看了大量的资料，不可预知、不确定性出现的频率特别高，我觉得"不确定性"是非常确定的，我们为什么研究？因为它与人类的命运密切相关，否则就没有研究的动力和必要了。人工智能会带来什么？企业、投资人应该以怎样的心态，特别是怎样的具体行动去应对？这是今天第一场要访谈的内容。

今天首先请出的是刘伟老师，他是北京邮电大学人工智能学院的研究员、人机交互与认知工程实验室主任、剑桥大学访问学者、清华大学战略与安全研究中心中美二轨 AI 对话专家。人工交互这个词，我知其然不知其所以然。在今天的访谈中，人机融合智能话题最少要用 25 分钟的时间来研讨，此外还有人机环境系统工程话题。

对这次对话期待已久，请您先用五六分钟的时间介绍一下北邮人机交互与认知工程实验室主要探索什么问题。

刘伟：好的，谢谢武总！刚才武总也介绍了，我是北邮人机交互与认知工程实验室主任，我们实验室主要研究两方面。第一，脖子以上的人机交互，主要涉及人和座舱，人的生理的工效学的测量，包括仿真模拟太空舱出舱，还有一些界面设计。第二，我们写了一些关于人机交互的专著，论述脖子以下人的生理和物理之间的界面。另外是人机融合智能，主要涉及脖子以上。大家如果想详细了解，我们的微信公众号有详细介绍。

武卿：好的，说到您去剑桥大学的经历，您是哪一年去剑桥大学做访问学者的？2013 年前回来的对吧？

刘伟：对，2012—2013 年，整整一年时间。

武卿：2013 年的时候，也有以机器学习为代表的人工智能浪潮，我翻阅了您过往的微信公众号文章，十年前，您怀疑的是什么？不安的是什么？现在整整十年过去了，这个时间对技术来讲非常长，您当初的怀疑有没有变化？

刘伟：依然没有变化。现在新的算法出现了，实际上人工智能的本质还没变化。在 2013 年回国后，我和国内外的朋友交流发现一个问题，大家做人工智能很多是在自动化方面，严格意义上还不叫人工智能，大家的期望比较高。

自动化相对来说比较确定，刚才您提到确定性和不确定性，实际上，自动化涉及的输入方面属于确定性的，中间的处理过程可以编程，输出也可以是确定性的。

但是，智能两端都是不确定的，中间只有部分可编程，现在的人工智能确定性比较多，而且 ChatGPT 出来以后，大家感觉人工智能好像又上了新的台阶，实际上我感觉还是延续了以前的基于统计的、概率的输出，本质是求解下一个词语的相关性输入概率大小的问题。所以，现在的人工智能还是一种高级的自动化，还谈不上大家期望的类似于人的智能，或者比人更高的智能。

武卿：您对智能的理解，可能比绝大多数人更加准确，很多人在 ChatGPT 出来之后，情绪上可以说很狂热，您比较冷静。那么，从现在一直发展下去，您觉得什么时候可能会出现拐点，或者会出现突破点、转折点？人工智能真正成为您心目当中的人工智能，大概需要多少年？

刘伟：时间应该是看塑造或建造人工智能工具的完善程度，第一波人工智能靠知识驱动，包括专家系统、符号主义，虽然做了很多工作，但仍有问题，因为人的经验或知识不可能覆盖所有方面，于是又出现了基于数据驱动的神经网络系统。

进入系统后形成一个组合的人工神经网络，这个人工神经网络延续了前两个人工智能的发展状况，基于数据驱动的人工智能，涉及 RNN，也就是循环神经网络，它以短时记忆、剧烈处理作为很重要的方式，是串联处理信息的方式。后来又出现了长短时记忆的机制，这样就把短时记忆的缺点通过长时记忆的优点进行了补充，来进行神经网络的处理。

最近这一次是主要的框架里的模型，模型里的重要模块基于统计和概率加上了提示。模型很重要的特点是对不同的输入的权重和处理的方式，由串联变成了处理，加快了速度，这就形成了目前大家感到非常新颖的人工智能，基于 Transformer 模型的 GPT 格式。再发展到下一个阶段，我们判定是基于上下文、情境、态势的新的智能形式，这可能是未来主要的发展方向。

所以，真正的智能不仅是机器的处理方式，还涉及复杂的人机环境系统处理方式，从表征来看还需要一段时间，需要在数学上有所突破，在新的智能机理上有新的认识。一句话，应该产生一个新的体系，这个体系可能不是在 GPT 的基础上产生的，不是在单纯的基于知识、基于数据的结构上产生，或者应该叫通用人工智能，可能是一个新的架构，这个架构是基于上下文以及态势感知的，我们也特别期待我们国家在这方面有新的突破，谢谢武总！

武卿：好，您觉得通用人工智能是一定会出现的。我记得前不久看了一本书——凯文·凯利的《5000 天后的世界》。这本书里提到，通用人工智能不会出现。您对通用人工智能是怎么看的？我感觉您的观点好像不大一样，这方面我没有深入研究，也不是特别懂。

刘伟：没错，我有一次在国家会议中心见过凯文·凯利。

武卿：2014 年是吗？

刘伟：对，他来过。

武卿：我也是在那次会议中见到他的。

刘伟：是吗？非常好！他的观点和我的观点有相同的地方，也有不同的地方。不同的地方是他认为通用人工智能可能不会出现，认为通用智能很可能会在一定的时间内、在特定的场景下出现。通用智能不是单纯以机器为主，应该是人机环境系统的综合体现，既包括技术，也包括管理、运行、组织的体系，而不是单个的智能的产品，我大概这样理解。

武卿：有可能你们对通用智能的定义不完全一样，所以产生了不一样的判断。但是按您所说，要实现您定义的通用人工智能，要求也不简单。

刘伟：没错。

武卿：也是需要一定的条件，可以这么理解吗？

刘伟：没错，可以这么理解，需要把智能理论和控制理论、信息理论、系统理论、协同理论都进行翻新，新三论旧三论都会发生新的变化。

如信息论，它只反映了信息的多少，用比特衡量，实际上，未来智能里的信息论不仅包含数量，而且包含信息的质量、信息的好坏，这样会有崭新的智能形式，尤其对人而言会发生很大变化。

武卿：理解。咱们探讨下一个问题，我看您从剑桥回来之后，写了两本书，其中一本提到人工智能的副作用，这个问题老实说我是比较关注的，您认为人工智能的副作用都有什么？您在书中为什么要用那么大篇幅谈这个问题？

刘伟：严格意义上说，人工智能本身没有好和坏之分，它是一门技术，是一个工具。

武卿：同意。

刘伟：就像原子弹一样，涉及使用者的好或坏，好人用它可造福人类，坏人用它可损害人类。人工智能很多时候被滥用，我在剑桥心理测量实验室时，有几个博士参与了剑桥分析公司的活动，剑桥分析公司后来在美国大选或其他方面出现了一些问题，可以看出，这样会造成一些社会问题。

同样，现在的电信诈骗，或在一些社会犯罪问题上，尤其是数据造假，还有图像造假、视频造假，都可能对社会造成很多问题，所以我非常担心人工智能被滥用会产生不良后果。这一次，马斯克等对人工智能 GPT 4.0 以后的发展也有这方面的担心，大概是这个意思。

武卿：明白。确实，尤其 ChatGPT 出来的前几个月，看到很多用 AI 做的视频、图像，人工智能仿真的程度让人非常惊讶，这样的技术用在电影中是用对地方了，可是用在其他方面，被不良的人用到，后果非常可怕。这也是我在做这系列策划的时候，在阅读资料时，自然而然想到的一个问题，我特别同意您前面说的技术本身是中性的，关键是它这个"苗"，栽种在人类的文明中有没有隐患，如果有隐患，加上技术就可能开出恶之花。

您在书中说到的机器人的社会问题，是不是跟刚刚您谈到的智能的副作用属于同一个问题？还是另外一个层面的问题？

刘伟：有相当一部分是重合的，还有一部分不是重合的，机器人的社会问题还涉及劳动力的问题，这是社会问题，不是犯罪问题。大家都知道，截至2023年年中，印度的人口已经超过我国，印度的人口年轻率特别高，购买力、生产力会有新的变化，很多人也担心我国人口少了，而且老龄化严重，会不会有一定的社会问题？现在，我了解到很多人比较乐观，为什么？因为我们有机器人，将来机器人会替代很多劳动力。

当然，机器人替代劳动力，如果替代的事情特别多，很多人会失业，这有度的问题，度怎么把握？需要政府、社会和各界人士共同提出解决办法。

2. 人工智能在军事上的应用

武卿：您在书中提到的一个领域，可能您在这个领域非常擅长，很多人也不懂，是人工智能用于军事。反正我在国内认识的专家中，好像很少有人探讨。

刘伟：是的。

武卿：我对这个领域的话题非常感兴趣，头一次特别认真地关注了俄乌战争，又花了很多时间研究和观察。我想请教您，人工智能在这场战争中，尤其在刚开始的三四个月，做了哪些事情？您怎么评价人工智能做的这些事的意义或者价值？

刘伟：我以前和武总差不多，对军事也不太懂，后来有一次参加了香山论坛，涉及很多军口的朋友，也有幸参加了香山论坛的线上论坛，主要是美国专家、俄罗斯专家、印度专家和国内的人工智能专家。其中，美国专家问俄罗斯的军事专家，人工智能在俄乌之战中究竟用了多少，用在什么地方？我在旁边听了一下，非常有意思，俄罗斯专家说整体上自动化水平比较高，因为都是常规的机械化、信息化的战争。

人工智能在俄乌之战上的应用，主要是在后勤保障打击上和指挥控制系统上，在这两方面重点用人工智能技术做了一些工作。在侦察方面有很多图像识别技术。还有一种叫滴滴打仗、菜单打仗的软件，很多时候是下单以后，乌克兰人骑着电动摩托到作战点。另外，在侦查端，主要是一些智能传感器。在攻击方面，如无人机，无人机里有很多人工智能。还有巡航导弹也有一些人工智能、图像识别技术，还有一些语音合成等。大概是这个情况。

我们对人工智能的军事化非常担心，目前来看人工智能有很多缺点。尤其是被人朝坏的方面用，会造成社会的动荡和战争。在这方面，我们希望人工智能技术在军事应用上得到一些束缚和约束，这样才有利于和平。

在中美对话谈判期间，美国专家经常提这个问题，他们也很关心，关于人工智能用在军事上会有什么问题，他们提的问题大概有六方面：

第一，是数据问题，哪些数据能用，哪些数据不能用，如何防止数据被滥用，还有数据的个人隐私保护。

第二，涉及人工智能能用在什么地方，不能用在什么地方，如核指控，这方面不能用，因为人工智能目前技术比较脆弱，如果用在这种指控里，会出现人不可掌控的局面。

第三，涉及什么叫自主，自主武器怎么定义，美国专家是这样定义的，所谓自主是自我管理的品质与状态。对于群体智能而言，自主是各组成成分的独立程度。也有人认为，自主可能有其他含义，如学习、适应、协同等。

第四，涉及人和装备的结合问题，是人在环境和系统中，还是人在系统上，还是人在系统外，很多专家认为，人不能脱离武器系统，脱离武器系统会发生灾难性事件。

第五，关于法律、道德和伦理问题，涉及很多内在的价值观的一些东西，所以现在要制定一些法律，一些未雨绸缪的条例来约束。

第六，涉及测试和评价问题，哪些测试指标和评价方法可以用，哪些不好用，哪些不能用。

在这六点上做了一些探讨，美国 2022 年出台了一份报告，意思是负责任的人工智能。我们很赞赏这一点，一开始就应该负责任。

武卿：真的？

刘伟：但口能言之，身能行之，这才是领导者的风范，不能光说，还要做，这一点也拭目以待。

武卿：对，"负责任"三个字听来还是挺有安全感的，学者刘

军宁老师的文章，我特别喜欢看，尤其是谈启蒙的，俄乌战争期间他还写过一篇文章叫《兵武不祥》。

刘伟：对。

武卿：我想起他这篇文章，又想起您在几分钟前谈到的派单打仗。我想追问一个问题，像智能传感器、无人机，用于攻击，还有用于指挥大脑，过去听过一些，但派单打仗和语音合成具体是怎么操作的？还不是特别清楚，您大概用一分钟的时间给我快速扫扫盲。

刘伟：滴滴打车大家都知道，你可以发送信息，然后有车来接你。实际上，派单打仗是通过训练或通过一些指控系统发出指令，让作战部队到达指定的作战地点，进行有效的攻防，大概是这个意思。它是派单式的，以前都是集中式的，现在是分布式的。

大家可以精确地获得对方的情报，例如，马斯克可以看到俄罗斯的很多装甲，或者俄罗斯的很多指挥系统，可以传递给乌克兰军方，乌克兰军方按照准确的情报，实施定点攻击。

武卿：刚刚我看了一下直播的数据，进到直播室的朋友越来越多，听到教授讲派单打仗这一段，大家看我的表情恐怕有点复杂。再说到美军的军事智能，我接触过一位犹太人，人在硅谷，是以色列的8200部队出去的。8200部队非常厉害，在硅谷和以色列本土创业的很多以色列人，都曾在8200部队受训。

这块就不展开了。我就想问问您，对于美军目前人工智能在军事上的应用，您还了解哪些情况？我想知道现在进展到什么程度了？

刘伟：对。

武卿：另外一个问题，未来智能可能会越来越多地应用于军事，因为用于各个领域，所以不可避免地会应用于军事和国防，未来智能化的战争要制胜，有哪些因素是关键的，您把这两个问题再谈一谈。

刘伟：好的，我在《人机融合》书里也提到了军事智能，其实美军人工智能用得比较多，主要集中在两个方向：一是机器学习；二是自主系统。

大家都知道，人工智能里有一个著名的案例，是卡斯帕罗夫被"深蓝"打败，当年美国看到"深蓝"的厉害后，启动了一个新的计划，叫"深绿"系统，这是什么系统？是辅助决策系统，这个系统由三个模块组成：第一个模块叫水晶球；第二个模块叫闪电战；第三个模块叫指挥员助手。

闪电战把实时的数据和过去的数据进行融合，水晶球做实时的预测，指挥员助手推荐给指挥员，指挥员从若干机器中获得的条例或作战方案里面选出最优的进行辅助实施。这个系统以计算为主，当时算力没那么大，并且模块也不太成熟，后来就停了这个项目。

现在好像也在做很多辅助决策的系统，这些系统里有一个思路，是刚才提到的怎么能把基础理论和应用工程结合在一起，特别是人和机器之间怎么结合。我们正在做一些人机交互、人机融合智能等，他们比我们要领先很多，相对来说，因为他们的软件和硬件很好，

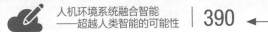

硬件可以"卡脖子"。

目前来说,在人机系统融合方面,大家都在探索,这方面的工作非常烦琐,不是有个很好的产品或者非常好的军人就能实现。一加一不一定大于一,一个人和一个机器不一定比人要好。他们在这方面也正在摸索。

3. 谈人机融合智能

武卿:您有多个研究方向,但人工智能排第一,一定是您研究的主要方向,这方面可以稍微展开介绍:您怎么定义人机融合智能?您书中传达的主要观点是什么?

刘伟:好的,顺着最早的话题来说,人机融合智能和人工智能不完全一样。人工智能从某种意义上来说,是基于数学模型或基于统计和概率的一种自动化的高级表现形式,因为输出是确定的,而智能是不确定性的输入,部分可编程、部分不可编程,输出不一定是确定的系统。

这个不确定的系统往往是利己的,这个系统里最大的特点是什么?它不是简单的类脑,比如说狼孩儿,狼孩儿的大脑也是人类的大脑,但是生长环境是在狼窝里面,习惯和行为就是狼的行为,所以我们认为单纯的类脑是类不出智能的。

武卿:对。

刘伟:马克思有一句很著名的话,"人是社会的动物,人是社会的产物。"所以,只有在社会环境中,在社会发展中,在社会的交往、交流、交互中，才能产生出真正的人类的智能。所以我们认为真正的智能是人和物、环境系统共同作用的产物，而机器是人造物，所以有时候简化叫人机环境系统智能。

我们的研究也涉及人机环境系统智能方向，涉及一些最基本的问题，需要大家进行一些探索，我们在这方面也做了一些工作，首先是休谟之问，在这本书里我也提到休谟之问，为什么说休谟之问是智能的关键之问？在这个问题上，他是这样问的，从客观的事实里能否得出主观的价值，就是从 being 里能否得出 should，这个问题非常有意思。

西方认为不可以实现，因为 being 是客观的，should 是主观的。如果 being 是科技，那么 should 就是伦理道德。所以这是两回事。但在东方思想体系里，这两者之间产生了非常重要的关系，东方人认为天行健，君子自强不息。

天行健是什么意思？是万有引力、相对论这种客观规律在起作用，君子必自强不息就是人的主观的道德伦理应该积极向上，不应该自甘落后。所以，这在东方思想尤其在中国古代思想里面，有机地把 being 和 should 结合在一起，形成了非常好的天地人合一的思想，这个思想对未来整个智能的发展起着非常重要的作用。

休谟之问之外，还有两个很重要的方向：一个是休谟之叉，就是把知识进行了分类，分成关于关键的知识、事实的知识。关键的知识相当于在数学知识中，三角形的内角和是 180°，这种关键的、客观的、确定的、事实的知识是关于经验性的，经验性是不确定的、是豁然性的。这两个知识共同作用，构成了人类的经验和知识的来源。

另外，休谟还有一个重要思想，是关于理性和感性的认识，他认为理性是激情的奴隶，是什么意思？就是他认为所有的理性行为的源泉在于感性。举一个例子，外面下雨，我们出去要打伞，表面上看是理性行为，实际上是感性行为，为什么要打伞？是因为怕被淋湿，淋湿以后很难受，所以要打伞避雨。

休谟之问在西方哲学界影响很大，爱因斯坦和很多西方哲学家，包括维特根斯坦、罗素、康德都很受影响。我们谈到 ChatGPT 时，会说 ChatGPT 是一个大语言模型，是做 NLP 的自然语言处理，实际上，我们从受休谟之问影响最深的维特根斯坦的两部巨著里可以看出，因为维特根斯坦是研究自然语言处理的，是语言分析的伟大的哲学家，他在第一本书里面写了一个逻辑哲学论，他把世界和语言进行了等价，他认为世界有三个组成部分。

最基础的单元是对象，有各种对象，如喝水，水杯就是一个对象，这个对象和桌子构成一个事态，事态和房间构成另外一个事态，事态和事态之间构成整个世界，构成了事实，事实构成了事件，就对应了语言里的对象对应的名称。这个水杯是一个名称，这个事态对应的基本命题是水杯放在桌子上，基本命题是水杯和桌子，桌子和房子构成了什么，两个事态之间就构成了命题，命题构成了语言。于是，他认为整个世界可以用语言描述，现在 GPT 也有这个思想，认为语言就是智能、文本，也是所有的人工智能，其实不然。

后来，维特根斯坦发现一个很重要的问题，是说世界和语言有某种等价，但语言并不能反映整个世界，语言是语言，思想是思想，人类的思想和语言也不能画等号，于是，他写出了《哲学研究》，在书里，他明确提出两个基本观点：第一个是世界语言最重要的不仅是表征，而且还要使用，只有在使用中才能真正地和物理世界产生关联，才能不仅有语法，还有语义。

另外，还有更重要的表征，他认为世界除结构化的、数据化的、非常好的同质的事物外，还有很多意志的、非结构化的东西，叫非家族相似性，这就构成了世界的复杂性。所以说世界不但有风马牛的存在，而且还有风马牛的关联存在。

于是，维特根斯坦和朋友图灵展开了讨论，图灵受他的启发，一直认为数学是一个发现，维特根斯坦认为数学是发明。维特根斯坦思想主要表征在什么地方？他认为数学是一个探索，是探索不知道的事物，而图灵认为数学是一个工具，是已存在的东西，所以他们一直在争执，后来出现了图灵测试，整个人工智能在剑桥这个一亩三分地上慢慢发展起来了，形成了熊熊烈火，慢慢延伸到欧洲，延伸到美国。

所以我个人认为，人工智能的发展非常有意思，且更有意思的是，人工智能的硬件与剑桥有关，软件和剑桥也有关系。

武卿：是什么？

刘伟：世界上第一个伟大的程序员，阿达的父亲，就是剑桥的拜伦。拜伦是伟大的诗人，他是剑三的，所以剑桥是很有意思的地方，既有硬件，最早机械的差分机的发明也在剑桥。微软在剑桥有一个研究院，规模也挺大，有非常有意思的很长的故事，大概是这样。

武卿：您的书特别好看，用现在年轻人的话来讲，特别好磕，因为里面有很多我感兴趣的关键词，如感性、理性、东方、西方，我觉得这是您作为一个学者，从国内外对比自然而然产生的视角。刚刚说到维特根斯坦，大概在十年前，当时我还在央视时，我看维特根斯坦的语言哲学，也看不太懂。他的传记里也谈到了他和图灵之间的故事，后来被他影响又读了罗素的一些书，还有哈耶克，他们好像是表兄弟的关系。

刘伟：对，维特根斯坦的表弟是哈耶克。

武卿：维特根斯坦这个人特别有意思，是很纯真的人。他死之前，说度过了非常美好的一生，我觉得这句话对我影响特别大。

刘伟：没错，我去了维特根斯坦的墓地三次，就在剑桥公墓里面。每年有很多崇拜者从世界各地去墓地那儿参观，非常有意思，很普通的墓地。

武卿：教授您也真是特别有意思的人，我又想起一个人，他是斯坦福大学已故教授张首晟先生，他16岁在国外读书读不下去了，也去墓地看了看，然后又获得了前行的力量。

刘伟：不敢，嗯嗯！

武卿：你们都喜欢这个，太有意思了。

4. 人工智能革命：一场彻底的全方位变革

武卿：您在书里也说到一个问题，是一场巨大的……我不知道有没有这个形容词，反正一场革命席卷人机智能，当时您写书时，指的是什么样的革命？

刘伟：是这样的，现在整个革命是科学的、哲学的、人文的、艺术的革命，大家都知道，人工智能像 GPT 可以造假，可以产生很多以前没有的颠覆性的一些工作，所以这个革命会深深地印在各行各业不同的学科和不同的领域之中，包括人类的思维方式和对世界的认知也会发生很大变化。

所以我提的这个革命，有点像当年的文艺复兴或启蒙运动，甚至更大一些，因为当时只是开始，而现在人类不单要在地球上革命，甚至还要到太空，马斯克 SpaceX 火箭也开始发射了，他的失败在某种意义上是一种成功，会影响整个人类的发展，人类在若干年以后或者不远的将来，会对自己自嘲，为什么还在那么小的地方打打杀杀，为什么不到太空做更大的事情，大概是这样。

武卿：1000 亿个星系。

刘伟：对，太厉害了！

武卿：想说的是，不单是技术方面的革命，也包括人文各个领域的综合的革命。技术革命其实很难看清楚，边界也不好界定，这个彼此错综复杂的影响，我觉得凭我们的想象力目前可能未必能想象得到。

刘伟：对。

武卿：您在写书时是不是已经意识到这一点？

刘伟：我觉得还有一定可以描述的地方，这场革命不仅是科技，科技是西方的产物，是人和物的关系。更重要的是，会逐渐融入东方的很多思想，包括印度、中国、中东一带的思想。印度这个国家很特殊，主要是宗教性的，是人和神的关系，中国主要是人和人、人和环境的关系，所以像这种文化的融合、文明的碰撞，会出现很多以前不能发现的秘密，这会影响整个世界的走势。

有些政治家说文明的冲突在某方面可以反过来想，如果文明不断融合，那么人类发展将会发生质变，有时候开玩笑说，西方的科技主要以计算的方式展开，东方的很多思想是算计的思想。算计在这里不是贬义词，是中性词，涉及谋算、运筹、宏观、整体的观点。

西方是还原论，把任何事都切成很小一块，如原子、分子、夸克，这样能把还原论和系统论或者整体论进行结合，可能会产生革命性的变化。如量子物理，量子物理里会体现，这就是薛定谔的猫，可以活也可以死，同时存在。

其实中国古代已经有了这种思想，是生生共存、阴阳太极是在一个体系里。我感觉现在很多西方科学家，包括一些诺奖得主，也慢慢吸收东方的一些文化，双方应该互补。

中国现在从事人工智能方面工作的人员很多都是理工科出身，学的是西方的数学、物理、化学。在剑桥有两个雕塑让我很感慨，在那有一个菜市场，号称有几千年了，菜市场旁边有一个泰勒斯的雕像，泰勒斯是西方科学和哲学的鼻祖，另外有一个很重要的花园的后园，有个孔子的雕塑，是东方思想的一个很重要的表征。

武卿：对。

刘伟：所以我在剑桥明显能感觉到，东方和西方正在融合，大家正在取长补短，相得益彰，所以您刚才提到伟大的革命，在中国、在美国，甚至在其他国家也正在发生。我大概是这种想法。

武卿：明白，这里面非常有意思。在你们实验室的公号里，我也有这种感觉，里面谈到很多西方的东西，但也有很多东方的东西，真的是有感性，也有理性。

5. 人类进入百年未有大变局时代

武卿：刚才您描述的伟大的时代，其实大家对这个伟大的时代，好像有很多感性的描述，还有一些书的书名就是多少年未有之大变局。但这个时代到底是什么样的时代，其实普通大众并不清晰，我自己也不是特别清晰，那您觉得可能是怎样的时代？是和曾经的轴心时代一样美好吗？还是另外一个？

刘伟：对，我感觉两个都有，任何一个文明都不是突然出现的，都是连续性的，我们国家在很久远时出现了很繁荣的文明，其实第二次世界大战以后西方也出现了很多，包括文艺复兴以后出现了很繁荣的科技、人文、艺术的文明时代，到现在为止，从经济上来说，东方和西方正在拉近，相互靠近，吃饱了以后，人就要吃好。

武卿：对。

刘伟：吃好的时候，考虑什么？用行话叫工效学，就是安全、健康、舒适，实际上，东西方现在好多思想正在融合，融合的速度也在加快，尤其是现在很多小孩儿都会说英语，我相信不久以后，很多外国的小孩儿也会说汉语，学中文也很正常，这就加快了双方的融合和共生。随着像马斯克这种科技带头人的出现，逐渐打开地球的狭隘，慢慢形成人类命运共同体，应该是这样。

将来可能会有一些瘟疫、战争，不足以毁灭人类，但会影响人类的进步。如果未来宇宙出现很多问题，对人类产生危险，包括温度升高、气候变化等，人类必须团结起来，才能走得更远。所以我感觉现在随着政治、经济、文化逐渐靠近，可能会有大的变化，再加上外来一些影响和威胁出现，人类慢慢会变得更好一些。

武卿：同意，也很憧憬，像您刚刚说的这段话，您说到环境各方面，我记得五六年前，我在硅谷时采访过一个加拿大的天才美女科学家，她就是为人类解决可能在 2050 年前后发生的比较大的环境方面的问题。听您刚才讲后，我觉得您这两本书非读不可，我只买了其中一本，我觉得另外一本还需要买，争取在这个假期看完，这些东西真的非常有意思。

刘伟：谢谢。

武卿：我觉得说到这里，人工智能这个系列的第一集目的已经达到。在后面几集，我希望会谈投资，谈企业里非常具体的问题。

非常希望与您和段老师的谈论，能给大家一个开阔的视野和坐标。

刘伟：好的。

武卿：只有这样，我觉得刚开始把思路打开，才能找到自己的坐标，才能找到自己的位置，这真的特别好。

最后我想跟您聊一个问题，刚刚说的主题是您主要的研究方向，也是两本书中反复提到的一个话题，就是人机融合。那么，人机融合智能未来的发展方向可能是怎样的？或者换个问法，它可能是怎样美好的途径？要达到这个美好的途径，道路肯定是曲折的，通常来讲可能会有哪些关键问题？

刘伟：好的，谢谢武总，大概是这样，人机环境融合的发展方向是人机环境系统智能，应该是这个方向，包含四部分。

第一个，未来的人际环境系统里，最重要的是输入端，不仅是数据，我特别想强调的一点是，真正的智能里不是大数据，很多是小数据，如小孩学习和成长没有那么多大数据。另外，数据、算法、算力只是一方面，代表不了人机环境系统的所有方面，尤其在输入端，除数据外，还有主观的信息和知识，还有经验，这些怎么融合在一起，是未来人机环境发展很重要的瓶颈。

第二个，关于推理阶段、处理信息阶段，这个阶段涉及公理推理和非公理推理，我特别想给大家分享的是，我个人感觉，大家常常把智能看成了数学，把数学看成了逻辑，这是有偏见的，因为数学不是逻辑，数学是基于公理的逻辑体系，是建立在如欧几里得几何，是在五大公理基础上建立的逻辑体系，如果没有五大公理，数学就会分崩离析。智能里面既包含逻辑，也包含非逻辑，既包含理性，也包含感性，这才是智能。人机环境里肯定要解决感性的问题。

第三个，是输出阶段，涉及两个基本问题：一个是机器的逻辑的输出决策；另一个是人类的直觉的决策，这两个决策怎么融合？现在看来，还需要大家共同努力思考。但凡在这个逻辑决策里，人类是赶不上机器的，看 AlphaGo、深蓝就知道，人根本不是机器的对手。但人类对方向性的把握，在道德、伦理的处理上有优势。

第四个，涉及反馈问题，是机器的反馈和人类的反思怎么融合，到目前还没有好的解决办法，人类的反思比较复杂，不仅涉及基于事实性的反馈，更涉及休谟之问里的价值性的反馈。这种价值和事实的结合，目前来看，需要大家深入探讨。所以我们认为，人机环境系统智能的发展需要大家齐心协力，在很多方面共同努力。

武卿：好的，谢谢教授，您这个时间点卡得太准了。

各位朋友，您正在看的是由苇草智酷和盛景嘉成圆石共创汇联合主办的圆石深研沙龙第 16 期的直播现场，刚刚跟刘伟教授探讨人机融合智能等相关话题，真的让我非常受教。我特别喜欢跟有国际视野的专家学者聊天，像刘伟教授和段老师这样的，因为他们作为学者治学非常严谨，能给我们校正很多对概念的误解。非常感谢教授，也再次向各位推荐教授的两本关于人机融合智能的书（《追问人工智能：从剑桥到北京》《人机融合：超越人工智能》），也向大家推荐教授团队做的公众号（人机与认知实验室），应该就是你们实验室的名字吧？

刘伟：对，北京邮电大学人机交互与认知工程实验室，谢谢武总。

武卿：这个号非常好，在里面看人工智能的视野会更开阔一些，不是就技术论技术，而是会有很多方面，如东方和西方的哲学思想，感性的、理性的，让视野更加开阔。我们这次人工智能活动的目的，就是希望打开大家的视野。再次感谢教授，希望后续还有机会能再做您和您团队的访谈，您什么时候出新书了，有什么新鲜事了，也别忘了告诉我，谢谢！

刘伟：好的，谢谢武总，再见！

参考文献

[1] ALEXANDRE K, ALLAN F. Galileo Studies[J]. Am. J. Phys. 1979, 47(9): 831-832.

[2] LAPLACE P S. Pierre-Simon Laplace philosophical essay on probabilities: translated from the fifth french edition of 1825 with notes by the translator[M]. Berlin: Springer Science & Business Media, 2012.

[3] LAZER D, KENNEDY R, KING G, et al. The parable of Google Flu: traps in big data analysis[J]. Science, 2014, 343(6176): 1203-1205.

[4] MAYER-SCHÖNBERGER V. Big Data: A Revolution That Will Transform

How We Live, Work, and Think[M]. Boston: Houghton Mifflin Harcourt, 2013.

[5] MILL J S. A System of Logic, Ratiocinative and Inductive: Being a Connected View of the Principles of Evidence, and the Methods of Scientific Investigation[M]. Cambridge: Cambridge University Press, 2011.

[6] MINSKY M, PAPERT S A. Perceptrons: An Introduction to Computational Geometry[M]. Cambridge: MIT Press, 2017.

[7] PLATO: The Republic[M]. Cambridge: Cambridge University Press, 2000.

[8] POLANYI, M. Personal Knowledge: Towards a Post-Critical Philosophy[M]. Chicago: Chicago University Press, 1958.